이해평

방화방폭공학

Fire and Explosion Protection Engineering

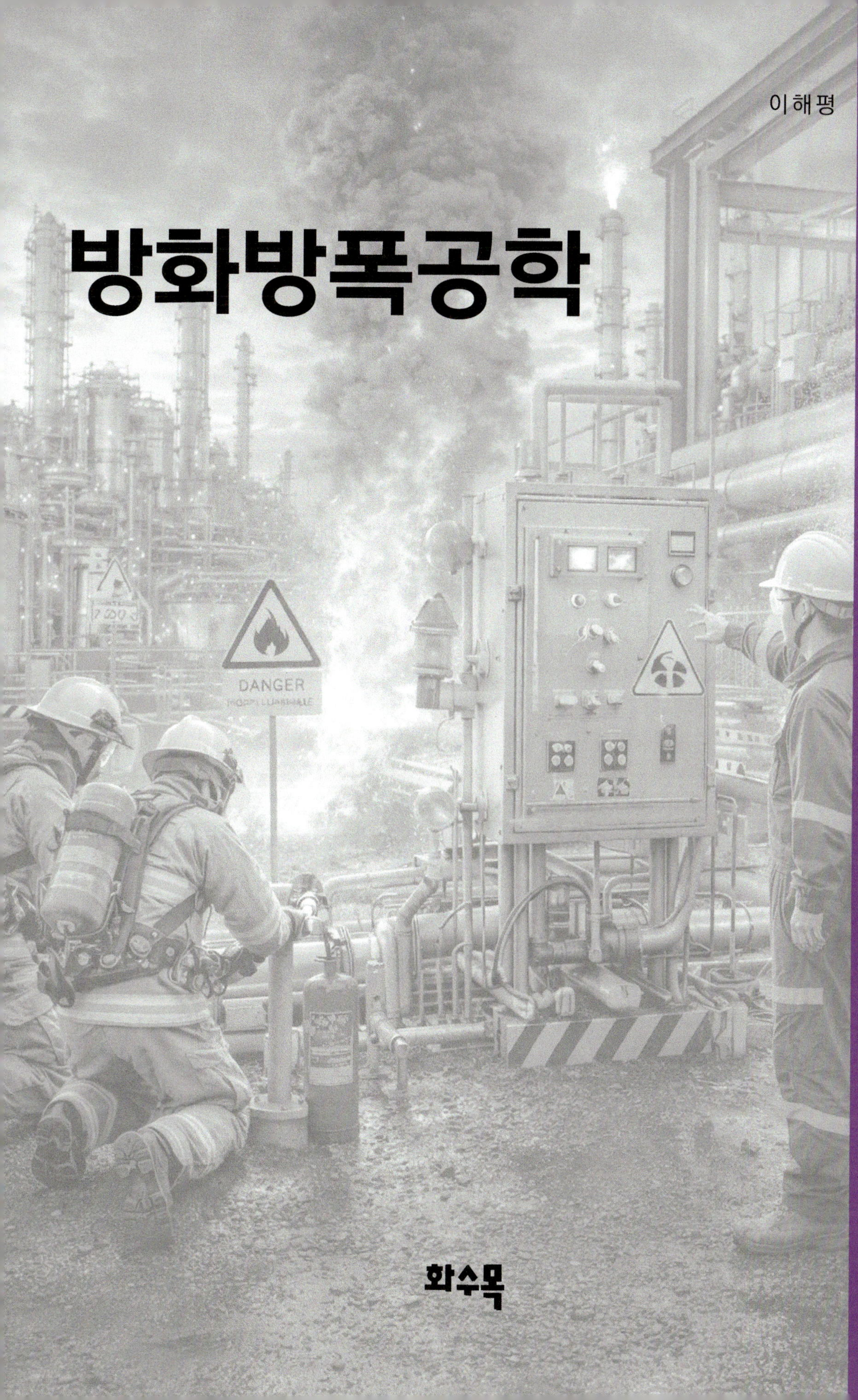

화수목

Preface

화재와 폭발은 인류의 역사 속에서 끊임없이 공존해 온 재난이다. 불은 인간에게 빛과 온기를 제공하며 산업과 문명을 발전시키는 데 중요한 역할을 해왔지만, 통제되지 않으면 막대한 재산 피해와 인명 손실을 초래할 수 있다. 특히 현대 사회에서는 산업의 고도화와 에너지 소비의 증가로 인해 화재와 폭발의 위험성이 더욱 커지고 있으며, 이에 대한 체계적인 이해와 대응 능력이 그 어느 때보다도 중요해지고 있다.

소방 공학의 여러 분야 중에서도 방화방폭공학은 화재와 폭발의 원리를 과학적으로 분석하고, 이를 예방하고 최소화하는 방법을 연구하는 학문이다. 화재와 폭발의 원인은 다양하고 복합적이므로, 이에 대한 연구는 물리학, 화학, 재료공학, 열역학 등 여러 학문과 밀접하게 연관되어 있다. 따라서 방화방폭공학을 학습하는 것은 단순히 화재나 폭발 사고를 예방하는 차원을 넘어, 과학적 사고방식을 기반으로 문제를 해결하는 능력을 기르는 과정이라고 할 수 있다.

이 책은 소방 공학을 전공하는 학부생을 대상으로 방화방폭공학의 기초 이론을 체계적으로 정리하고, 실무에서 활용될 수 있는 핵심 개념을 전달하는 것을 목표로 한다. 방화방폭공학은 연소 공학, 화재 공학, 안전관리론, 소방학 개론과 밀접한 관련이 있으나, 이러한 분야와의 중복을 최소화하면서도 대학 강의에서 활용할 수 있도록 차별화된 내용을 담고자 하였다. 또한, 방화방폭공학의 학문적 기초를 제공하는 동시에 화재 예방과 폭발 방지를 위한 실질적인 대책을 다루어, 학생들이 이후 실무에 진출했을 때 유용한 지식을 갖출 수 있도록 구성하였다.

이 책은 크게 화재 및 폭발의 기본 원리, 방화 및 방폭 설계 개념, 위험 물질과 폭발 환경, 법규 및 안전관리 대책으로 구성되어 있다. 먼저, 초기 장에서는 화재와 폭발의 기본 원리를 다루며, 연소 과정, 폭발 현상, 가연성 물질의 특성 등을 설명한다. 이를 통해 학습자들은 화재와 폭발이 발생하는 과정을 과학적으로 이해하고, 이를 분석하는 방법을 익힐 수 있다.

중반부에서는 방화 및 방폭 설계의 개념과 기술적인 접근법을 소개하며, 건축물의 방화계획, 방폭 설계 기준, 화재 하중과 연소 특성 분석 등을 다룬다. 또한, 화재 확산을 억제하는 다양한 설비와 기술, 화재 감지 및 경보 시스템, 방폭 구조 설계 등에 대해서도 설명하고 있다.

이어서 산업 현장에서의 위험 물질과 폭발 위험 환경을 분석하며, 다양한 가연성 및 폭발성 물질의 특성, 위험 평가 기법, 폭발 방지 대책 등을 다룬다. 특히, 산업시설에서 사용되는 위험 물질을 안전하게 취급하는 방법과 화재 및 폭발 사고를 예방하는 실질적인 전략을 설명한다.

마지막으로, 관련 법규 및 안전관리 대책을 정리하여, 방화 및 방폭과 관련된 국내외 법규와 규정을 소개하며, 산업 현장에서 적용해야 할 안전 기준과 관리 방안을 제시한다. 이 과정에서 실제 사례를 분석하며, 법적 요구사항과 기술적 대응책을 비교하여 학습자들이 실무적인 이해를 높일 수 있도록 구성하였다.

이 책을 집필하면서 가장 중점을 둔 부분은 방화 및 방폭과 관련된 주요 개념을 명확하게 정리하고, 이를 바탕으로 실제 적용할 수 있는 지식을 전달하는 것이었다. 이를 위해 국내외 다양한 연구 자료와 최신 기술 동향을 참고하였으며, 학생들이 이해하기 쉽도록 체계적인 설명과 함께 적절한 예시를 포함하였다. 또한, 실무와의 연계를 고려하여 관련 법규 및 산업 기준을 반영하였으며, 다양한 화재 및 폭발 사례를 분석하여 학문과 현실을 연결할 수 있도록 하였다.

특히 산업 현장에서 발생할 수 있는 다양한 유형의 화재와 폭발 사례를 다루면서, 위험 물질의 특성, 위험 평가 기법, 안전 설계 원칙 등을 체계적으로 설명하였다. 현대 산업에서 사용되는 다양한 가연성 물질과 폭발성 환경에서의 안전 대책은 방화방폭공학의 중요한 부분을 차지하며, 이에 대한 이해가 부족할 경우 대규모 재난으로 이어질 가능성이 크다. 따라서 이 책에서는 화재와 폭발의 기본 개념뿐만 아니라, 산업 현장에서 활용할 수 있는 실질적인 대책과 기술적인 해결 방안을 포함하여 학습자들이 더 실용적인 지식을 습득할 수 있도록 하였다.

이 책이 나오기까지 많은 분의 도움과 지원이 있었다. 오랫동안 연구와 교육 경험을 바탕으로 소방 공학 분야에서 귀중한 조언을 주신 여러 교수님과 실무 전문가들께 깊은 감사의 말씀을 전한다. 또한, 이 책이 출판될 수 있도록 아낌없는 지원을 해주신 도서출판 화수목의 임정대 부장님과 임직원 여러분께도 진심으로 감사드린다. 여러분의 노력과 헌신이 없었다면 이 책이 세상에 나오기 어려웠을 것이다.

이 책이 방화방폭공학을 공부하는 학생들에게 유익한 길잡이가 되기를 바라며, 소방 공학을 연구하고 실무에 적용하는 모든 분에게도 도움이 되기를 기대한다. 부족한 점이 있겠지만, 앞으로의 연구와 학습을 통해 계속해서 보완하고 발전시켜 나갈 것이다.

Contents

Chapter 04 화재 및 폭발의 물리적 특성

PART 03 방화 및 방폭 기술

Chapter 05 방화 및 방폭의 기본 개념

Chapter 06 소화 및 방폭 기술 개요

PART 04 화재 및 폭발 사고 조사 및 법규

Chapter 07 화재 및 폭발 사고 조사

Chapter 08 법규 및 최신 기술 개요

PART 01

방화방폭공학의 기초 개념

CHAPTER

01 방화방폭공학 개요

학습목표

- 방화방폭공학의 개념과 중요성을 이해할 수 있다.
- 화재와 폭발의 차이점을 명확히 설명할 수 있다.
- 방화방폭공학의 주요 연구 분야와 적용 사례를 분석할 수 있다.
- 국내외 방화 및 방폭 관련 법규의 기본 개념을 이해할 수 있다.
- 방화 및 방폭 기술이 실무에 어떻게 적용되는지 설명할 수 있다.

1 방화방폭공학의 정의 및 중요성

1.1 방화방폭공학의 개념

방화방폭공학(Fire and Explosion Protection Engineering)은 **화재 및 폭발을 예방하고 피해를 최소화하는 기술과 설계를 연구하는 학문**이다. 이는 산업, 건축, 교통, 화학공업 등 다양한 분야에서 필수적으로 적용되며, **인명과 재산을 보호하고 안전한 환경을 조성하는 역할**을 한다.

방화방폭공학이 다루는 주요 개념은 다음과 같다.

- 연소(Combustion): 물질이 산소와 반응하여 빛과 열을 방출하는 화학적 반응
- 화재(Fire): 연소 반응이 지속되면서 열과 연기가 발생하는 현상
- 폭발(Explosion): 짧은 시간 동안 급격한 압력 상승과 에너지 방출이 이루어지는 현상
- 방화(Fire Protection): 화재 예방 및 피해 최소화를 위한 설계와 기술
- 방폭(Explosion Protection): 폭발 위험을 방지하거나 폭발 발생 시 피해를 줄이기 위한 기술과 설계

1.2 연소의 개념

연소(Combustion)란 물질이 산소와 반응하여 빛과 열을 방출하는 화

학적 반응을 의미하고 연소는 다음과 같은 특징을 가진다.

- 산소(O_2)와 연료(Fuel)가 반응하여 열과 빛을 발생시킨다.
- 발열 반응(Exothermic Reaction)으로 외부에서 지속적인 에너지를 공급하지 않아도 자체적으로 반응이 진행된다.
- 점화원(Ignition Source)이 있어야 연소가 시작된다.
- 연소의 대표적인 화학 반응식은 다음과 같이 메테인과 산소가 반응하여 이산화탄소와 물이 생성되고 열이 방출됨

$$CH_4 + 2O_2 \rightarrow CO_2 + 2H_2O + \text{열에너지}$$

1.3 화재의 개념과 화재 삼각형

화재(Fire)란 연소 반응이 지속적으로 진행되면서 열과 연기가 발생하는 현상으로서 화재가 발생하기 위해서는 세 가지 요소가 필요하며, 이를 **화재 삼각형**(Fire Triangle)이라고 한다.

화재 삼각형의 3가지 요소는 다음과 같다.

- 연료(Fuel): 연소할 수 있는 가연성 물질 (목재, 종이, 가스, 액체 연료 등)
- 산소(Oxygen): 연소를 유지하는 산화제 (공기 중의 산소 21%)
- 점화원(Ignition Source): 불꽃, 전기 스파크, 고온 표면 등

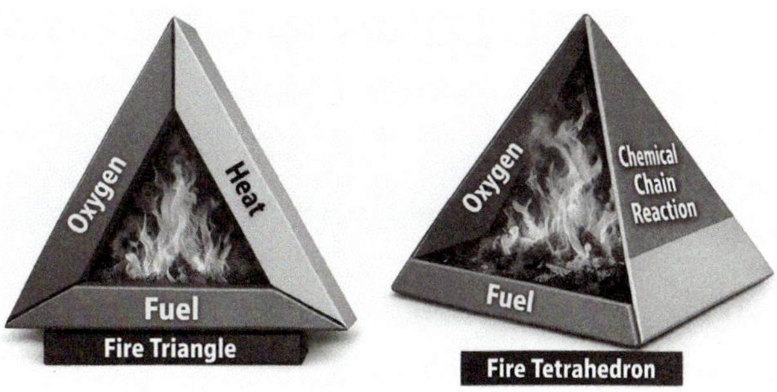

그림 1.1 화재 삼각형과 화재 사각형

화재를 예방하거나 진압하기 위해서는 이 요소 중 하나를 제거해야 한다.

- 연료 제거(Fuel Removal): 가연물 제거
- 산소 차단(Oxygen Reduction): 불활성 가스(질소, 이산화탄소) 주입
- 점화원 제거(Ignition Source Removal): 고온 표면 및 전기 스파크 제거

이후 연구에서 **연소의 연쇄반응**(Chain Reaction)이 중요한 역할을 한다는 것이 밝혀지면서, 화재 삼각형은 **화재 오각형**(Fire Tetrahedron)으로 확장되었다.

1.4 폭발의 개념과 폭발 오각형

폭발(Explosion)은 짧은 시간 동안 급격한 압력 상승과 함께 에너지가 방출되는 현상으로서 폭발이 발생하기 위해서는 다섯 가지 요소가 필요하며, 이를 **폭발 오각형**(Explosion Pentagon)이라고 한다.

폭발 오각형의 5가지 요소는 다음과 같다.

- 연료(Combustible Material): 가연성 가스, 증기, 분진 등
- 산화제(Oxidizer): 산소 또는 기타 산화제
- 점화원(Ignition Source): 불꽃, 고온 표면, 전기 스파크 등
- 밀폐된 공간(Confined Space): 폭발성 혼합물이 형성되는 제한된 공간
- 혼합비(Dispersion/Concentration): 연료와 산화제가 폭발이 가능할 정도로 적절한 농도로 혼합됨

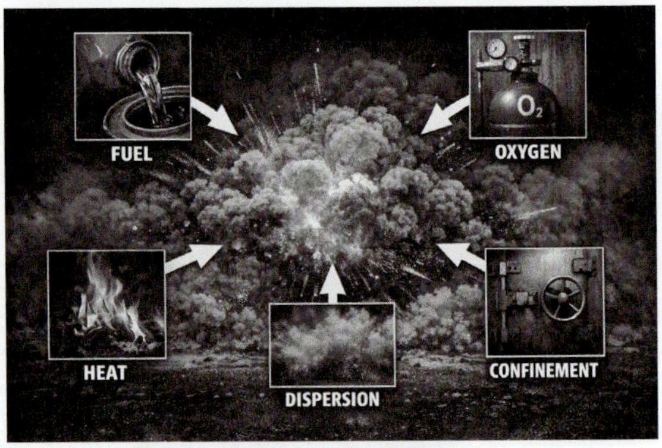

그림 1.2 폭발 오각형

폭발을 방지하거나 피해를 줄이기 위해서는 다음 방법을 사용할 수 있다.

- 연료 농도 조절: 가연성 물질의 농도를 폭발 한계 밖으로 유지
- 산소 농도 감소: 불활성 가스를 주입하여 산소 농도 감소
- 점화원 제거: 방폭 전기설비 적용, 정전기 방지 장치 사용
- 밀폐 공간 개방: 환기 시스템을 통해 가연성 가스 확산 방지

1.5 화재와 폭발의 차이점

화재와 폭발은 모두 연소 반응과 관련이 있지만, 진행 방식과 에너지 방출 방식에서 차이가 있다.

표 1.1 화재와 폭발의 비교

구분	화재 (Fire)	폭발 (Explosion)
진행 속도	지속적 연소	순간적 폭발
에너지 방출	열과 연기	충격파와 화염
주요 위험 요소	연기, 열	폭발압력, 충격파
주요 예방 방법	방화벽, 소화 시스템	방폭 설비, 정전기 방지
사례	건물 화재, 산불	공장 폭발, 가스 폭발

1.6 방화 및 방폭의 개념

방화(Fire Protection)는 화재를 예방하고 피해를 최소화하는 기술과 설계를 의미한다.

- 구조적 방화(Structural Fire Protection): 방화벽, 내화 재료 사용
- 소방 시스템(Fire Suppression System): 자동 화재 감지 및 소화 시스템
- 피난 및 안전 대책(Evacuation and Safety Measures): 비상구, 피난 경로 확보
- 방폭(Explosion Protection)은 폭발 위험을 방지하거나 폭발 발생 시 피해를 줄이기 위한 기술과 설계를 의미한다.
- 방폭 설비(Explosion-Proof Equipment): 방폭 전기설비, 정전기 방지 시스템
- 폭발 억제(Explosion Suppression): 가연성 가스 희석, 불활성 가스 주입
- 안전 구역 설정(Hazardous Area Classification): 폭발 위험 구역 지정 및 관리

표 1.2 방화와 방폭의 개념 비교

구분	방화 (Fire Protection)	방폭 (Explosion Protection)
정의	화재를 예방하고 피해를 최소화하는 기술과 설계	폭발 위험을 방지하거나 폭발 발생 시 피해를 줄이는 기술
주요 방법	내화 구조물, 소방 시스템, 피난 계획	방폭 설비, 폭발 억제 시스템, 위험 구역 설정
적용 분야	건축물, 산업시설, 저장소	가스 플랜트, 화학공장, 위험물 저장소

1.7 방화방폭의 중요성

화재 및 폭발은 인명과 재산에 막대한 피해를 초래할 수 있으며, 산업 및 경제에도 심각한 영향을 미친다. 방화방폭공학의 중요성은 다음과 같은 요소에서 확인할 수 있다.

1. 인명 보호

- 화재 및 폭발로 인한 사망 및 부상 방지
- 피난 계획 및 화재 대비 시스템 구축

2. 재산 보호

- 건축물 및 산업시설의 피해 최소화
- 기업의 생산시설 보호 및 경제적 손실 방지

3. 산업 안전 확보

- 공장, 화학 플랜트, 가스 저장소 등의 사고 예방
- 산업 현장에서의 폭발 방지 및 소방 안전 기준 설정

4. 법적 규제 대응

- 국가 및 국제 법규 준수 (예 NFPA, ATEX, IECEx)
- 소방 및 산업 안전 관리 법규 적용

5. 환경 보호

- 화재 및 폭발로 인한 유해 물질 배출 방지
- 대기 및 수질 오염 예방

2 화재 및 폭발의 주요 피해 사례

표 1.3 주요 화재 및 폭발 사고 분석

사고	원인	피해 규모	개선 조치
○○화학공장 폭발 (2019, 한국)	가연성 증기 누출 + 점화원	사망 3명, 부상 15명	환기 개선, 방폭 설비 도입
△△아파트 화재 (2021, 한국)	전기 합선 + 가연성 마감재	사망 5명, 부상 30명	불연성 마감재 교체, 전기 배선 점검
텍사스 정유 공장 폭발 (2005, 미국)	압력 상승 + 가연성 가스 축적	사망 15명, 부상 170명	압력 관리 시스템 보강, 가연성 가스 감지기 설치
런던 고층 건물 화재 (2017, 영국)	가연성 외장재 사용	사망 72명, 부상 70명	불연성 외장재 사용, 소방설비 강화

2.1 국내 화재 및 폭발 피해 사례

1. ○○화학공장 폭발 사고 (2019년, 대한민국)

1) 사고 개요

○○화학공장은 대한민국의 대규모 화학 제조시설로, 주로 산업용 유기 화합물을 생산하는 곳이다. 2019년 7월, 이 공장의 **유기용매 저장탱크에서 폭발 사고가 발생**하였다. 해당 공장에서는 톨루엔, 메테인올, 아세톤 등 인화성이 강한 화학물질을 저장하고 있었으며, 사고 당시 폭발로 인해 강한 화염이 발생하면서 대형 화재로 이어졌다.

2) 원인 분석

사고 조사를 통해 밝혀진 주요 원인은 다음과 같다.

- **가연성 증기의 누출**: 저장탱크의 밸브에서 가연성 증기가 서서히 누출되었으며, 공장 내부의 환기 부족으로 인해 공기 중에 높은 농도로 축적됨
- **점화원 존재**: 공장 내부에서 용접 작업이 진행되고 있었으며, 불꽃이 튀면서 가연성 증기에 착화됨
- **폭발성 혼합기체 형성**: 누출된 증기가 공기와 적절한 비율로 혼합되면

서 폭발성이 증가하였으며, 밀폐된 공간에서 압력이 급격히 상승하면서 폭발 발생

3) 피해 규모

- 사망 3명, 부상 15명
- 공장 건물 30% 이상 붕괴 및 전소
- 인근 지역 유해 물질 확산으로 인한 환경 피해

4) 사고 후 대응 및 개선 조치

- 가연성 물질 저장소의 환기 시스템 개선
- 위험 구역 내 용접 작업 금지 및 화기 관리 강화
- 방폭 전기설비 설치 및 점화원 통제 시스템 도입

2. △△아파트 화재 사고 (2021년, 대한민국)

1) 사고 개요

2021년 4월, 서울의 한 고층 아파트에서 전기 합선으로 인해 화재가 발생하였다. 해당 아파트는 30층 이상의 고층 건물로, 화재 발생 당시 주민들이 대피하는 과정에서 **피난 경로가 차단**되면서 인명 피해가 컸다.

2) 원인 분석

- **전기 합선**: 전기 배선의 노후화로 인해 합선이 발생하면서 강한 스파크와 열이 발생
- **불연재 미사용**: 내부 마감재가 가연성이 높은 재질로 되어 있어 불이 빠르게 확산함
- **방화문 미작동**: 내부 계단의 방화문이 열려 있어 연기가 건물 내부로 빠르게 퍼짐

3) 피해 규모

- 사망 5명, 부상 30명
- 200세대가 대피, 20여 가구 전소
- 연기에 의한 질식 피해 다수

4) 사고 후 대응 및 개선 조치

- 전기 배선 점검 및 교체 주기 단축
- 아파트 내부 마감재를 불연성 재료로 교체
- 대피 경로 확보 및 방화문 자동 폐쇄 시스템 도입

2.2 국제 화재 및 폭발 피해 사례

1. 텍사스 정유 공장 폭발 사고 (2005년, 미국)

1) 사고 개요

2005년 미국 텍사스에서 발생한 정유 공장 폭발 사고는 역사상 가장 심각한 산업 폭발 사고 중 하나로 기록되었다. 해당 공장은 원유 정제 및 석유화학 제품을 생산하는 곳으로, 사고 당시 공정 중 **압력 상승으로 인한 폭발이 발생**하였다.

2) 원인 분석

- **압력 상승 및 안전밸브 오작동**: 증류탑 내부의 압력이 비정상적으로 상승하였으나 안전밸브가 정상 작동하지 않음
- **가연성 가스 축적**: 과도한 압력으로 인해 정제 공정 중 누출된 가연성 가스가 밀폐된 공간에 축적됨
- **점화원 존재**: 폭발 발생 직전, 근처에서 전기 스파크가 발생하면서 누출된 가스가 폭발

3) 피해 규모

- 사망 15명, 부상 170명
- 공장 가동 중단으로 인해 경제적 손실 10억 달러 이상
- 폭발 충격으로 인한 인근 지역 건물 손상

4) 사고 후 대응 및 개선 조치

- 정유 공장의 압력 관리 시스템 보강
- 가연성 가스 감지기 및 자동 차단 시스템 도입
- 고압 프로세스의 이중 안전밸브 설치

2. 런던 고층 건물 화재 (2017년, 영국)

1) 사고 개요

2017년 6월, 영국 런던의 그렌펠 타워에서 대형 화재가 발생하였다. 화재는 4층에서 시작되어 건물 전체로 빠르게 확산하였으며, **건물 외장재의 가연성이 원인**으로 지목되었다.

2) 원인 분석

- **가연성 외장재 사용**: 알루미늄 복합 패널(ACP)에 폴리에틸렌 코어가 포함되어 있어 화재 확산을 가속화
- **소방설비 미비**: 고층 건물이었음에도 스프링클러 시스템이 설치되지 않음
- **대피 시스템 문제**: 건물의 중앙 계단이 단 하나뿐이었으며, 연기로 인해 피난이 어려웠음

3) 피해 규모

- 사망 72명, 부상 70명 이상
- 120가구가 거주 불가능 상태
- 전 세계적으로 고층 건물 화재 안전 규정 강화 계기 마련

4) 사고 후 대응 및 개선 조치

- 고층 건물 외장재 기준 강화 (불연성 소재 사용 의무화)
- 스프링클러 및 자동 화재 경보 시스템 설치 의무화
- 비상 대피 시스템 개선 및 대피 경로 다각화

3 국내외 관련 법규 및 기준 개요

화재 및 폭발 사고를 예방하고 피해를 최소화하기 위해 **국가별로 다양한 법규 및 안전 기준**이 마련되어 있다. 이 장에서는 대한민국의 **소방 및 방화방폭 관련 법규와 국제적 안전 기준**(NFPA, ATEX, IECEx 등)을 상세히 분석하고, 이들의 적용 사례를 살펴본다.

3.1 국내 관련 법규 및 기준

대한민국에서는 화재 및 폭발 사고를 방지하기 위해 **소방 관련 법률과 산업 안전 법령이 제정**되어 있으며, 건축물과 산업시설에 대한 규제도 포함된다.

1. 「화재의 예방 및 안전관리에 관한 법률」과 「소방시설 설치 및 관리에 관한 법률」

1) 법률 개요

방화·방폭 관련 기본 법체계는 「화재의 예방 및 안전관리에 관한 법률」과 「소방시설 설치 및 관리에 관한 법률」로 이원화되어 있으며, 전자는 화재 예방과 안전관리 책임을, 후자는 소방시설의 설치·유지·점검 기준을 규율한다.

- 소방시설 유지·관리 의무
  - 「소방시설 설치 및 관리에 관한 법률」 제25조(특정소방대상물의 관계인의 의무)에 따라, 특정소방대상물의 관계인은 소방시설을 설치 기준에 맞게 유지·관리하고 정기적인 점검을 실시하여야 함
- 소방시설 설치 기준
  - 소방시설의 구체적인 설치 기준은 「소방시설 설치 및 관리에 관한 법률」에 근거하여 제정된 국가화재안전기준(NFTC)에서 규정되며, 건축물의 용도·규모·위험도에 따라 스프링클러설비, 자동화재탐지설비, 소화기 등의 설치가 의무화
- 피난·방화시설 관리
  - 피난시설 및 방화시설의 설치·유지 기준은 「건축법」 및 「화재의 예방 및 안전관리에 관한 법률」에 따라 규율되며, 건축물의 소유자·관리자는 비상구, 방화문, 피난계단 등이 정상적으로 기능하도록 관리할 책임을 짐

2) 적용 사례

이 법은 **대형 쇼핑몰, 아파트, 공장 등에서 소방시설 설치 및 점검 기준을 규정하는 핵심 법률**이다. 예를 들어, 2021년 △△아파트 화재 사고 이후 **비상구 관리 강화 및 스프링클러 설치 의무 확대**가 논의되었다.

2. 「산업안전보건법」

1) 법률 개요

「산업안전보건법」은 **산업 현장에서 근로자의 안전을 보호하고, 폭발 및 화재 위험을 방지하기 위한 규정**을 포함한다.

- 제37조(폭발 위험 장소의 관리)
  - 사업장은 폭발 위험이 있는 경우 **환기 장치를 설치하고, 방폭 설비를 갖춰야 한다**.
  - 폭발 위험 구역을 구분하여 관리하고, 방폭 인증 장비를 사용해야 한다.
- 제41조(위험물질의 취급 및 저장 기준)
  - 위험물 저장소는 **안전한 장소에 설치하며, 방화벽과 차폐시설을 갖춰야 한다.**
  - 저장소의 위치, 구조 및 설비 기준은 시행령에서 규정한다.

2) 적용 사례

이 법률은 **정유 공장, 화학 플랜트, 제약 공장 등에서 폭발 위험을 줄이는 데 중요한 역할**을 한다. 2019년 ○○화학공장 폭발 사고 이후, **위험물 저장소의 환기 및 차폐시설 강화**가 추진되었다.

3.2 국제 관련 법규 및 기준

국제적으로도 화재 및 폭발 사고를 예방하기 위한 다양한 기준이 존재한다. 특히, **NFPA(미국), ATEX(유럽), IECEx(국제) 등의 규격이 대표적**이며, 각국에서 이를 준용하고 있다.

1. NFPA (National Fire Protection Association, 미국)

1) 개요

NFPA는 **미국 소방 및 방폭 관련 규격을 제정하는 기관**으로, 주요 기준은 다음과 같다.

- NFPA 70 (전기설비 코드, NEC)
  - 전기 화재 및 폭발 위험을 줄이기 위한 **전기설비의 방폭 기준**을 포함한다.
  - 방폭 인증된 전기 장비 사용을 의무화한다.

- NFPA 921 (화재 및 폭발 조사 지침)
  - 화재 및 폭발 사고 조사 방법을 규정하며, **사고 원인 분석을 위한 표준 절차**를 제공한다.

2) 적용 사례

NFPA 기준은 **미국뿐만 아니라 한국, 일본, 중동 국가에서도 준용**되며, 국내에서도 일부 산업 현장에서 NFPA 규격을 따르는 경우가 많다.

2. ATEX (Atmosphères Explosibles, 유럽)

1) 개요

ATEX는 **유럽연합(EU)의 방폭 관련 지침**으로, 방폭 장비 및 작업장 안전 규정을 포함한다.

- ATEX 114 (방폭 장비 인증)
  - 유럽 내에서 사용되는 **방폭 전기설비 및 기계 장비의 인증 기준**을 제시한다.
- ATEX 153 (작업장 안전 기준)
  - 폭발 위험 구역을 구분하고, **가연성 물질 사용 작업장의 안전 지침**을 규정한다.

2) 적용 사례

유럽의 석유화학 플랜트 및 제조업체는 **ATEX 기준을 필수적으로 준수**해야 하며, ATEX 인증이 없는 제품은 유럽 시장에서 판매될 수 없다.

3. IECEx (International Electrotechnical Commission, 국제)

1) 개요

IECEx는 **국제적으로 인정되는 방폭 장비 인증 시스템**이며, 주요 기준은 다음과 같다.

- IEC 60079 (폭발성 환경에서의 전기 장비 기준)
  - 폭발성 환경에서 사용되는 **전기 장비의 안전 기준**을 정한다.
- IECEx 인증 시스템
  - 국가 간 **방폭 설비 인증을 상호 인정하는 국제적 체계**이다.

2) 적용 사례

IECEx 인증은 **글로벌 기업들이 방폭 장비를 수출할 때 필수적으로 요구되는 기준**이며, 한국, 일본, 호주 등의 기업들이 이 인증을 활용하고 있다.

3.3 국내외 법규 비교 및 분석

국내외 주요 법규 및 기준을 비교하면 다음과 같은 차이점이 있다.

표 1.4 국내외 방화 및 방폭 기준 비교

구분	대한민국	미국 (NFPA)	유럽 (ATEX)	국제 (IECEx)
주요 법령	화재의 예방 및 안전관리에 관한 법률, 소방시설 설치 및 관리에 관한 법률, 산업안전보건법	NFPA 70, NFPA 921	ATEX 114, ATEX 153	IEC 60079
적용 범위	건축물, 산업시설	전기설비, 소방시설	방폭 장비, 작업장	방폭 전기설비, 글로벌 시장
방폭 설비 기준	국내 인증 절차	미국 내 사용 인증	유럽 내 사용 인증	국제 표준 인증
조사 및 분석	화재 감식 기준	화재 및 폭발 조사 (NFPA 921)	사고 조사 지침	국제적 감식 가이드

4 방화방폭공학과 소방 공학의 관계

4.1 방화방폭공학과 소방 공학의 개념적 차이

방화방폭공학과 소방 공학은 **화재 및 폭발로부터 인명과 재산을 보호**하기 위한 학문이지만, **연구 초점과 적용 방식에서 차이**가 있다.

1. 방화방폭공학(Fire and Explosion Protection Engineering)의 정의

- **화재 및 폭발을 예방하고 피해를 최소화하는 공학적 접근**을 연구하는 학문
- 방화(Fire Protection)와 방폭(Explosion Protection)을 포함

- 주요 연구 분야
  - 화재 및 폭발의 원인 분석
  - 방화 및 방폭 설비 설계
  - 방폭 전기설비 및 위험물 관리
  - 법규 및 안전 기준 적용

2. 소방 공학(Fire Engineering)의 정의

- **화재의 감지, 진압, 피난 계획 등**을 연구하는 학문
- 주요 연구 분야
  - 소방설비(스프링클러, 소화기, 소화 배관) 설계
  - 자동 화재 탐지 및 경보 시스템 연구
  - 건축물의 피난 및 화재 시뮬레이션 분석

표 1.5 방화방폭공학과 소방 공학의 비교

구분	방화방폭공학	소방 공학
연구 초점	화재 및 폭발 예방, 피해 최소화	화재 감지 및 소화 시스템 설계
주요 대상	산업시설, 위험물 저장소, 정유 공장	건축물, 공공시설, 도심 지역
주요 기술	방폭 설비, 방화벽, 불연성 소재 연구	스프링클러, 소방펌프, 화재 경보 시스템
주요 법규	산업안전보건법, NFPA, ATEX	화재의 예방 및 안전관리에 관한 법률, 소방시설 설치 및 관리에 관한 법률, 건축법

4.2 방화방폭공학과 소방 공학의 공통점과 차이점

1. 공통점

- 화재 및 폭발로부터 인명과 재산 보호를 목표로 한다.
- 국내외 법규 및 안전 기준을 기반으로 연구된다.
- 실제 산업 및 건축 환경에서 적용된다.
- 재난 대응 및 피난 계획 수립에 중요한 역할을 한다.

2. 차이점

표 1.6 방화방폭공학과 소방 공학의 차이점

비교 요소	방화방폭공학	소방 공학
연구 초점	화재 및 폭발 예방, 위험물 안전관리	화재 감지 및 소화 시스템 개발
주요 대상	산업시설, 화학 플랜트, 위험물 저장소	건축물, 공공시설, 교통시설
기술적 접근	방폭 설비, 안전 구역 설정, 방화벽 설계	스프링클러, 화재 경보 시스템, 피난 시뮬레이션
법규 적용	산업안전보건법, ATEX, NFPA	화재의 예방 및 안전관리에 관한 법률, 소방시설 설치 및 관리에 관한 법률, 건축법

4.3 방화방폭공학과 소방 공학의 실무 적용 사례

1. 산업시설에서의 적용 (방화방폭공학 중심)

- **사례**: 정유 공장의 방폭 설비 적용
- **위험 요소**: 정유 공장은 휘발성 유기화합물(VOCs)이 많아 폭발 위험이 큼
- **방폭 대책**
  - 방폭 전기설비(Explosion-proof Electrical Equipment) 사용
  - 화학물질 저장탱크의 환기 시스템 강화
  - 위험물 저장소의 안전거리 확보 및 차폐벽 설치

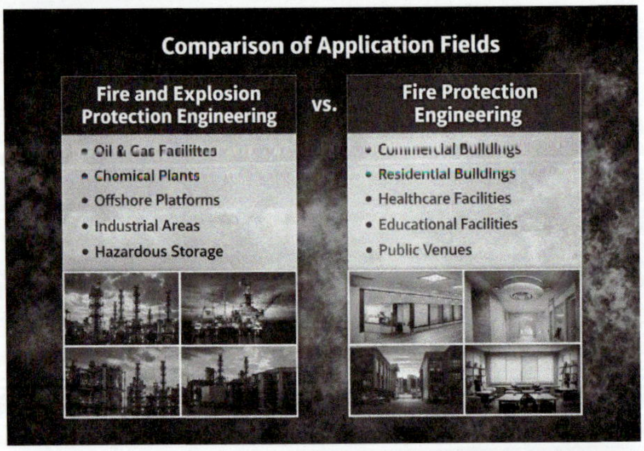

그림 1.3 방화방폭공학과 소방 공학의 적용 분야 비교

2. 도심 건축물에서의 적용 (소방 공학 중심)

- **사례:** 초고층 건물의 소방설비 설계
- **위험 요소:** 고층 건물은 피난 시간이 길고, 연기가 빠르게 확산함
- **소방 대책**
  - 스프링클러 및 자동화재탐지설비 설치 의무화
  - 건물 내부의 방화 구역 설정 및 대피 경로 확보
  - 연기 제어 시스템(압력 차이 활용) 적용

4.4 방화방폭공학과 소방 공학의 협력 사례

1. 공장 화재 예방 및 방폭 설비 구축

- **방화방폭공학:** 공장의 가연성 물질 안전관리, 방폭 전기설비 적용
- **소방 공학:** 화재 감지 및 소화 시스템(스프링클러, 방수총) 설계

2. 원유 저장소 화재 대응 시스템 구축

- **방화방폭공학:** 방폭 구역 설정, 불활성 가스 주입 시스템 도입
- **소방 공학:** 대형 수냉식 소화 시스템(폼 소화) 배치

그림 1.4 공장 화재 및 방폭 설비 협력 사례

핵심 개념 요약 및 키워드 정리

- **연소(Combustion)**: 물질이 산소와 반응하여 열과 빛을 방출하는 화학적 반응. 연소 과정은 점화, 발열, 연쇄반응으로 이루어짐
- **화재(Fire)**: 연소가 제어되지 않고 지속적으로 확산되는 현상. 화재 발생에는 연료, 산소, 점화원의 세 가지 요소가 필요함
- **화재 삼각형(Fire Triangle)**: 화재가 발생하기 위한 3가지 필수 요소(연료, 산소, 점화원)
- **화재 사각형(Fire Tetrahedron)**: 연소의 연쇄반응을 포함하여 화재가 지속되는 4가지 요소(연료, 산소, 점화원, 연쇄반응)
- **폭발(Explosion)**: 단시간 내에 급격한 압력 상승과 에너지 방출이 발생하는 현상. 폭발 오각형에 해당하는 조건이 충족될 때 발생
- **폭발 오각형(Explosion Pentagon)**: 폭발이 일어나기 위한 5가지 요소(연료, 산소, 점화원, 밀폐된 공간, 혼합비)
- **방화(Fire Protection)**: 화재 예방 및 피해 최소화를 위한 기술과 시스템. 방화벽, 불연성 건축자재, 소방설비 등이 포함됨
- **방폭(Explosion Protection)**: 폭발 예방 및 피해 최소화를 위한 시스템 및 설계 기법. 방폭 전기설비, 안전거리 확보, 폭발 방지 벤트 시스템 등이 포함됨
- **핵심 키워드**: 연소, 화재, 폭발, 연료, 산소, 점화원, 화재 삼각형, 폭발 오각형, 연쇄반응, 가연성 물질, 방화벽, 불연성 소재, 방폭 설비, 밀폐된 공간, 혼합비 조절, 점화원 관리, 소화 시스템, 피난 경로, 화재 감지, 화재 시뮬레이션

연습문제

객관식 문제 (총 10문항)

01 방화방폭공학의 주요 연구 대상이 아닌 것은?

① 산업시설의 방폭 설비 ② 건축물의 내화 설계
③ 기상 예보 시스템 ④ 폭발 위험 지역의 안전 관리

02 다음 중 화재 삼각형(Fire Triangle)의 구성 요소에 해당하지 않는 것은?

① 연료(Fuel) ② 산소(Oxygen)
③ 점화원(Ignition Source) ④ 압력(Pressure)

03 폭발 오각형(Explosion Pentagon)의 구성 요소로 추가된 두 가지 요소는?

① 산소와 점화원 ② 밀폐 공간과 혼합비
③ 연료와 점화원 ④ 산소와 연료

04 화재가 발생했을 때 연료 공급을 차단하는 방식으로 소화하는 원리는 무엇인가?

① 질식 소화 ② 냉각 소화
③ 제거 소화 ④ 연쇄반응 차단

05 방폭 설비를 적용해야 하는 장소의 조건으로 적절하지 않은 것은?

① 가연성 가스가 다량으로 존재하는 곳 ② 폭발 위험 구역으로 분류된 지역
③ 화재 시 연소 속도가 느린 지역 ④ 전기 스파크 발생 가능성이 높은 구역

06 방화 설계에서 사용되는 불연성 건축자재의 주요 목적은?

① 화재 발생을 방지하기 위해 ② 연소 속도를 증가시키기 위해
③ 산소 농도를 높이기 위해 ④ 연료 공급을 원활하게 하기 위해

07 다음 중 방화방폭공학이 적용되는 대표적인 산업군이 아닌 것은?

① 석유화학 공장
② 반도체 제조 공장
③ 금융업무 빌딩
④ 가스 저장 시설

08 NFPA(미국소방협회)에서 정의한 방폭 기준과 관련이 있는 규정은?

① NFPA 70 (NEC)
② NFPA 101 (Life Safety Code)
③ NFPA 5000 (Building Code)
④ NFPA 13 (Sprinkler System)

09 방폭 설계에서 적용되는 주요 기술이 아닌 것은?

① 불활성 가스 주입
② 방폭 전기설비 설치
③ 연료 혼합비 조절
④ 연소 촉진 장치 사용

10 연소 과정에서 '연쇄반응(Chain Reaction)'을 차단하는 소화 방법은?

① 물을 이용한 냉각 소화
② 가스 차단을 통한 질식 소화
③ 할로젠화합물을 이용한 억제 소화
④ 연료를 제거하는 제거 소화

주관식 문제 (총 5문항)

01 화재 삼각형(Fire Triangle)과 화재 사각형(Fire Tetrahedron)의 차이를 설명하고, 화재 사각형의 개념이 도입된 이유를 기술하시오.

02 폭발 오각형(Explosion Pentagon)의 5가지 요소를 기술하고, 폭발 예방을 위해 제거해야 할 요소를 구체적인 예시와 함께 설명하시오.

03 방화방폭공학과 소방공학의 주요 차이점을 설명하고, 두 학문이 협력해야 하는 산업 현장의 예를 들어 설명하시오.

04 국내 화재 및 폭발 사고 사례를 하나 선정하여, 사고 원인과 사고 후 개선된 방화 및 방폭 조치를 설명하시오.

05 NFPA, ATEX, IECEx의 방폭 기준을 비교하고, 우리나라에서 적용되고 있는 국제 방폭 기준의 사례를 제시하시오.

객관식 문제 정답 및 해설

01 정답: ③

해설 방화방폭공학은 산업시설, 건축물, 위험물 저장소 등의 화재 및 폭발을 예방하는 기술을 연구하지만, 기상 예보 시스템은 포함되지 않음

02 정답: ④

해설 화재 삼각형은 연료(Fuel), 산소(Oxygen), 점화원(Ignition Source)으로 구성되며, 압력(Pressure)은 포함되지 않음

03 정답: ②

해설 폭발 오각형에서는 밀폐 공간(Confined Space)과 연료-산소 혼합비(Dispersion/Mixture)가 추가 요소로 포함됨

04 정답: ③

해설 연료 공급을 차단하는 소화 방식은 제거 소화이며, 연소에 필요한 연료를 제거하는 방식으로 화재를 진압함

05 정답: ③

해설 폭발 위험 구역에서의 방폭 설비 적용이 필요하지만, 연소 속도가 느린 지역은 폭발 위험이 상대적으로 낮음

06 정답: ①

해설 불연성 건축자재는 화재 발생 시 연소를 방지하고, 화재 확산을 최소화하는 역할을 함

07 정답: ③

해설 금융업무 빌딩은 일반적으로 방화방폭공학이 적용되지 않는 건축물이며, 석유화학 공장, 반도체 제조 공장, 가스 저장 시설은 방화방폭 기술이 필수적으로 적용되는 산업군임

08 정답: ①

해설 NFPA 70(NEC)은 방폭 전기설비 기준을 규정하는 대표적인 미국 전기설비 코드임

09 정답: ④

해설 연소 촉진 장치는 화재를 억제하는 방폭 설계의 개념과 반대되는 기술임

10 정답: ③

해설 할로젠화합물을 이용한 억제 소화는 연소 과정에서 발생하는 연쇄반응을 차단하여 화재를 진압하는 방식임

주관식 문제 정답 및 해설

01 화재 삼각형(Fire Triangle)과 화재 사각형(Fire Tetrahedron)의 차이를 설명하고, 화재 사각형의 개념이 도입된 이유를 기술하시오.

- 화재 삼각형은 화재 발생을 위해 필요한 세 가지 요소인 연료(Fuel), 산소(Oxygen), 점화원(Ignition Source)을 설명하는 개념임
- 이후 연구를 통해 연쇄반응(Chain Reaction)이 화재 지속에 중요한 역할을 한다는 점이 밝혀지면서 화재 사각형(Fire Tetrahedron) 개념이 도입됨
- 연쇄반응 차단을 통해 소화하는 대표적인 방식으로 할로젠화합물 소화 시스템이 있음

02 폭발 오각형(Explosion Pentagon)의 5가지 요소를 기술하고, 폭발 예방을 위해 제거해야 할 요소를 구체적인 예시와 함께 설명하시오.

- 폭발이 발생하기 위한 다섯 가지 요소는 연료(Combustible Material), 산소(Oxygen), 점화원(Ignition Source), 밀폐 공간(Confined Space), 혼합비(Dispersion/Mixture)임
- 예방 방법으로는 연료 제거(가연성 물질 사용 최소화), 산소 농도 조절(불활성 가스 주입), 점화원 관리(방폭 전기설비 사용), 밀폐 공간 해소(적절한 환기 시스템 설치), 혼합비 조절(폭발 하한계 미만으로 연료 농도 관리) 등의 방법이 있음

03 방화방폭공학과 소방공학의 주요 차이점을 설명하고, 두 학문이 협력해야 하는 산업 현장의 예를 들어 설명하시오.

- 방화방폭공학은 화재 및 폭발을 사전에 예방하고 피해를 최소화하는 설계 및 관리 기법을 연구함
- 소방공학은 화재가 발생했을 때 신속한 감지, 경보 및 진압을 위한 기술과 시스템을 연구함
- 협력이 필요한 산업 현장 사례로 정유공장이 있으며, 방화방폭공학은 위험물 저장소 방폭 설비 설치 및 방폭 전기설비 적용을 담당하고, 소방공학은 자동 소화 시스템(스프링클러, 폼 소화 설비) 구축을 담당함

04 국내 화재 및 폭발 사고 사례를 하나 선정하여, 사고 원인과 사고 후 개선된 방화 및 방폭 조치를 설명하시오.

- 사례로 ○○화학공장 폭발 사고(2019년, 대한민국)를 들 수 있음
- 사고 원인은 가연성 증기 누출, 점화원(전기 스파크) 발생, 밀폐된 공간에서 혼합비 형성 등이었음
- 사고 후 조치로는 환기 시스템 개선(위험물 저장소 내 가연성 가스 농도 감지 시스템 설치), 방폭 전기설비 도입(전기 아크 및 스파크 발생 방지), 작업 환경 안전 기준 강화(용접 및 불꽃 작업 관리 강화) 등이 이루어짐

05 NFPA, ATEX, IECEx의 방폭 기준을 비교하고, 우리나라에서 적용되고 있는 국제 방폭 기준의 사례를 제시하시오.

- NFPA 70 (NEC)은 미국에서 적용되는 방폭 전기설비 기준으로, 폭발 위험 지역에서의 전기설비 안전성을 보장하는 역할을 함
- ATEX 114는 유럽연합에서 적용되며, 방폭 장비의 인증 기준을 규정하며 유럽 내 사용되는 모든 방폭 설비는 ATEX 인증을 받아야 함
- IECEx는 국제적으로 인정되는 방폭 표준으로, 국가 간 방폭 설비 인증을 상호 인정하는 역할을 함
- 우리나라의 적용 사례로는 정유공장 및 석유화학 플랜트에서 NFPA 70 기준이 적용되며, 유럽으로 수출하는 방폭 전기설비는 ATEX 인증이 필요하고, 국제 방폭 설비 표준화를 위해 IECEx 인증이 확대 적용되고 있음

관련 법규 요약

1. 「화재의 예방 및 안전관리에 관한 법률」

- 제4조(관계인의 책무)
  건축물·시설의 소유자·관리자·점유자는 화재 및 폭발로 이어질 수 있는 위험요인을 예방·관리할 책임을 짐
- 제9조(화재 예방 조치)
  가연물 관리, 방화구획 유지 등 화재 확산 및 폭발 연계 위험을 방지하기 위한 예방 조치를 이행
- 제15조(화재안전관리)
  화재 위험이 큰 대상물에 대해 교육·훈련, 안전관리체계를 통해 사고 발생 전 단계에서 위험을 통제

2. 「소방시설 설치 및 관리에 관한 법률」

- 제9조(소방시설 설치 의무)
  특정소방대상물은 용도·규모·위험도에 따라 소화·감지·방화 관련 소방시설을 설치
- 제25조(특정소방대상물의 관계인 의무)
  관계인은 소방시설을 적정하게 유지·관리하고 정상 작동 상태를 확보
- 제26조(소방시설의 점검)
  자체점검 및 종합정밀점검을 통해 방화·방폭 관련 소방시설의 기능 유지를 의무화

3. 「산업안전보건법」

- 제37조(폭발 위험 장소의 관리)
  사업장은 폭발 위험이 있는 경우 환기 장치를 설치하고 방폭 설비를 갖춰야 하며, 방폭 인증 장비를 사용해야 함
- 제41조(위험물 취급 및 저장 기준)
  위험물 저장소는 안전한 장소에 설치해야 하며, 방화벽과 차폐시설을 갖춰야 함

4. 국제 방폭 규정

- NFPA 70 (NEC, 미국): 전기설비의 방폭 기준을 정의하여 폭발 위험 지역에서 전기설비의 안전성을 보장
- ATEX 114 (유럽연합): 방폭 장비의 인증 기준을 규정하며, 유럽 내 사용되는 모든 방폭 설비는 ATEX 인증을 받아야 함
- IEC 60079 (국제 방폭 표준): 폭발성 환경에서의 전기 설비 안전 기준을 정의하며, IECEx 인증 시스템을 통해 글로벌 방폭 설비 표준화

사고 사례 데이터베이스

표 1.7 주요 화재 및 폭발 사고 데이터베이스

사고 명	발생 연도	사고 원인	피해 규모	사고 후 조치
○○화학공장 폭발	2019년 (대한민국)	가연성 증기 누출 + 점화원	사망 3명, 부상 15명	방폭 설비 강화, 환기 시스템 개선
△△아파트 화재	2021년 (대한민국)	전기 합선 + 가연성 마감재	사망 5명, 부상 30명	불연성 마감재 사용, 전기 배선 점검
텍사스 정유공장 폭발	2005년 (미국)	압력 상승 + 가연성 가스 축적	사망 15명, 부상 170명	가스 감지기 설치, 이중 안전밸브 적용
런던 고층 건물 화재	2017년 (영국)	가연성 외장재 사용	사망 72명, 부상 70명	불연성 외장재 의무화, 소방시설 강화

참고문헌

1. 서적 및 논문
- National Fire Protection Association (NFPA). (2019). NFPA 921: Guide for Fire and Explosion Investigations.

2. 법규 및 보고서
- 소방청. (2022). 화재조사 매뉴얼 4.0
- 대한민국 국회. (2021). 소방시설 설치 및 관리에 관한 법률

3. 온라인 자료
- 한국소방안전원. (2023). "소방시설 설치 기준". Retrieved from www.kfsi.or.kr

추가 참고 자료

1. 소방 및 방화방폭 기술 보고서
- 한국산업안전보건공단. (2022). 산업시설 방폭설비 적용 가이드
- FM Global. (2021). Fire Protection in Industrial Facilities

2. 국제 가이드라인 및 기술 문서
- ATEX 지침 (Directive 2014/34/EU). Explosive Atmospheres – Equipment Certification
- IECEx Guide (2022). International Standard for Explosion-Proof Equipment

3. 온라인 강의 및 오픈 리소스
- NFPA 온라인 강좌: www.nfpa.org/training
- MIT OpenCourseWare: "Fire Protection Engineering"(ocw.mit.edu)

CHAPTER

02 연소 및 폭발의 기본 원리

학습목표

- 연소 반응의 주요 메커니즘과 조건을 이해한다.
- 화재의 성장 및 확산 과정과 관련 요인을 설명할 수 있다.
- 폭발의 주요 유형과 특징을 구분할 수 있다.
- 폭발의 영향과 피해 평가 방법을 학습한다.

1 연소 반응 및 연소 조건

1.1 연소의 개념과 조건

연소(Combustion)는 가연물이 산화제와 반응하여 **열과 빛을 방출하는 급격한 화학적 산화 반응**이다. 이 과정에서 방출되는 에너지는 화염을 형성하며, 대기 중의 산소와 반응하면 물(H_2O)과 이산화탄소(CO_2)를 주요 생성물로 남긴다. 연소는 화학 반응 중에서도 **산화(Oxidation) 반응의 일종**이며, 일반적인 산화 반응보다 빠르게 진행되는 것이 특징이다. 예를 들어, 철이 산소와 결합하여 녹이 형성되는 반응도 산화 반응이지만, 이는 매우 천천히 진행되는 반면, 연소는 짧은 시간 내에 급격하게 진행된다.

연소 반응은 **자연연소(Spontaneous Combustion)**와 **점화 연소(Ignition Combustion)**로 구분된다.

- **자연연소**: 외부 점화원이 없이 가연물 자체에서 내부 열 축적으로 인해 연소가 시작되는 경우
- **점화 연소**: 불꽃, 스파크 등의 외부 점화원이 작용하여 연소가 시작되는 형태

연소가 일어나기 위해서는 반드시 **세 가지 요소가 필요**하다. 이를 **연소의 3요소(Fire Triangle)**라고 하며, 다음과 같은 요소로 구성된다.

- **가연물**(Fuel): 연소할 수 있는 물질로 기체, 액체, 고체 상태일 수 있음
- **산화제**(Oxidizer): 연소 반응을 유도하는 물질로 주로 산소(O_2)를 포함
- **점화원**(Ignition Source): 연소를 시작하는 열이나 불꽃, 전기 스파크 등이 해당

이 세 가지 요소 중 하나라도 부족하면 연소가 일어나지 않으며, 이를 제거하는 방법이 화재 진압의 기본 원리가 된다.
연소는 화학 반응의 특성에 따라 **발열 반응(Exothermic Reaction)의 한 유형**으로 간주한다. 연소 과정에서 발생하는 열은 추가적인 연소 반응을 유지하는 역할을 하며, 이에 따라 연소는 연쇄적으로 지속된다. 또한, 연소 과정에서 방출되는 빛의 색깔은 연료의 성분, 온도 및 연소의 형태에 따라 달라질 수 있다. 예를 들어, 완전연소 시에는 푸른색 불꽃이 형성되며, 불완전연소 시에는 황색 또는 붉은색 불꽃이 발생하는 경우가 많다.

연소가 지속적으로 이루어지기 위해서는 앞서 언급한 연소의 3요소 외에도 **연쇄반응**(Chain Reaction)**이 필요**하다. 이는 초기 점화 이후에도 반응이 지속될 수 있도록 하는 역할을 하며, 이를 포함하여 **연소의 4요소**(Fire Tetrahedron)로 확장된다.

- **연쇄반응**(Chain Reaction): 연소 중 생성된 활성 중간 생성물(라디칼)이 새로운 연소 반응을 지속적으로 일으키는 과정
- **가연물, 산화제, 점화원**: 기존의 연소 3요소와 동일

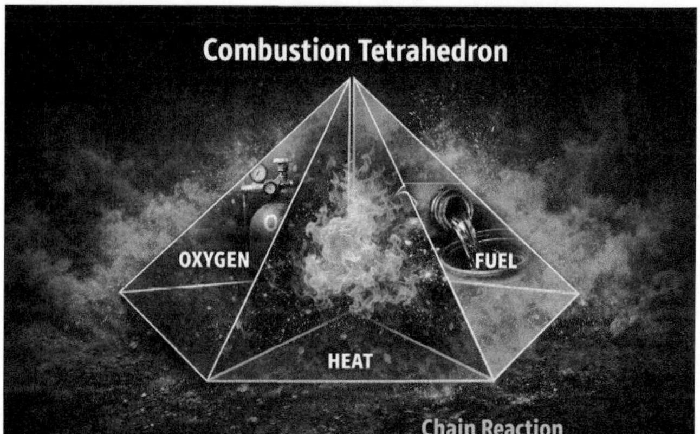

그림 2.1 연소의 4요소(Fire Tetrahedron)

연소가 시작된 후 지속되기까지의 과정은 다음과 같이 구분할 수 있다.

1. 점화 단계 (Ignition Stage)

- 초기 점화원이 작용하여 연소가 시작되는 단계로, **최소 점화 에너지가 필요**
- 이 단계에서 가연물은 가열되어 발화점에 도달

2. 발화 단계 (Flame Propagation Stage)

- 연소가 지속적으로 진행되면서 **연쇄반응을 형성**하는 단계
- 이 단계에서는 가연물이 산화제와 지속적으로 반응하여 열과 빛을 방출

3. 확산 및 안정화 단계 (Sustained Combustion Stage)

- **연료와 산화제 공급이 원활하게 이루어져 연소가 유지**되는 단계
- 이 과정에서 생성된 라디칼이 연소의 연쇄반응을 지속적으로 유지

4. 소멸 단계 (Extinguishment Stage)

- 가연물이 모두 소진되거나 산화제가 부족해지면서 **연소가 점점 약해지고 소멸**하는 단계
- 이 단계에서 연소 반응의 지속성이 끊김

연소의 4요소를 바탕으로 한 소화 원리는 가연물 제거, 산화제 차단, 점화원 제거, 연쇄반응 차단 네 가지 방법으로 정리할 수 있다.

1.2 완전연소와 불완전연소

1. 완전연소 (Complete Combustion)

완전연소는 **충분한 산소 공급과 적절한 연소 조건**이 유지될 때 발생한다. 주요 특징은 다음과 같다.

- 생성물은 **이산화탄소(CO_2)와 물(H_2O)**이며, 유해 가스 배출이 적다.
- 화염의 색이 **푸른색 또는 무색**을 띠며, 높은 온도에서 연소가 이루어진다.

- 연소 효율이 높으며, 연료가 완전히 산화되어 **에너지를 최대로 방출**한다.

예 가스레인지에서 푸른 불꽃이 생성되는 경우, 자동차 엔진의 이상적인 연소

표 2.1 완전연소와 불완전연소의 비교

구분	완전연소 (Complete Combustion)	불완전연소 (Incomplete Combustion)
산소 공급	충분한 산소 공급 (21% 이상)	산소 부족 (21% 이하)
연소 온도	높음 (800~1500℃)	낮음 (300~800℃)
화염 색상	푸른색, 무색	황색, 붉은색, 주황색
주요 생성물	이산화탄소(CO_2), 물(H_2O)	일산화탄소(CO), 탄소 입자(C), 탄화수소(HC)
연료 소비 효율	높음 (연료가 완전히 산화됨)	낮음 (연료가 불완전하게 산화됨)
에너지 방출	최대 (열량이 높음)	낮음 (에너지 방출이 감소)
유해 가스 배출	없음 또는 매우 적음	일산화탄소(CO), 탄화수소(HC) 등 다량 발생
그을음(매연) 발생	없음	있음 (검은 연기, 탄소 입자)
예시	가스레인지의 푸른 불꽃, 촛불의 심부 화염	벽난로의 노란 불꽃, 차량 배기가스

2. 불완전연소 (Incomplete Combustion)

불완전연소는 **산소가 부족하거나 연소가 제대로 이루어지지 않을 때 발생**하며, 다음과 같은 특징을 가진다.

- 생성물로 **일산화탄소(CO), 탄소 입자(C), 탄화수소류(HC)** 등의 유해물질이 포함된다.
- 화염이 **황색 또는 붉은색**을 띠며, 연소 온도가 낮아진다.
- 연소 효율이 낮으며, **그을음과 연기가 많이 발생**한다.
- 일산화탄소(CO)는 무색, 무취의 기체로 **고농도에서는 치명적인 중독 위험**이 있다.

예 벽난로에서 검은 연기가 발생하는 경우, 차량 배기가스에서 일산화탄소가 검출되는 경우

1.3 연소 반응 속도에 영향을 미치는 요인

연소 반응 속도는 다양한 환경적, 물리적, 화학적 요인에 의해 결정된다. 연소가 진행되는 동안 반응 속도를 제어하는 것은 화재 확산, 연소 효율, 화염 특성 등을 이해하는 데 중요한 요소가 된다. 연소 반응 속도는 다음과 같은 요인들에 의해 크게 영향을 받는다.

1. 온도(Temperature)

연소 반응은 **온도가 증가할수록 반응 속도가 빨라지는 특성**을 가진다. 이는 아레니우스 법칙(Arrhenius Equation)에 따라 설명될 수 있다. 아레니우스 법칙에 따르면, **반응 속도는 온도의 증가에 따라 지수적으로 증가**한다.

즉, 온도가 높아질수록 분자 운동이 활발해지고, 충돌 빈도 및 충돌 에너지가 증가하여 연소 반응이 더 빠르게 진행된다. 높은 온도에서는 연쇄 반응에 필요한 활성화 에너지가 낮아지며, 이에 따라 라디칼(Radical) 생성이 촉진되어 연소 속도가 증가하게 된다.

1) 고온에서의 연소 특성

- 반응 속도가 빠르며, 불꽃의 색이 청색 또는 무색에 가까움
- 연소 효율이 향상하여 완전연소가 쉬움
- 연료 소비율이 증가함

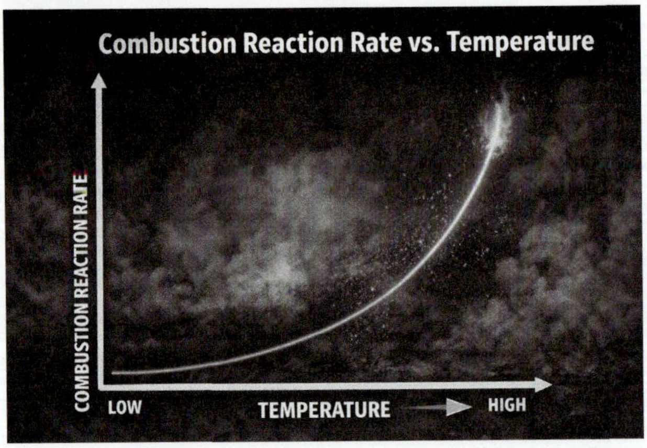

그림 2.2 온도에 따른 연소 반응 속도 변화

2) 저온에서의 연소 특성

- 반응 속도가 느려지며, 불완전연소 가능성이 높음
- 불꽃의 색이 황색 또는 적색을 띠며, 그을음 발생 가능성이 큼
- 연료의 산화 반응이 충분히 진행되지 않아 일산화탄소(CO)와 같은 유해 가스가 발생할 가능성이 높음

2. 산소 농도(Oxygen Concentration)

산소(O_2)는 연소 반응의 필수 요소로, **산소 농도가 높을수록 연소 반응 속도가 증가**한다. 이는 산소 공급이 증가하면 연료 분자와 산화제의 반응 기회가 많아지기 때문이다.

1) 산소 농도가 높은 경우

- 화염의 온도가 높아지고 연소 속도가 빨라짐
- 완전연소가 쉬우며, 생성물이 이산화탄소(CO_2)와 물(H_2O) 중심으로 생성됨
- 폭발 위험성이 증가할 수 있음

2) 산소 농도가 낮은 경우

- 연소 반응 속도가 느려지고, 불완전연소 발생 가능성이 증가
- 생성물에 일산화탄소(CO), 탄화수소류(HC) 등의 유해 가스가 포함될 가능성이 높음
- 화염이 안정적이지 못하며, 소화가 쉬움

표 2.2 산소 농도에 따른 연소 반응 변화

산소 농도 (%)	연소 속도	생성물 특성	화염 색상
21%(대기 중)	정상 속도	CO_2, H_2O	청색~황색
30% 이상	빠름	CO_2, H_2O	청색
10% 이하	매우 느림	CO, C, HC	붉은색, 황색
5% 이하	연소 정지	탄화수소 잔류	없음

3. 연료의 상태 및 혼합 정도

연소 속도는 **연료의 상태(고체, 액체, 기체)에 따라 달라지며, 산화제와의 혼합 상태에 따라 변화**한다.

1) 기체 연료(Gaseous Fuel)

- 분자 간격이 넓고 확산이 빠르므로 연소 반응 속도가 가장 빠름
- 연료와 산화제가 균일하게 혼합될 수 있어 효율적인 연소 가능

예 수소(H_2), 메테인(CH_4), 일산화탄소(CO)

2) 액체 연료(Liquid Fuel)

- 연소 전에 기화(Evaporation) 과정이 필요하므로 연소 속도가 기체보다 느림
- 온도가 높아질수록 증발이 빨라지고 연소 속도가 증가

예 휘발유(Gasoline), 경유(Diesel)

3) 고체 연료(Solid Fuel)

- 표면에서만 산화 반응이 일어나므로 연소 속도가 가장 느림
- 연소 전에 열분해(Pyrolysis) 과정을 거쳐야 함

예 석탄(Coal), 나무(Wood), 플라스틱

또한, 연료와 산화제의 혼합 상태도 연소 속도에 큰 영향을 미친다. **예혼합 연소(Premixed Combustion)**는 연료와 산화제가 미리 혼합된 상태에서 연소가 진행되므로 빠른 반응 속도를 가지며, **확산 연소(Diffusion Combustion)**는 연료와 산화제가 연소하면서 혼합되기 때문에 상대적으로 연소 속도가 느리다.

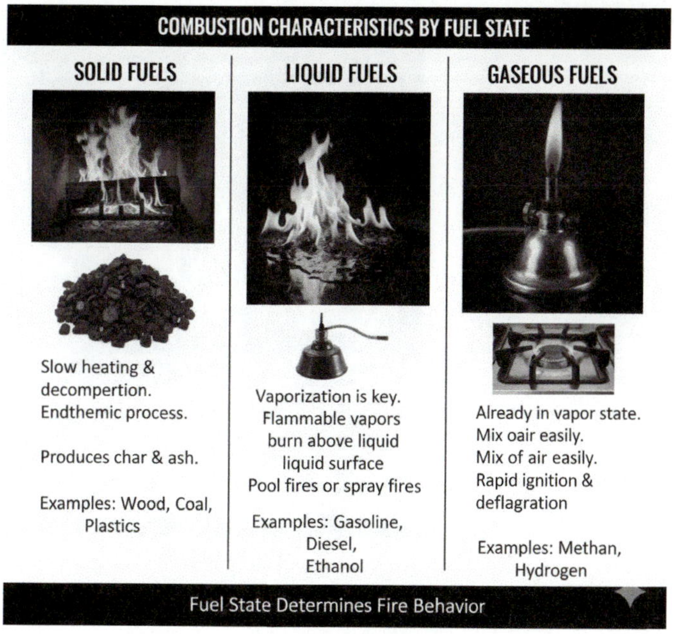

그림 2.3 연료의 상태에 따른 연소 특성 비교

4. 압력(Pressure)

연소 반응 속도는 **압력이 증가할수록 빨라진다**. 압력이 높아지면 분자 간의 거리가 가까워져 **충돌 빈도가 증가하고 반응이 더 활발해지기 때문**이다.

1) 고압에서의 연소 특성

- 연소 반응 속도가 증가하며, 불꽃의 온도가 상승
- 연료 소비율이 증가하고, 높은 에너지 방출
- 고압 환경에서는 폭발 가능성이 증가할 수 있음

2) 저압에서의 연소 특성

- 연소 반응 속도가 느려지고, 불완전연소 가능성이 증가
- 산소 농도가 감소하며, 화염이 쉽게 소멸함
- 압력의 영향은 특히 **로켓 엔진과 같은 고압 연소 환경**에서 중요하게 고려된다.

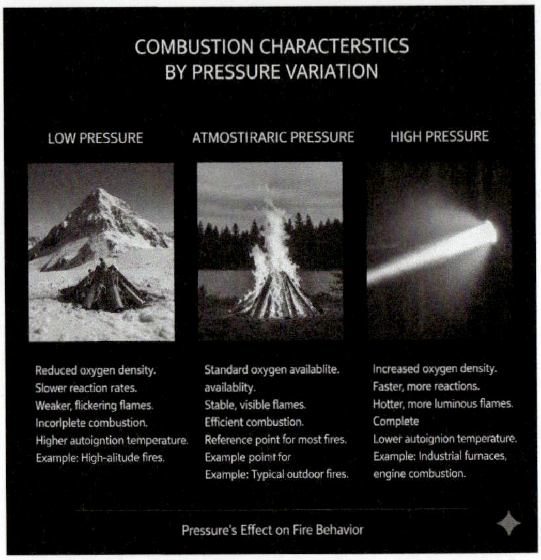

그림 2.4 압력 변화에 따른 연소 특성 비교

5. 촉매의 존재(Catalyst)

촉매(Catalyst)는 연소 반응에서 **활성화 에너지를 낮추고 반응 속도를 증가시키는 역할**을 한다. 연소 과정에서 촉매를 사용하면, 반응이 빠르게 진행되면서도 불필요한 부산물의 생성을 억제할 수 있다.

1) 촉매를 사용한 연소의 장점

- 반응 온도를 낮출 수 있어 에너지 절약 가능
- 완전연소를 촉진하여 유해 가스 발생 억제
- 연소 효율이 향상하며, 연료 소비량 감소

2) 예시

- 자동차 촉매 변환기(Catalytic Converter): 배기가스 내 일산화탄소(CO)와 탄화수소(HC)를 이산화탄소(CO_2)와 물(H_2O)로 변환
- 로켓 연료 연소에서 백금(Platinum) 촉매 사용

1.4 연소의 유형

연소는 연료의 상태, 산화제의 공급 방식, 연소 과정의 특성 등에 따라

여러 유형으로 분류할 수 있다. 연소 유형을 이해하는 것은 화재 예방 및 진압 전략을 수립하는 데 중요한 요소이며, 산업 현장에서 연소 효율을 최적화하는 데도 필수적이다.

연소의 주요 유형은 **확산연소와 예혼합연소, 유염연소와 무염 연소, 증발연소와 분해연소, 훈소(표면연소), 폭발 연소** 등으로 구분할 수 있다.

1. 확산연소(Diffusion Combustion)와 예혼합연소(Premixed Combustion)

1) 확산연소(Diffusion Combustion)

확산연소는 **연료와 산화제가 연소하면서 자연스럽게 혼합되는 방식으로 진행되는 연소**이다. 이 연소 방식에서는 연료가 먼저 배출된 후 주변 공기와 확산하면서 반응이 이루어진다.

(1) 특징

- 연소 속도가 산소 공급 속도에 의해 제한됨
- 화염이 비교적 크고 불꽃이 불규칙하게 흔들릴 수 있음
- 연료와 산소가 균일하게 혼합되지 않아 불완전연소 가능성이 있음

(2) 예시

- 양초의 불꽃: 심지에서 증발한 액체 연료가 공기와 확산하며 연소
- 장작불: 나무가 천천히 산소와 접촉하며 타는 과정

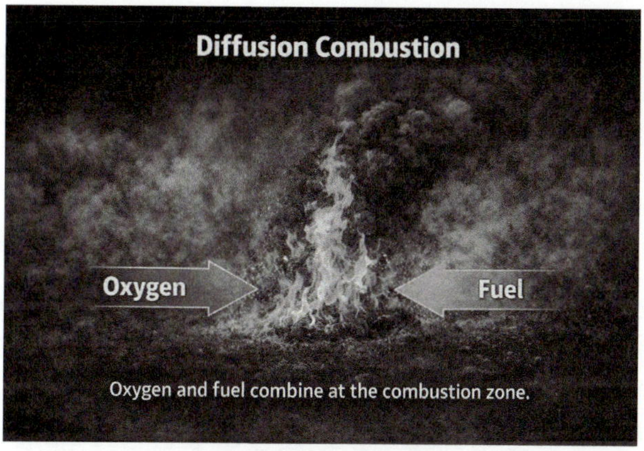

그림 2.5 확산연소의 개념

2) 예혼합연소(Premixed Combustion)

예혼합연소는 **연료와 산화제가 연소 이전에 미리 균일하게 혼합된 상태에서 반응하는 연소**이다.

(1) 특징

- 연소 속도가 매우 빠르고, 폭발적으로 진행될 가능성이 있음
- 화염이 일정한 형태로 유지되며, 색이 푸른빛을 띠는 경우가 많음
- 연소 효율이 높으며, 완전연소가 이루어지기 쉬움

(2) 예시

- 가스버너: 가스와 공기가 미리 혼합된 상태에서 점화
- 휘발유 엔진: 공기와 연료가 연소 전에 혼합된 후 점화 플러그에 의해 점화

표 2.3 확산연소와 예혼합연소 비교

구분	확산연소	예혼합연소
연료와 산소의 혼합 방식	연소 중 확산하여 혼합	연소 전 미리 혼합
연소 속도	느림	빠름
연소 효율	비교적 낮음 (불완전연소 가능)	높음 (완전연소 가능)
화염 형태	불꽃이 불규칙함	일정한 형태 유지
예시	양초, 장작불	가스버너, 휘발유 엔진

2. 유염연소(Flaming Combustion)와 무염 연소(Glowing Combustion)

1) 유염연소(Flaming Combustion)

유염연소는 **기연성 기체가 산소와 반응하면서 화염이 생성되는 연소 방식**을 의미한다. 일반적으로 기체 연료나 증발한 액체 연료가 연소할 때 발생한다.

(1) 특징

- 화염이 존재하며, 불꽃이 흔들리는 특성이 있음

- 온도가 높고, 빠른 연소 반응을 보임
- 완전연소와 불완전연소가 모두 가능함

(2) 예시

- 가스레인지의 불꽃
- 휘발유가 불타는 과정

그림 2.6 유염연소의 개념

2) 무염 연소(Glowing Combustion)

무염 연소는 **가연물이 낮은 온도에서 천천히 연소하며 화염이 형성되지 않는 연소 방식**을 의미한다. 주로 고체 연료에서 발생하며, 열에 의해 표면에서 천천히 산화 반응이 일어난다.

(1) 특징

- 화염이 없이 연소가 진행됨
- 연소 속도가 느리며, 상대적으로 낮은 온도에서 연소
- 연소 후 재(Ash)와 같은 고체 잔여물이 남음

(2) 예시

- 숯불이 타는 과정
- 담배 끝이 천천히 타는 현상

3. 증발연소(Evaporation Combustion)와 분해연소(Pyrolysis Combustion)

1) 증발연소(Evaporation Combustion)

증발연소는 **액체 연료가 먼저 기화된 후 기체 상태에서 연소하는 방식**이다.

(1) 특징

- 연료가 기화하여 공기 중에서 연소함
- 연소 온도가 상대적으로 높고, 반응 속도가 빠름
- 주로 휘발성이 높은 연료에서 발생

(2) 예시

- 등유 램프에서 등유가 기화된 후 연소하는 과정
- 휘발유가 증발 후 점화되어 연소하는 현상

2) 분해연소(Pyrolysis Combustion)

분해연소는 **고체 연료가 열에 의해 기체 연료로 분해된 후 연소하는 방식**이다.

(1) 특징

- 연료가 직접 연소하는 것이 아니라, 먼저 가열되어 가연성 기체를 방출한 후 연소
- 일반적으로 나무, 플라스틱, 석탄 등의 연소 과정에서 발생

(2) 예시

- 나무가 연소할 때 발생하는 연기(휘발성 가스) 연소
- 플라스틱이 가열되어 연소하는 과정

4. 훈소(Smoldering Combustion, 표면연소)

훈소는 **불꽃 없이 연료 표면에서 천천히 산화 반응이 진행되는 연소 방식**이다. 이 과정에서 열이 천천히 방출되며, 연소 속도가 느리다.

1) 특징

- 화염이 없이 산화 반응이 진행됨
- 연소 속도가 느리며, 낮은 온도에서 연소함
- 연소 과정에서 많은 연기가 발생할 수 있음

2) 예시

- 담뱃불이 천천히 타는 현상
- 숯불 연소

5. 폭발연소(Explosive Combustion)

폭발연소는 **짧은 시간 내에 급격하게 에너지가 방출되면서 압력이 증가하는 연소 방식**을 의미한다.

1) 특징

- 매우 빠른 연소 속도를 가짐
- 순간적으로 높은 온도와 압력을 발생시킴
- 일정한 조건에서 제어되지 않으면 폭발을 일으킬 수 있음

2) 예시

- 가스 폭발
- 화약 폭발

그림 2.7 폭발연소의 개념

2 화재 성장 및 확산 메커니즘

2.1 화재 성장 단계

화재는 연소 반응이 시작된 후 특정한 단계를 거쳐 성장하고 확산한다. 이러한 화재 성장 과정은 **초기 성장 단계(발화 단계), 성장 단계, 완전 발달 단계, 쇠퇴 단계**의 네 가지 주요 단계로 나눌 수 있다. 단계마다 연료의 특성, 산소 공급, 열의 축적 정도 등에 따라 연소 형태가 달라지며, 화재 진압 및 대응 방식도 달라져야 한다.

1. 초기 성장 단계 (Incipient Stage)

초기 성장 단계는 **점화원이 작용하여 연소가 시작된 직후부터 열과 연기가 발생하기 시작하는 단계**이다. 이 단계는 화재의 가장 초기에 해당하며, 일반적으로 불꽃이 작고 비교적 낮은 온도에서 진행된다.

1) 특징

- 점화원이 가연물과 접촉하여 국소적으로 연소가 시작됨
- 열 방출량이 적고, 연기가 비교적 적게 발생
- 주변 온도가 서서히 상승하며, 가연물의 온도가 발화점에 도달할 준비를 함
- 연소 과정에서 방출된 복사열이 미미하여 주변 가연물을 점화할 정도의 에너지를 방출하지 않음
- 산소 공급이 충분하여 불꽃이 비교적 안정적임

2) 화재 감지

- 연기 감지기(광전식 또는 이온화식)에서 감지가 가능할 수 있음
- 초기 화재 시 시각적으로는 거의 감지되지 않으나, 일부 가연성 가스가 발생할 수 있음

3) 진압 방법

- 이 단계에서는 화재가 매우 작아서, 간단한 소화 기법(예 소화기, 물,

방화 담요)으로 충분히 진압 가능

- 가연물을 제거하거나 산소 공급을 차단하면 쉽게 화재를 억제할 수 있음

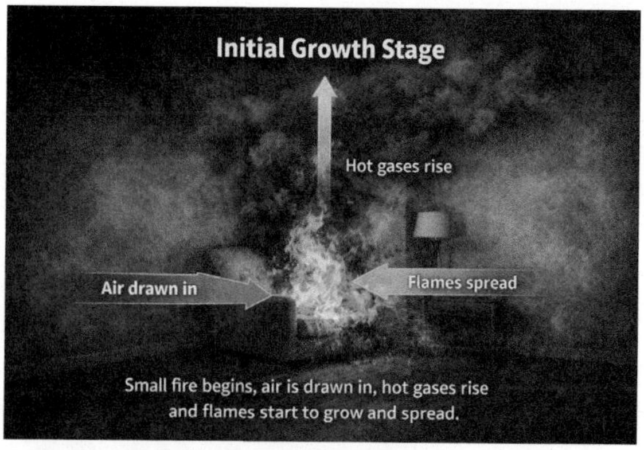

그림 2.8 초기 성장 단계에서의 연소 현상

2. 성장 단계 (Growth Stage)

성장 단계는 **연소가 본격적으로 진행되면서 화염이 확산하는 단계**이다. 이 단계에서는 화염이 점점 커지면서 열이 방출되고, 화재가 급속도로 확산할 가능성이 높아진다.

1) 특징

- 연소에 필요한 열이 충분히 축적되면서 화재가 확산하기 시작
- 천장으로 뜨거운 연기가 상승하며 열층(Hot Gas Layer)이 형성됨
- 산소 공급이 원활할 경우 화염이 커지며, 주변 가연물로 열이 전달됨
- 복사열이 증가하여 인근 가연물의 온도를 점차 상승시킴
- 화재의 확산 속도가 빨라지고, 공간 전체로 화재가 퍼질 가능성이 있음

2) 플래시오버(Flashover) 가능성

- 이 단계에서는 실내 온도가 급격히 상승하면서 플래시오버(Flashover)가 발생할 수 있음
- 플래시오버는 **실내 가연물들이 동시에 착화하는 현상**으로, 발생 시 진압이 매우 어려워짐

3) 화재 확산 방식

- 복사열, 대류, 전도를 통해 열이 주변으로 전달됨
- 공기의 유동에 따라 화재가 더욱 빠르게 확산할 수 있음

4) 진압 방법

- 화재 초기에 물을 뿌려 연소 온도를 낮추면 화재 확산을 방지할 수 있음
- 환기 조절을 통해 산소 공급을 차단하면 화재의 성장을 억제할 수 있음

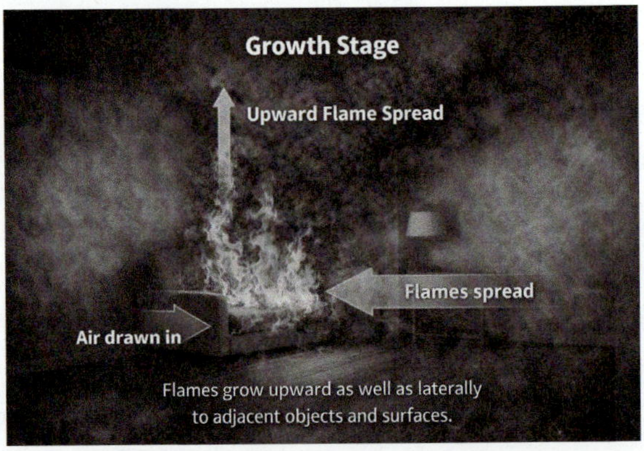

그림 2.9 성장 단계에서의 화염 확산

3. 완전 발달 단계 (Fully Developed Stage)

완전 발달 단계는 **화재가 공간 전체로 확산하여 연소가 가장 격렬하게 진행되는 단계**이다. 이 단계에서는 모든 가연물이 연소하고 있으며, 실내 온도가 극도로 높아지며 구조물 자체가 손상될 가능성이 크다.

1) 특징

- 화재가 실내 또는 공간 전체로 퍼지며, 연료가 최대로 소비됨
- 실내 온도가 **1,000℃ 이상**으로 상승할 수 있음
- 모든 가연물이 연소하며, 연기와 유독가스가 다량 발생
- 열 축적이 극대화되면서 구조물의 변형이 발생할 가능성이 큼
- 연소 과정에서 다량의 일산화탄소(CO), 이산화탄소(CO_2), 사이안화수소(HCN) 등의 유독가스가 발생

2) 인명 구조 및 대피

- 이 단계에서는 **대피가 거의 불가능**하며, 소방대원의 진입도 매우 위험함
- 실내 화재 시 구조물이 붕괴할 위험이 커짐

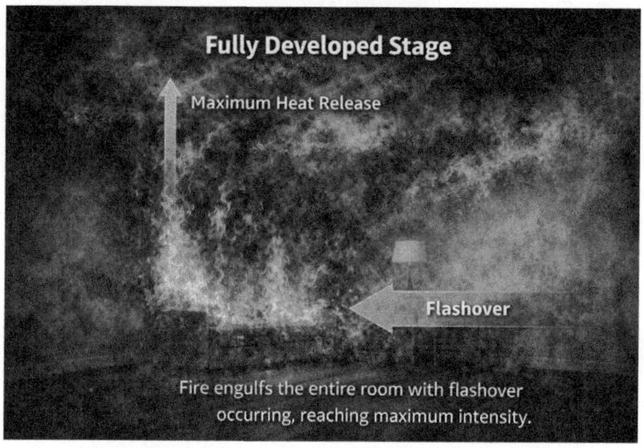

그림 2.10 완전 발달 단계에서의 화재 진행

4. 쇠퇴 단계 (Decay Stage)

쇠퇴 단계는 **연료가 모두 소진되거나 산소가 부족해지면서 화재가 점차 약해지는 단계**이다. 하지만, 이 단계에서도 여전히 높은 온도가 유지되며, 잔여 화염이 남아 있을 수 있다.

1) 특징

- 가연물이 대부분 연소한 상태로, 화염이 약해짐
- 산소 공급이 부족하여 연소 속도가 둔화함
- 내부 온도는 여전히 높으며, 불씨가 남아 있을 가능성이 큼

2) 백드래프트(Backdraft) 가능성

- 이 단계에서 실내에 가연성 가스가 축적된 경우, 갑작스러운 산소 공급 시 폭발적 연소가 일어날 수 있음
- 구조대원 및 소방대원이 진입할 경우, 문을 여는 순간 급격한 화염 분출이 발생할 가능성이 높음

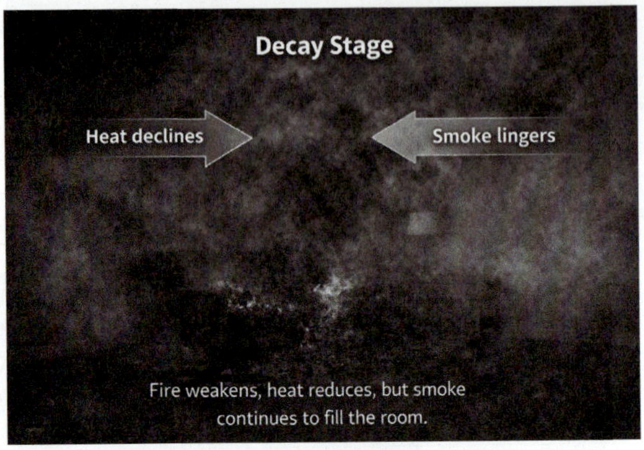

그림 2.11 쇠퇴 단계에서의 화재 특징

표 2.4 화재 성장 단계별 특성

화재 성장 단계	주요 특징	위험 요소	진압 방법
초기 성장 단계	작은 불꽃, 열 방출 적음	확산 가능성 작음	소화기, 물, 가연물 제거
성장 단계	열층 형성, 빠른 열 축적	플래시오버 위험	물 뿌리기, 산소 차단
완전 발달 단계	실내 온도 1,000℃ 이상, 가연물 완전연소	구조물 붕괴 가능	대량의 물 사용, 공기 공급 차단
쇠퇴 단계	화염 감소, 고온유지	백드래프트 가능성	냉각, 환기 조절

2.2 화재 확산 메커니즘

화재가 확산하는 과정은 여러 가지 요인에 의해 결정되며, 이를 이해하는 것은 화재 예방 및 진압 전략을 수립하는 데 필수적이다. 화재 확산의 주요 메커니즘은 **전도**(Conduction), **대류**(Convection), **복사**(Radiation)라는 세 가지 열전달 방식과 **불티**(Embers) **및 연료 공급**(Flame Spread by Fuel), **구조적 요인**(Structural Factors)에 의해 결정된다. 이들 요소가 어떻게 작용하는지에 따라 화재의 확산 속도와 범위가 달라지며, 각 환경에서의 화재 대응 방법도 차이가 있다.

1. 전도(Conduction) – 고체를 통한 열전달

전도는 **열이 고체 내부를 따라 직접 이동하는 열전달 방식**으로, 화재 확산의 주요 원인 중 하나이다. 특히 금속과 같은 열전도율이 높은 물질은 화재 확산을 가속화할 수 있다.

1) 특징

- 고체 내부에서 열이 이동하며, 연소하지 않은 물체로 열이 전달됨
- 열전도율이 높은 재료(예 금속)에서는 빠르게 열이 확산함
- 벽, 바닥, 천장을 통해 열이 전달될 경우, 연소가 진행되지 않더라도 인접한 공간에서 발화가 발생할 수 있음

2) 화재 확산 사례

- **금속 배관을 통한 화재 확산**: 화재가 발생한 공간에서 금속 배관을 따라 열이 전달되면서 다른 공간으로 불이 옮겨갈 수 있음
- **건축 구조물을 통한 열 이동**: 콘크리트, 목재, 유리 등의 재료는 각기 다른 열전도율을 가지며, 특정 조건에서 열이 축적되면서 인접 공간으로 화재가 확산할 수 있음

3) 방지 대책

- 화재 차단벽 및 단열재를 활용하여 열이 다른 공간으로 전달되는 것을 방지
- 화재 시 금속 배관이나 전기 배선이 과열되지 않도록 내화 피복을 적용

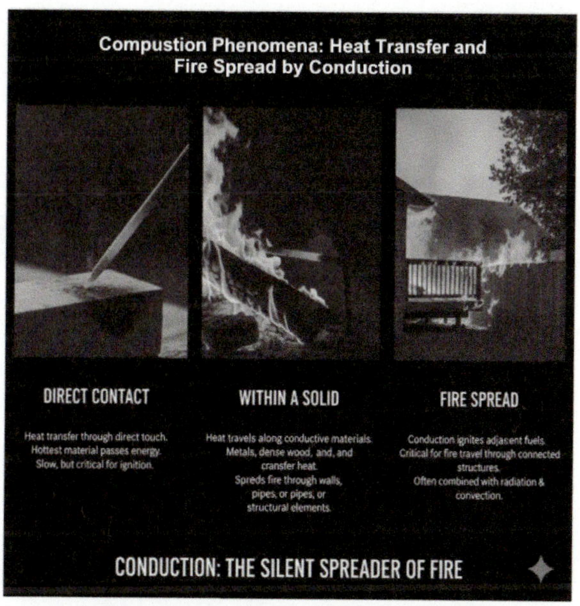

그림 2.12 전도를 통한 열전달 및 화재 확산

2. 대류(Convection) - 유체를 통한 열전달

대류는 **공기나 액체와 같은 유체가 이동하면서 열을 전달하는 방식**으로, 화재가 확산하는 주요 원리 중 하나이다. 화재가 발생하면 뜨거운 공기가 상승하면서 열과 연기가 천장이나 다른 공간으로 확산한다.

그림 2.13 대류를 통한 열전달 및 화재 확산

1) 특징

- 뜨거운 공기는 위로 상승하며, 차가운 공기는 아래로 내려가는 **대류 순환**이 발생
- 실내 화재에서는 **천장 부근에 뜨거운 연기층**(Hot Gas Layer)**이 형성**됨
- 창문이나 문이 열려 있으면 공기의 흐름이 가속화되며, 화재 확산이 더욱 빨라질 수 있음

2) 화재 확산 사례

- 건물 내부에서 화재 확산: 계단, 엘리베이터 샤프트, 공조 시스템을 따라 뜨거운 연기가 이동하며 다른 층으로 화재가 확산함
- 실내 천장 공간을 통한 화재 확산: 연소가 진행되면서 천장 내부에 형성

된 공기층이 가열되고, 일정 온도 이상 도달하면 플래시오버가 발생

3) 방지 대책

- 계단, 엘리베이터 샤프트 등에 방화문 설치
- 실내 공기 순환을 차단하여 뜨거운 연기가 빠르게 확산하지 않도록 조치

3. 복사(Radiation) – 전자기파를 통한 열전달

복사는 **열이 전자기파(적외선) 형태로 이동하는 방식**이며, 매질(공기, 고체)이 없어도 열이 전달될 수 있다. 화재 현장에서 복사열은 주변 가연물을 가열하여 화재 확산을 유발한다.

1) 특징

- **불꽃 없이도** 복사열만으로 주변 물체를 점화할 수 있음
- 복사열은 거리의 제곱에 반비례하여 감소하지만, 일정 거리를 넘어도 영향을 미칠 수 있음
- 열 차폐막이 없으면 복사열이 계속해서 가연물을 가열하며 플래시오버를 유발할 수 있음

2) 화재 확산 사례

- **가연성 벽면에 복사열 축적**: 뜨거운 불꽃이 직접 닿지 않더라도, 벽면이 계속해서 가열되면서 점화점에 도달할 수 있음
- **고층 건물 외벽 화재**: 창문이나 외벽을 통해 복사열이 전달되면서 화재가 위층으로 확산할 수 있음

3) 방지 대책

- 복사열 차단막(방화 유리, 내화 피복 등) 사용
- 건물 외벽 및 실내 가연성 마감재 최소화

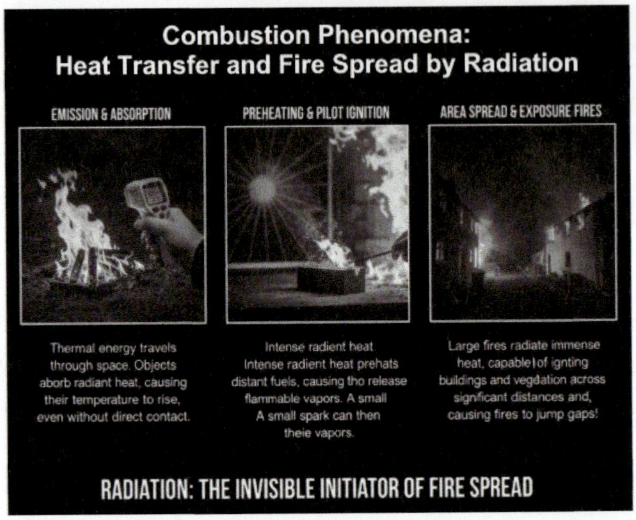

그림 2.14 복사를 통한 열전달 및 화재 확산

4. 불티(Embers)에 의한 화재 확산

불티(불씨)는 **화재가 진행되는 동안 뜨거운 연소 입자가 공기 중으로 이동하며 다른 가연물을 점화시키는 과정**이다. 강한 바람이 불면 불티가 수십 미터 이상 이동하여 새로운 발화점을 만들 수 있다.

1) 특징

- 바람에 의해 불티가 멀리 날아가면서 원거리 화재를 발생시킬 수 있음
- 건물의 틈새(예 환기구, 처마, 지붕 틈새 등)로 불티가 들어가면 내부에서 화재가 시작될 위험이 있음

2) 화재 확산 사례

- **산불 확산**: 불티가 주변 식생으로 옮겨붙으며, 수십 킬로미터 떨어진 곳에서도 새로운 화재 발생 가능
- **건물 지붕 화재**: 불티가 건물 지붕이나 베란다에 착지하여 점화되는 경우

3) 방지 대책

- 내화성 재료로 지붕과 외벽을 마감하여 불티가 착화하지 않도록 함

• 건물 주변에서 불씨가 착화할 수 있는 가연물(낙엽, 목재 등) 제거

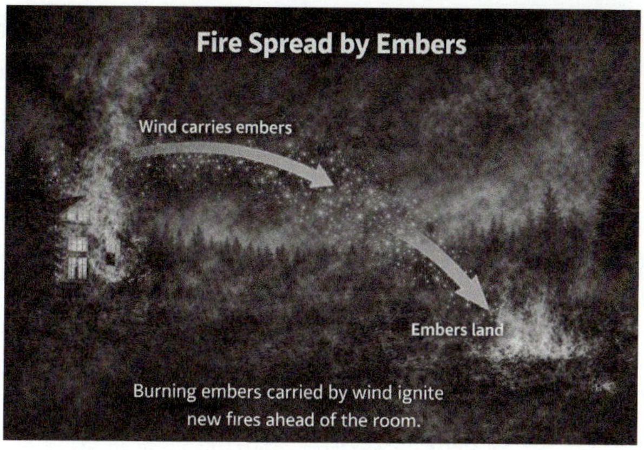

그림 2.15 불티에 의한 화재 확산 과정

5. 구조적 요인에 의한 화재 확산

건물의 구조적 특성 또한 화재의 확산에 큰 영향을 미친다.

1) 특징

- 개방형 구조에서는 화재 확산 속도가 빠름
- 단열재가 가연성 재료일 경우 화재가 더욱 빠르게 진행됨
- 건물 내부의 공조 시스템이 연기와 화염을 빠르게 확산시킬 수 있음

2) 화재 확산 사례

- **고층 건물의 화재 확산**: 외벽 단열재가 가연성 소재일 경우, 불이 빠르게 수직으로 확산함
- **계단 및 엘리베이터 샤프트를 통한 확산**: 연기가 빠르게 이동하면서 건물 전체로 화재가 퍼질 수 있음

표 2.5 구조적 요인에 따른 화재 확산 특성

구조적 요인	화재 확산 방식	주요 사례
개방형 구조	공기 흐름을 따라 화재 확산	쇼핑몰, 공장
가연성 단열재	벽면을 따라 급격한 화재 확산	외장 마감재 화재
공조 시스템	연기 및 열이 빠르게 확산	호텔, 병원

2.3 플래시오버(Flashover)와 백드래프트(Backdraft)

화재가 성장하는 과정에서 급격한 화염 확산이 발생하는 두 가지 주요 현상은 **플래시오버**(Flashover)**와 백드래프트**(Backdraft)이다. 이들은 실내 화재에서 특히 중요한 개념으로, 화재 진압 시 소방대원과 건물 내 피난자의 생존 가능성을 크게 좌우하는 요소가 된다.

1. 플래시오버(Flashover)

1) 개념

플래시오버는 **화재 성장 단계에서 발생하며, 실내의 모든 가연물이 동시에 착화하는 현상**을 의미한다. 실내 온도가 급격히 상승하고, 천장 부근에 형성된 열층(Hot Gas Layer)에서 방출된 복사열이 축적되면서 공간 내 가연물들이 동시에 발화하는 것이 특징이다.
플래시오버가 발생하면 화재가 **갑자기 폭발적으로 확산하며, 실내 전체가 불타오르는 상태**가 된다. 이 과정에서 실내 온도는 **500~1,000℃ 이상 상승**하며, 이 시점부터는 인명 구조가 거의 불가능해진다.

2) 발생 조건

플래시오버는 다음과 같은 조건에서 발생할 가능성이 높다.

- **실내 온도가 500~600℃ 이상 상승**하여 가연물의 착화점에 도달
- **천장에 축적된 열층이 하부로 복사열을 방출**하여 가연물을 가열
- **산소가 충분히 공급**되어 연소가 지속됨
- **연소한 가스와 유증기가 다량 존재**하여 공간 내 연소 가능 물질이 포화 상태가 됨

3) 플래시오버의 진행 과정

(1) 초기 성장 단계

- 화염이 국소적으로 발생하며, 주변 온도가 서서히 상승
- 천장으로 뜨거운 연기가 모이며, 열층이 형성됨

(2) 열 축적 및 온도 상승

- 복사열 증가로 인해 실내 온도가 급격히 상승

- 실내 가연물의 온도가 지속적으로 상승하며 발화점에 근접

(3) 임계점 도달

- 천장 부근의 열층에서 방출된 복사열이 공간 내 모든 가연물에 영향을 미침
- 가연물 표면에서 연쇄적으로 화염이 발생

(4) 전체 착화(Full Room Involvement)

- 공간 전체가 순간적으로 불꽃에 휩싸이며, 완전연소가 시작됨
- 실내 구조물이 급격히 연소하며, 고온으로 인해 피난할 수 없어짐

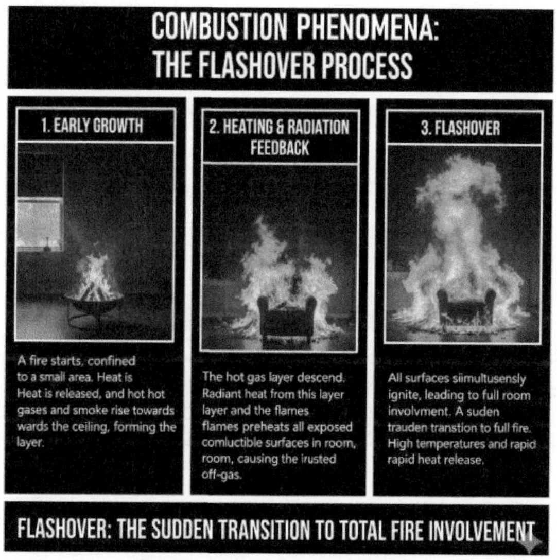

그림 2.16 플래시오버 발생 과정

4) 플래시오버의 징후

소방대원이 현장에 도착했을 때 **플래시오버가 임박했는지 판단하는 것이 중요**하다. 플래시오버가 일어나기 직전에는 다음과 같은 징후가 나타난다.

- 천장에 축적된 연기가 **짙은 검은색을 띠며, 매우 뜨겁게 움직임**
- 실내 온도가 급격히 상승하며, 복사열이 강하게 느껴짐
- 창문이나 문틈으로 불꽃이 순간적으로 분출하는 현상이 나타남
- 연기가 빠르게 확산하면서 실내 시야가 거의 확보되지 않음

5) 대응 방법

- 실내 온도가 급격히 상승하고 연기가 짙어지면 **즉시 철수**
- **천장 부근에 냉각수를 분사**하여 열층 온도를 낮추고 복사열 방출을 줄임
- **산소 공급을 조절**하여 연소 속도를 감소시키는 방법을 활용
- **실내 진입 시 낮은 자세 유지**하여 고온 열층과 직접 접촉하지 않도록 함

2. 백드래프트(Backdraft)

1) 개념

백드래프트는 **산소 공급이 부족하여 미연소 가스가 축적된 공간에 산소가 갑자기 공급될 때 발생하는 폭발적인 연소 현상을 의미한다. 일반적으로 밀폐된 공간에서 산소가 부족한 상태로 연소**가 진행되면서, 가연성 가스(일산화탄소, 탄화수소 등)가 다량 축적되었을 때 발생한다. 백드래프트는 **화재가 완전히 진압된 것이 아님에도 불구하고, 실내 연료가 불완전연소 상태로 남아 있는 경우에 발생**한다.

2) 발생 조건

백드래프트는 다음과 같은 조건에서 발생할 가능성이 높다.

- **화재 공간이 밀폐**되어 있어 산소 공급이 제한됨
- **미연소 가연성 가스가 다량 축적**되며, 실내 온도가 일정 수준 이상 유지됨
- **문이나 창이 갑자기 개방**되면서 대량의 산소가 유입됨

3) 백드래프트의 진행 과정

(1) 산소 부족 상태에서 연소 지속

- 밀폐된 공간에서 연소가 지속되지만, 산소가 점차 부족해짐
- 불완전연소로 인해 다량의 가연성 가스(일산화탄소 등) 가 축적됨

(2) 연소 중단 및 가연성 가스 축적

- 가연물은 연소하지 않고 잔류하며, 내부 온도는 여전히 높은 상태 유지
- 실내에 연소할 수 있는 유증기와 가스가 포화 상태가 됨

(3) 산소 공급으로 폭발적 연소 발생

- 문, 창문 또는 벽이 개방되면서 외부 공기가 유입됨
- 순간적으로 산소가 공급되면서 폭발적으로 연소가 일어나며, 강력한 화염이 분출됨

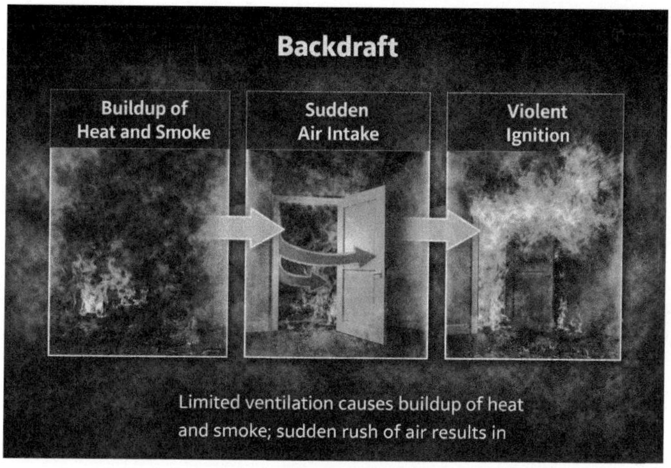

그림 2.17 백드래프트 발생 과정

4) 백드래프트의 징후

백드래프트 발생 가능성이 있는 공간에서는 다음과 같은 징후가 나타난다.

- 창문이 안쪽으로 검게 그을려 있으며, 깨지지 않은 상태
- 연기가 문이나 창의 틈 사이로 맥박치듯이 분출
- 연기의 색상이 밝은 회색 또는 갈색을 띠며, 움직임이 빠름
- 실내에서 유리창이 미세하게 흔들리거나 팽창하는 모습이 관찰됨

5) 대응 방법

백드래프트는 매우 위험한 현상이므로, 신중한 접근이 필요하다.

- 문을 무리하게 열지 않음 – 갑작스러운 산소 공급을 방지하기 위해
- 천장이나 높은 위치에 작은 통풍구를 만들어 연소 가스를 방출
- 실내에 냉각수를 분사하여 온도를 낮춘 후 신중하게 접근
- 소방대원은 철저한 안전 장비를 갖추고 접근

표 2.6 플래시오버와 백드래프트 비교

구분	플래시오버(Flashover)	백드래프트(Backdraft)
발생 원인	실내 온도 급상승 및 복사열 축적	밀폐 공간에서 가연성 가스 축적 후 산소 공급
특징	공간 전체가 동시에 발화	갑작스러운 폭발적 연소
발생 시기	성장 단계 후반~완전 발달 단계	쇠퇴 단계에서 재점화 가능
대응 방법	냉각수 분사, 신속한 대피	환기 조절, 신중한 문 개방

2.4 실내 화재와 실외 화재의 확산 특성

화재의 확산 양상은 발생 장소에 따라 차이가 크다. **실내 화재(Compartment Fire)**와 **실외 화재(Open Fire)**는 화재 성장 속도, 열 축적, 산소 공급량, 대류 및 복사열 효과 등 여러 요소에서 중요한 차이를 보인다. 이를 이해하는 것은 화재 진압 및 피난 전략 수립에 필수적이다.

1. 실내 화재(Compartment Fire) 확산 특성

1) 개념

실내 화재는 **밀폐된 공간(예 건물 내부, 객실, 차량 내부)에서 발생하는 화재**로, 구조적 제한으로 인해 열과 연기가 축적되며 특정한 패턴으로 확산한다.

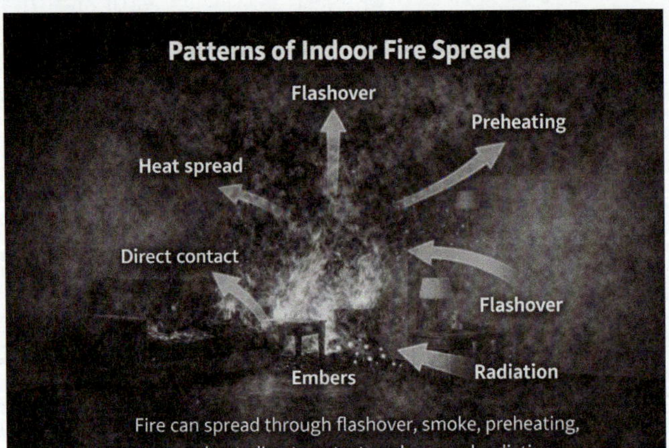

그림 2.18 실내 화재의 확산 패턴

2) 주요 특성

(1) 산소 공급 제한

- 창문과 문이 닫힌 상태에서는 산소 공급이 제한되므로, 연소 속도가 산소량에 의해 조절됨
- 일정 시점 이후에는 산소 부족으로 인해 불완전연소가 진행되며, 일산화탄소(CO) 등 유독가스가 축적됨

(2) 열 축적 및 높은 온도

- 실내 구조물(천장, 벽, 바닥)에 의해 열이 빠져나가지 못하고 내부에 축적됨
- 일정 시간이 지나면 실내 온도가 급격히 상승하여 **플래시오버(Flashover) 가능성이 높아짐**

(3) 연기의 대류 및 열층 형성

- 뜨거운 연기는 위로 상승하여 천장 부근에 열층(Hot Gas Layer)을 형성함
- 실내 환기가 원활하지 않을 경우, 연기가 실내에 머물면서 시야를 차단하고 온도를 더욱 상승시킴

(4) 연소 가스 축적 위험

- 불완전연소가 지속될 경우, 공간 내부에 가연성 가스(일산화탄소, 탄화수소)가 축적됨
- 외부에서 갑작스러운 산소 공급이 있으면 **백드래프트(Backdraft) 위험성이 높아짐**

3) 실내 화재의 확산 방식

실내 화재는 일반적으로 **천장, 벽, 바닥을 따라 확산**하며, 구조적 요인에 의해 화재 확산 속도가 결정된다.

(1) 천장을 따라 확산(천장 플룸 효과, Ceiling Jet Effect)

- 화염에서 방출된 뜨거운 공기가 위로 상승하여 천장에 부딪힌 후, 수

평 방향으로 빠르게 확산함
- 천장 표면 온도가 일정 수준 이상 도달하면, 가연성 마감재(목재, 합판 등)가 추가로 연소하면서 화재가 더욱 확대됨

(2) 벽을 따라 확산(벽면 복사 효과, Radiative Feedback)

- 뜨거운 복사열이 벽면을 통해 전달되며, 일정 시간이 지나면 벽면이 발화점에 도달하여 연소함
- 벽면을 따라 상승하는 불꽃이 상부 구조물(천장, 2층 등)로 확산할 가능성이 높음

(3) 바닥을 따라 확산(바닥 복사열 효과, Floor Spread)

- 복사열에 의해 바닥재(카펫, 마루, 플라스틱 등)가 가열되면서 화재가 확산할 수 있음
- 특히, 바닥에 쌓인 가연물(종이, 의류, 플라스틱 제품 등)이 있으면 더욱 빠르게 확산함

표 2.7 실내 화재의 주요 확산 경로

확산 경로	특징	위험 요소
천장을 따라 확산	뜨거운 연기가 천장에 부딪히며 수평으로 퍼짐	플래시오버 위험
벽을 따라 확산	복사열로 인해 벽면 가연물이 점화됨	공간 전체로 화재 확산 가능
바닥을 따라 확산	바닥재 및 바닥 위 가연물이 가열됨	피난로 차단 위험

2. 실외 화재(Open Fire) 확산 특성

1) 개념

실외 화재는 **건물 외부, 야외, 산림 등 개방된 공간에서 발생하는 화재**를 의미하며, 바람의 영향과 주변 환경 조건에 따라 화재 확산 속도가 크게 달라진다.

2) 주요 특성

(1) 산소 공급 무제한

- 실외 화재는 주변 공기로부터 산소를 쉽게 공급받기 때문에, 연소 속

도가 산소 부족에 의해 제한되지 않음
- 풍속이 강할 경우 산소 공급이 더욱 원활해져 화재 확산 속도가 급격히 증가할 수 있음
- 화염 확산 방향이 바람에 의해 결정됨

(2) 화염과 연기의 이동 방향은 바람의 방향과 속도에 따라 결정됨

- 순풍(Wind-aided fire spread): 바람이 불어가는 방향으로 불이 빠르게 확산
- 역풍(Against-wind fire spread): 바람 반대 방향으로 확산이 제한됨

(3) 복사열 및 불티(Embers)에 의한 원거리 점화 가능

- 복사열이 인근 가연물을 점화시켜 연쇄적으로 화재를 확산시킬 수 있음
- 불티가 공중으로 날아가면서 수십~수백 미터 거리에서도 새로운 발화점을 형성할 수 있음

(4) 지형 및 지면 상태에 따라화재 확산 패턴 결정

- 경사진 지형에서는 **불꽃과 뜨거운 공기가 위쪽으로 이동**하면서 급격히 확산함
- 건조한 환경에서는 연료(나무, 풀, 낙엽 등)의 발화점이 낮아져 화재가 더욱 빠르게 번질 수 있음

그림 2.19 실외 화재의 확산 패턴

3) 실외 화재의 주요 확산 경로

(1) 바람을 따라 확산

- 바람의 방향과 세기에 따라 화염이 확산함
- 강풍이 불 경우 화재가 예측 불가능한 방향으로 이동할 수 있음

(2) 복사열을 통한 확산

뜨거운 열이 공기를 통해 전달되며, 근처 가연물(건물, 나무 등)이 가열되어 발화할 수 있음

(3) 불티를 통한 확산

불씨가 공중으로 날아가면서 새로운 발화점을 만들며, 산불의 주요 확산 원인이 됨

표 2.8 실내 화재와 실외 화재의 비교

구분	실내 화재	실외 화재
산소 공급	제한적(밀폐 환경)	풍부(공기 중 산소)
열 축적	높음(구조물 내부)	낮음(열이 빠르게 분산됨)
화재 확산 속도	상대적으로 느림	바람, 지형 등에 따라 매우 빠를 수 있음
주요 확산 원인	복사열, 전도, 대류	바람, 복사열, 불티
주요 위험 요소	플래시오버, 백드래프트	산불 확산, 원거리 점화

3 폭발의 유형 (화학적 폭발, BLEVE, 증기운 폭발 등)

폭발(Explosion)은 짧은 시간 내에 에너지가 급격히 방출되면서 **압력과 온도가 급상승하는 현상**을 의미한다. 폭발의 원인은 물리적 변화(압력 증가, 온도 상승) 또는 화학적 변화(산화 반응, 연소) 등 다양하며, 이러한 원인에 따라 폭발의 유형이 결정된다. 일반적으로 폭발은 **물리적 폭발**(Physical Explosion)과 **화학적 폭발**(Chemical Explosion)로 구분된다.

3.1 폭발의 정의

폭발(Explosion)은 **짧은 시간 내에 에너지가 급격히 방출되면서 압력과 온도가 급상승하는 현상**이다. 폭발은 다양한 형태로 나타날 수 있으며, 공업, 화학, 방위산업, 자연현상 등 여러 분야에서 발생한다. 폭발이 발생하면 **충격파(Shockwave), 고온의 화염(Flame), 급격한 압력 변화(Pressure Wave), 물질 파편(Fragmentation) 등이 동반**되며, 그로 인해 인명 피해, 구조물 붕괴, 화재, 환경 오염과 같은 심각한 결과를 초래할 수 있다.

폭발은 주로 **물리적 요인과 화학적 요인**에 의해 발생하며, 그 유형과 특성에 따라 대응 방식이 달라진다. **물리적 폭발(Physical Explosion)**은 압력 증가로 인해 물질이 파열되는 것이며, **화학적 폭발(Chemical Explosion)**은 가연성 물질이 산화제와 반응하여 순간적으로 에너지를 방출하는 현상이다.

1. 폭발의 기본 원리

폭발은 **에너지가 한 곳에 집중적으로 축적되었다가 짧은 시간 내에 방출되는 과정**으로 정의된다. 폭발이 발생하는 과정은 다음과 같다.

1) 에너지가 축적됨

- 화학적 반응, 압력 증가, 외부 충격 등에 의해 폭발 에너지가 일정 공간에 축적된다.

예 밀폐된 공간에서 가스가 축적되거나, 화약이 불안정한 상태로 저장됨

2) 임계점을 초과하여 폭발이 유발됨

- 축적된 에너지가 임계치를 초과하면 폭발이 시작된다.

예 보일러 내부의 증기 압력이 한계를 넘거나, 가연성 기체가 발화점에 도달하는 경우

3) 급격한 에너지 방출과 압력 상승

- 폭발과 함께 순간적으로 높은 온도와 압력이 발생하며, 주변 환경에 충격을 가한다.

예 폭탄이 터지면서 주변으로 충격파가 확산하는 과정

4) 충격파와 파편 방출

- 충격파가 외부로 확산하며, 인근 구조물과 인체에 영향을 미친다.
- 폭발이 발생한 장소에서는 불꽃, 연기, 열, 파편이 분출된다.

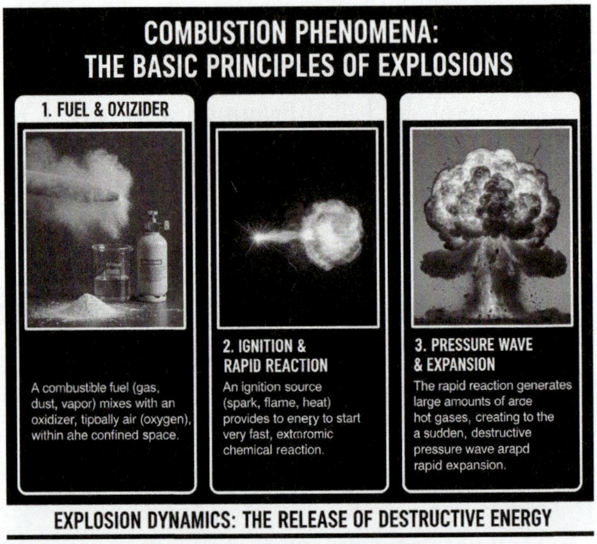

그림 2.20 폭발의 기본 원리

2. 폭발의 주요 특성

폭발이 다른 화재나 일반적인 화학 반응과 구별되는 주요 특성은 다음과 같다.

1) 순간적인 에너지 방출

폭발은 일반적인 연소 반응과 달리, **에너지가 짧은 시간 내에 급격하게 방출**되는 것이 특징이다. 예를 들어, 일반적인 연소 반응(예: 촛불 연소)은 수 초에서 수 분 동안 진행되지만, 폭발은 밀리초(millisecond) 단위로 발생할 수 있다.

예시

- **가스 폭발**: 가연성 가스가 일정한 농도로 공기와 혼합된 상태에서 점화될 경우, 화염이 순간적으로 확산하면서 폭발이 발생
- **화약 폭발**: 화약 내 화학적 에너지가 순간적으로 방출되며, 폭발 후 고온의 기체와 파편이 빠르게 확산함

2) 충격파 및 압력 변화

폭발이 발생하면 **고압의 충격파(Shockwave)가 형성되며, 주변 물체에 강한 압력을 가한다.** 충격파의 강도는 폭발 유형과 규모에 따라 달라지며, 일정 거리에서도 심각한 피해를 유발할 수 있다.

예시

- **TNT 폭발**: 폭발 지점에서 발생한 충격파가 주변 구조물을 강타하여 건물을 붕괴시킴
- **BLEVE 폭발**: 액체 연료가 기화하면서 폭발적인 압력 증가가 발생하고, 강력한 충격파가 주변을 휩쓸음

3) 고온의 화염 및 열 방출

폭발은 일반적으로 **매우 높은 온도를 동반하며, 이는 인근 가연물을 추가로 점화할 가능성이 높다.** 폭발 후 잔여 불꽃이 화재로 이어질 가능성이 크며, 화재 확산 속도가 빨라질 수 있다.

예시

- **분진 폭발**: 밀폐된 공간에서 가연성 분진이 폭발하면서 불꽃이 빠르게 확산함
- **연료 폭발**: 석유, 휘발유와 같은 연료가 폭발할 경우, 화재와 함께 지속적인 연소가 이루어짐

4) 화학적 또는 물리적 기작에 의해 발생

폭발은 주로 **화학적 반응(Chemical Reaction)에 의해 발생하는 경우와, 물리적 요인(압력 증가 등)에 의해 발생하는 경우로 나뉜다.**

- **화학적 폭발**: 연소, 산화 반응 등으로 인해 폭발 발생
- **물리적 폭발**: 온도, 압력 증가로 인해 용기 파열 및 증기 팽창이 발생

표 2.9 폭발의 주요 특성 비교

특성	화학적 폭발	물리적 폭발
에너지 방출 원인	산화 반응, 연소 반응	압력 증가, 온도 상승
발생 속도	밀리초~초 단위	밀리초~초 단위
주요 위험 요소	화염, 연기, 충격파	압력 파열, 충격파
예시	가스 폭발, 화약 폭발	BLEVE, 보일러 폭발

3. 폭발의 영향 및 피해

폭발은 **물리적, 열적, 화학적, 환경적 피해를 유발**할 수 있으며, 그 심각성은 폭발의 강도와 유형에 따라 달라진다.

1) 물리적 피해

- 충격파로 인한 구조물 붕괴 및 인명 피해
- 폭발 중심부의 고온에 의한 장비 손상 및 화재 발생
- 폭발 파편(Fragmentation)으로 인한 2차 피해

2) 열적 피해

- 폭발 후 남은 불꽃이 추가적인 화재를 유발할 가능성이 큼
- 복사열(Radiation Heat)로 인해 인접 지역의 가연물이 착화할 위험 존재

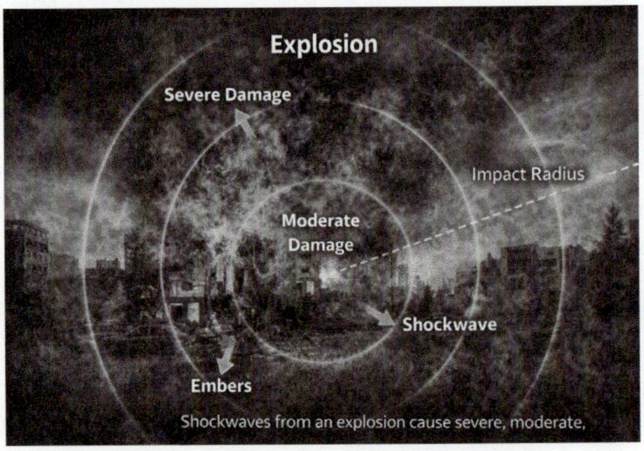

그림 2.21 폭발의 충격파 및 피해 영향도

3) 화학적 피해

- 폭발로 인해 유해 화학물질이 공기 중에 방출될 수 있음
- 유독가스 발생(예 염소가스 폭발, 암모니아 폭발)

4) 환경적 피해

- 폭발로 인한 대기 오염, 수질 오염 발생 가능
- 인근 생태계 파괴 및 장기적인 환경 영향 초래

3.2 주요 폭발 유형

폭발은 에너지 방출의 근원에 따라 **화학적 폭발**(Chemical Explosion)과 **물리적 폭발**(Physical Explosion)로 구분되며, 반응 전파 메커니즘에 따라 **초음속 폭발**(Detonation)과 **아음속 폭발**(Deflagration) 형태로 나타난다. 화학적 폭발은 화학 반응에 의해 에너지가 급격히 방출되는 현상으로, 가스·증기·분진 폭발 및 폭약 폭발 등을 포함하며, 물리적 폭발은 화학 반응 없이 저장된 압력이나 열적 에너지가 구조 파괴와 함께 급격히 방출되는 현상으로, 압력용기 파열, 상변화에 의한 폭발, 그리고 BLEVE(Boiling Liquid Expanding Vapor Explosion)와 같은 복합적 사고 메커니즘을 포함한다.

이러한 폭발 유형을 이해하는 것은 **화재 예방, 위험물질 관리, 폭발 피해 감소 전략**을 수립하는 데 필수적이다. 각각의 폭발 유형은 특정한 조건에서 발생하며, 그에 따른 위험성과 피해 정도가 다르다. 따라서 폭발 유형별 특징을 상세히 분석하고 예방 대책을 마련하는 것이 중요하다.

1. 화학적 폭발 (Chemical Explosion)

화학적 폭발은 **가연성 물질과 산화제가 급격한 산화 반응을 일으키면서 발생하는 폭발**이다. 이는 화학적 에너지가 짧은 시간 내에 열과 기체 에너지로 변환되면서 급격한 압력 상승을 유발한다.

1) 가스 폭발 (Gas Explosion)

가연성 기체가 산소와 혼합된 상태에서 점화원이 작용하면, 순간적으로 폭발이 발생할 수 있다.

(1) 특징

- 폭발 속도가 빠르고, 화염 전파 속도가 매우 높음
- 폭발 후 화염과 함께 강한 충격파가 발생
- 폭발 과정에서 산소 농도와 연료 기체의 비율이 중요한 변수

(2) 주요 사례

- 도시가스(메테인, 프로페인) 폭발

- 산업용 가스(수소, 아세틸렌) 폭발
- 석유화학 플랜트에서의 가스 유출 폭발

(3) 예방 대책

- 가연성 가스가 누출되지 않도록 밀폐된 공간 유지
- 가스 감지 센서를 활용하여 조기 감지
- 점화원을 차단하여 폭발 가능성을 최소화

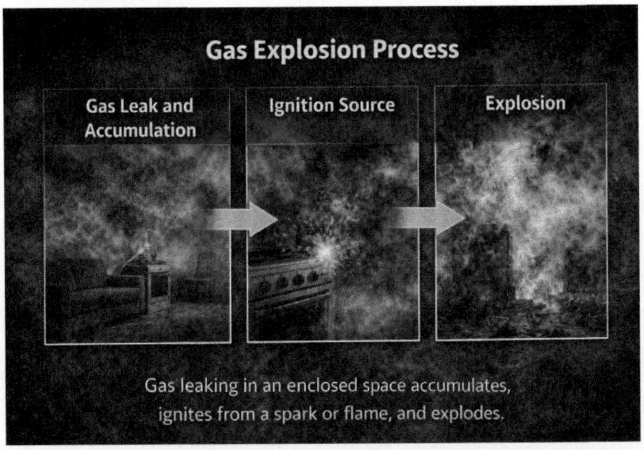

그림 2.22 가스 폭발 과정

2) 분진 폭발 (Dust Explosion)

고체 상태의 미세한 분말이 공기 중에 부유하고 있다가 점화원이 가해지면 폭발이 발생할 수 있다.

(1) 특징

- 폭발 후 2차 폭발(Secondary Explosion)이 발생할 가능성이 높음
- 가연성 분진이 일정 농도 이상 공기 중에 부유해야 폭발 가능
- 산업 현장에서 흔히 발생하는 폭발 유형

(2) 주요 사례

- 밀가루 공장의 분진 폭발
- 목재 가공 공장의 톱밥 폭발
- 석탄 저장 시설의 석탄 분진 폭발

(3) 예방 대책

• 분진이 공기 중에 축적되지 않도록 정기적인 환기 및 청소
• 점화원을 제거하여 폭발 조건을 방지
• 방폭 설비를 활용하여 2차 폭발 방지

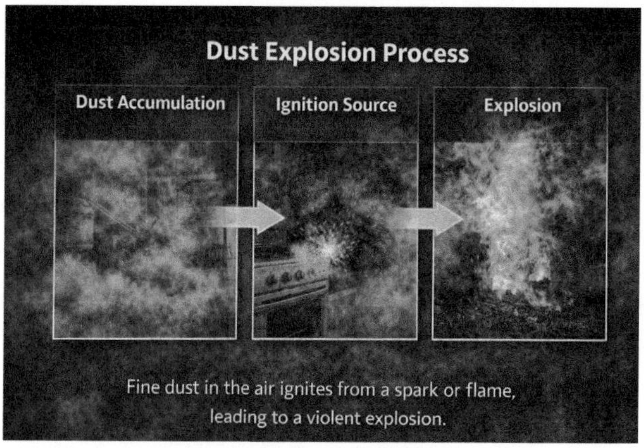

그림 2.23 분진 폭발 과정

2. 물리적 폭발(Physical Explosion)

물리적 폭발은 **화학 반응 없이, 저장된 압력이나 내부에너지가 구조 파괴와 함께 급격히 방출되면서 발생**하는 폭발이다.

1) BLEVE (Boiling Liquid Expanding Vapor Explosion, 끓는 액체 팽창 증기 폭발)

BLEVE(끓는 액체 팽창 증기 폭발)는 **탱크 내의 액체가 기화하면서 내부 압력이 급격히 증가하여 폭발하는 현상**이다.

(1) BLEVE 발생 원인

• 액체 연료(프로페인, 뷰테인 등)가 저장된 용기가 가열됨
• 내부 압력이 증가하면서 용기 벽이 약해짐
• 일정 임계점을 초과하면 용기가 파열되며 급격한 증기 팽창이 발생

(2) BLEVE의 특징

• 폭발 후 강한 화염과 충격파가 발생

- 인근 가연물을 착화하여 2차 화재를 유발할 가능성이 높음
- 탱크 내부의 액체 연료가 공기 중으로 확산하면서 화재 폭발(Fireball)이 발생할 수 있음

(3) BLEVE 사례 및 피해

- 프로페인 탱크 폭발 사고
- 프로페인 가스를 저장한 탱크가 과열되면서 BLEVE 발생
- 화재와 함께 탱크 파편이 주변으로 확산함
- 철도 운송 중 가연성 액체 탱크 폭발
- 액체 연료를 운반하는 탱크 차량이 충돌 후 BLEVE 발생
- 광범위한 화재 및 인명 피해 발생

(4) BLEVE 예방 대책

- 탱크를 직접적인 열원으로부터 보호
- 안전밸브 및 압력 해제 장치를 설치하여 내부 압력 조절
- 화재 감지 및 초기 진압 시스템 구축

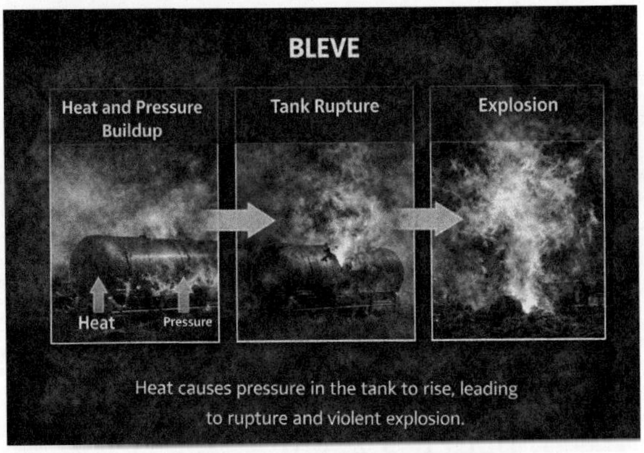

그림 2.24 BLEVE 발생 과정

2) 보일러 폭발 (Boiler Explosion)

보일러 폭발은 보일러 내부에 저장된 고온·고압의 물과 증기가 구조적 파손과 함께 급격히 방출되면서 발생하는 폭발 현상으로, 화학 반응을 수반하지 않는 대표적인 물리적 폭발에 해당한다.

(1) 특징

- 압력이 보일러 구조 강도를 초과하거나 수위 저하 상태에서 과열이 지속될 경우 발생
- 고온의 물이 순간적으로 감압되며 급격히 기화하는 플래시 비등 현상이 동반
- 압력 방출과 함께 용기 파열 및 금속 파편의 비산 발생
- 고온 증기 방출로 인한 화상 및 2차 인명 피해 가능
- 예고 없이 순간적으로 발생하여 회피 시간이 매우 제한적임

(2) 주요 사례

- 산업용 보일러에서 부식, 균열 등 구조 열화를 방치한 상태에서 운전이 지속되어 발생한 폭발 사고
- 건물 난방용 보일러에서 수위계 또는 안전밸브 고장으로 과압 상태가 유지되어 발생한 사고
- 선박 및 발전설비 보일러에서 운전 조건 급변 또는 냉각수 공급 이상으로 인한 폭발 사례
- 정기 점검 및 유지관리 미흡이 공통적인 원인으로 작용한 사고 사례

(3) 예방 대책

- 설계 단계에서 운전 압력과 온도를 고려한 충분한 구조 강도 확보
- 안전밸브, 압력계, 수위계 등 핵심 안전장치의 적정 설치 및 기능 확보
- 운전 중 압력 및 수위에 대한 지속적인 감시와 이상 시 즉각적인 운전 중단
- 정기적인 점검과 검사로 부식, 균열, 재료 열화의 조기 발견
- 운전자 교육 및 비상 대응 절차 숙지를 통한 인적 오류 최소화

3. 초음속 폭발 (Detonation)과 아음속 폭발 (Deflagration)

폭발은 연소 속도에 따라 초음속 폭발(Detonation)과 아음속 폭발(Deflagration)으로 나눌 수 있다.

1) 초음속 폭발 (Detonation)

- 폭발파가 초음속(〉2,000 m/s)으로 전파되는 폭발
- 강한 충격파가 발생하며, 주변 구조물에 큰 영향을 줌

예 TNT 폭발, 폭탄 폭발

2) 아음속 폭발 (Deflagration)

- 폭발파가 아음속(〉300 m/s)으로 전파되는 폭발
- 화염이 점진적으로 퍼지는 특성을 가짐

예 가스 화염 폭발

표 2.10 초음속 폭발과 아음속 폭발 비교

폭발 유형	속도	주요 특징	예시
초음속 폭발	&2,000 m/s	강한 충격파, 구조물 붕괴	TNT, 폭탄
아음속 폭발	&300 m/s	화염 전파, 산소 공급 영향	가스 폭발

4 폭발의 영향 및 피해 평가

폭발(Explosion)은 순간적인 에너지 방출과 함께 강력한 물리적, 열적, 화학적 영향을 초래한다. 폭발이 발생하면 **압력 충격파(Overpressure), 열 방출(Thermal Radiation), 비산물 충격(Fragmentation) 등의 피해 요소가 복합적으로 작용**하며, 이에 따라 구조물 파괴, 화재, 인명 피해 등이 발생할 수 있다. 폭발 피해를 효과적으로 평가하기 위해서는 **폭발의 특성과 발생 조건을 분석하고, 정량적인 피해 평가 방법을 적용하여 영향 범위를 예측하는 것이 중요**하다.

본 절에서는 폭발의 주요 피해 요소를 분석하고, 폭발 피해를 평가하는 방법에 대해 상세히 설명한다.

4.1 폭발 피해 요소

폭발이 발생하면 여러 가지 물리적 현상이 동반되며, 이에 따라 다양한 형태의 피해가 발생할 수 있다. 대표적인 피해 요소로는 **압력 충격파, 열**

방출, 비산물 충격이 있으며, 이들은 개별적으로 또는 복합적으로 작용하여 폭발 피해를 심화시킨다.

1. 압력 충격파 (Overpressure)

압력 충격파는 **폭발 시 발생하는 급격한 압력 변화로 인해 형성되는 고압의 공기파**이다. 폭발 순간 발생한 초고온 기체가 빠르게 팽창하면서 주위 공기를 밀어내고, 이에 따라 높은 압력의 충격파가 외부로 전파된다.

1) 충격파의 주요 특징

- 폭발의 중심부에서 **초음속(>300 m/s)으로 전파**되며, 일정 거리에서 감쇠됨
- 높은 과압이 발생하며, 주변 구조물과 인체에 강한 충격을 가함
- 반사 충격파가 형성될 경우, 특정 지점에서 압력이 더욱 증가할 수 있음

2) 압력 충격파로 인한 피해

- **건축물 붕괴**: 충격파의 강도에 따라 벽, 유리창, 지붕 등이 손상됨
- **인체 손상**: 과압이 0.5bar(50kPa) 이상이면 폐 손상, 고막 파열, 장기 손상이 발생할 수 있음
- **이차 충격**: 충격파로 인해 비산물이 발생하고, 주변 물체가 튕겨 나가며 추가적인 피해를 초래

그림 2.25 폭발 충격파의 형성과 피해 영향도

표 2.11 폭발압력 충격파에 따른 피해 수준

과압 (kPa)	주요 피해
1~5 kPa	유리창 파손, 경미한 피해
10~20 kPa	경량 구조물 손상, 목조 건물 붕괴
50~100 kPa	철근 콘크리트 건물 부분 붕괴, 인명 피해 가능
200 kPa 이상	대규모 건물 붕괴, 치명적 인명 피해

2. 열 방출 (Thermal Radiation)

폭발이 발생하면 강한 열에너지가 방출되며, 주변 구조물과 인체에 영향을 미친다. 열 방출은 **폭발 화염**(Fireball), **복사열**(Radiation Heat), **대류열**(Convective Heat) **등으로 구분되며, 이는 화재를 유발하거나 직접적인 화상 피해를 초래**할 수 있다.

1) 폭발열 방출의 주요 특징

- 폭발 순간 중심부 온도가 수천 도(°C)에 도달하며, 인근 물질이 즉시 가열됨
- 복사열은 거리에 따라 감쇠되지만, 일정 거리 이상에서도 높은 온도를 유지할 수 있음
- 화염에 직접 노출되면 즉각적인 화재 발생 가능

2) 열 방출로 인한 피해

- **구조물 발화**: 복사열이 주변 가연성 물질에 도달하여 화재가 발생할 가능성이 높음
- **인체 화상**: 일정 수준 이상의 복사열에 노출되면 피부 화상 및 조직 손상이 발생
- **설비 손상**: 고온 환경에 장시간 노출되면 금속 구조물의 강도 저하, 전자기기 고장 등이 발생할 수 있음

표 2.12 복사열 강도에 따른 피해 정도

복사열 (kW/m²)	주요 피해
5 kW/m²	가연성 물질 발화 가능, 장시간 노출 시 경미한 화상
10 kW/m²	노출 시 10초 이내 피부 화상 발생
30 kW/m²	3초 이내 심각한 화상 발생, 대부분의 물질이 발화
50 kW/m² 이상	즉각적인 치명적 피해, 금속 구조물 변형

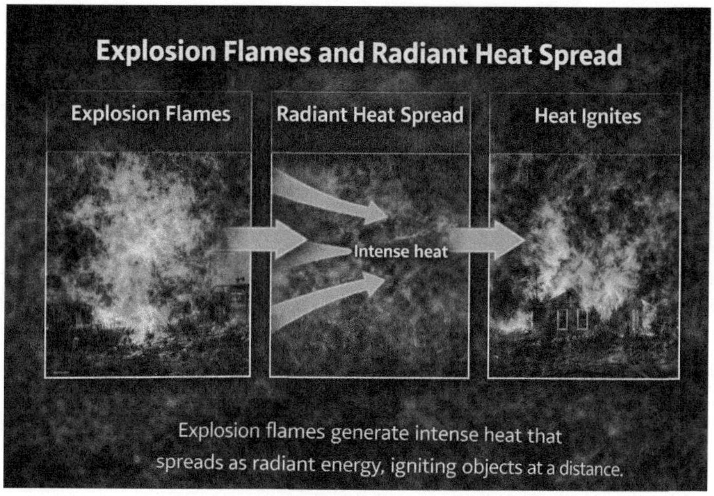

그림 2.26 폭발 화염과 복사열 전파 과정

3. 비산물 충격 (Fragmentation)

폭발이 발생하면 고**압의 충격파로 인해 주변 구조물이 파괴되면서 파편 (Fragment)이 사방으로 튕겨 나가게 된다**. 이 파편은 초속 수백 미터 (m/s)의 속도로 이동하며, 인명 피해와 시설물 손상을 초래한다.

1) 비산물의 주요 특징

- 충격파로 인해 발생한 물체 파편이 일정한 속도로 외부로 확산함
- 폭발 중심에서 멀어질수록 파편의 속도와 운동 에너지가 감소하지만, 여전히 위험 요소로 작용
- 금속 구조물, 콘크리트 조각, 유리 파편 등이 주요한 비산물로 작용

2) 비산물 충격으로 인한 피해

- 인명 피해: 고속 비산물이 신체에 충격을 가하면 심각한 부상 유발
- 차량 및 시설물 손상: 금속 파편이 높은 속도로 날아가 차량, 설비, 전력망 등에 치명적인 손상 발생
- 2차 화재 유발: 불타는 잔해물이 주변 가연물과 접촉하여 화재가 확산할 가능성이 있음

그림 2.27 폭발로 인한 비산물 충격 사례

4.2 피해 평가 방법

폭발 피해를 효과적으로 평가하기 위해서는 **폭발 충격파(Overpressure), 열 방출(Thermal Radiation), 비산물(Fragmentation)의 영향 범위를 정량적으로 분석**하는 것이 중요하다. 이러한 피해 요소는 **폭발 강도, 폭발물의 특성, 주변 환경, 거리 등 여러 가지 변수에 의해 결정**되며, 다양한 분석 기법을 활용하여 평가할 수 있다.

폭발 피해 평가 방법은 과압(Overpressure) 분석, 열 방출 영향 평가, 비산물 운동 특성 분석 등을 포함하며, 각각의 방법을 적용하여 폭발 위험성을 평가하고 피해를 예측할 수 있다.

1. 과압(Overpressure) 분석

과압(Overpressure)은 폭발로 인해 발생하는 **충격파의 크기를 정량적으로 분석하여 구조물 및 인체에 미치는 영향을 평가하는 방법**이다. 폭발 충격파는 반경이 증가할수록 감쇠하며, 이에 따라 피해 수준도 감소한다.

1) 폭발 충격파의 감쇠 모델

폭발 충격파는 거리에 따라 감쇠하며, 폭발 중심에서 일정 거리 이상 떨어진 지역에서는 압력이 급격히 감소한다. 폭발 충격파의 감쇠를 예측하기 위해 다음과 같은 경험적 모델이 사용된다.

$$P = P_0 + \frac{E}{V} \tag{2.1}$$

여기서, P는 폭발 발생 시의 압력 (kPa), P_0는 대기압 (kPa), E는 폭발 에너지 (J), V는 폭발 기체의 부피 (m^3)이다.

식 (2.1)은 폭발로 인해 순간적으로 증가하는 압력을 정량적으로 분석하는 데 사용되며, 폭발 규모에 따른 충격파의 영향을 예측하는 데 활용된다.

2) 과압이 구조물에 미치는 영향 평가

폭발 충격파는 구조물의 설계 강도에 따라 서로 다른 영향을 미친다. 표 2.13은 구조물 유형별로 과압의 영향을 비교한 것이다.

표 2.13 구조물 유형별 폭발 충격파 영향

과압 (kPa)	영향 수준	피해 정도
1~5 kPa	경미한 피해	유리창 파손, 가벼운 내부 구조물 변형
10~20 kPa	중간 수준 피해	경량 건축물 손상, 문과 창틀 변형
50~100 kPa	심각한 피해	철근 콘크리트 구조물 손상, 벽 붕괴
200 kPa 이상	치명적인 피해	전체 구조 붕괴, 인명 피해 심각

과압 분석을 통해 폭발 반경 내에서 예상되는 피해 범위를 예측할 수 있으며, 이를 기반으로 **안전거리 설정, 보호 장비 설계, 폭발 방지 대책 수립 등을 수행**할 수 있다.

2. 열 방출 영향 평가

폭발 시 방출되는 열에너지는 복사열(Radiation Heat)과 대류열(Convective Heat)로 구분되며, 일정 거리 이상에서도 가연물 착화 및 인체 피해를 유발할 수 있다. 열 방출 평가를 통해 구조물과 인체가 받는 복사열 강도를 분석하고, 화재 위험성을 예측할 수 있다.

1) 복사열 강도 분석

폭발 시 방출되는 열에너지는 거리와 시간에 따라 감소하지만, 일정 거리 내에서는 심각한 피해를 초래할 수 있다. 복사열 강도는 다음과 같은 식으로 분석할 수 있다.

$$q = \frac{Q}{4\pi R^2} \tag{2.2}$$

여기서, q는 복사열 강도 (kW/m²), Q는 방출된 열 에너지 (J), R은 폭발 중심에서의 거리 (m)이다.

식 (2.2)를 통해 폭발 중심으로부터 일정 거리에서의 복사열 강도를 예측할 수 있으며, 이를 기반으로 안전거리 및 화재 발생 가능성을 평가할 수 있다.

2) 복사열이 인체 및 구조물에 미치는 영향

복사열 강도에 따라 인체와 구조물에 미치는 영향을 비교하면 다음과 같다.

표 2.14 복사열 강도에 따른 피해 수준

복사열 (kW/m^2)	피해 수준	주요 영향
5 kW/m^2	경미한 피해	장시간 노출 시 경미한 화상, 가연성 물질 점화 가능
10 kW/m^2	중간 수준 피해	10초 이내 피부 화상, 일부 구조물 손상
30 kW/m^2	심각한 피해	3초 이내 심각한 화상, 건축물 외벽 변형
50 kW/m^2 이상	치명적인 피해	즉각적인 화상, 금속 구조물 변형 가능

복사열 영향 분석을 통해 **안전거리 확보, 화재 방지 조치, 방열 장비 개발 등의 대책을 수립**할 수 있다.

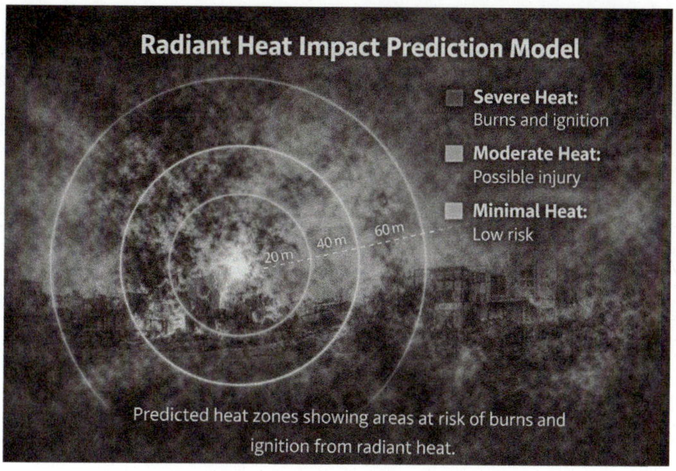

그림 2.28 복사열 피해 범위 예측 모델

3. 비산물(Fragmentation) 운동 특성 분석

폭발이 발생하면 **고압의 충격파로 인해 구조물이 파괴되면서 파편(Fragment)이 사방으로 튕겨 나가는 현상**이 발생한다. 비산물의 운동 특성을 분석함으로써 **파편이 도달할 수 있는 범위, 충격 에너지, 인체 및 시설물에 미치는 영향**을 예측할 수 있다.

1) 비산물의 속도 및 에너지 분석

비산물은 폭발 충격 때문에 초속 수백 미터의 속도로 이동할 수 있으며, 이 속도는 폭발 에너지 및 물체의 밀도에 따라 결정된다.

$$v = \sqrt{\frac{2E}{m}} \tag{2.3}$$

여기서, v는 비산물(파편)의 속도 (m/s), E는 폭발로 인한 운동 에너지 (J), m은 비산물의 질량 (kg)이다.

식 (2.3)을 활용하면 비산물이 도달할 수 있는 최대 거리 및 충격력을 예측할 수 있다.

2) 비산물 충격에 따른 피해 수준

비산물의 속도와 크기에 따라 피해 수준이 달라지며, 주요 피해 영향은 다음과 같다.

표 2.15 비산물 속도에 따른 피해 수준

비산물 속도 (m/s)	주요 영향
50 m/s	유리창 파손, 경미한 피해
100 m/s	금속 구조물 손상, 인체 타박상
300 m/s	차량 파손, 심각한 인체 손상
500 m/s 이상	콘크리트 관통, 치명적인 인명 피해

비산물 충격 분석을 통해 **방호벽 설계, 피난 대책 마련, 폭발 위험 평가 등의 조치를 수행**할 수 있다.

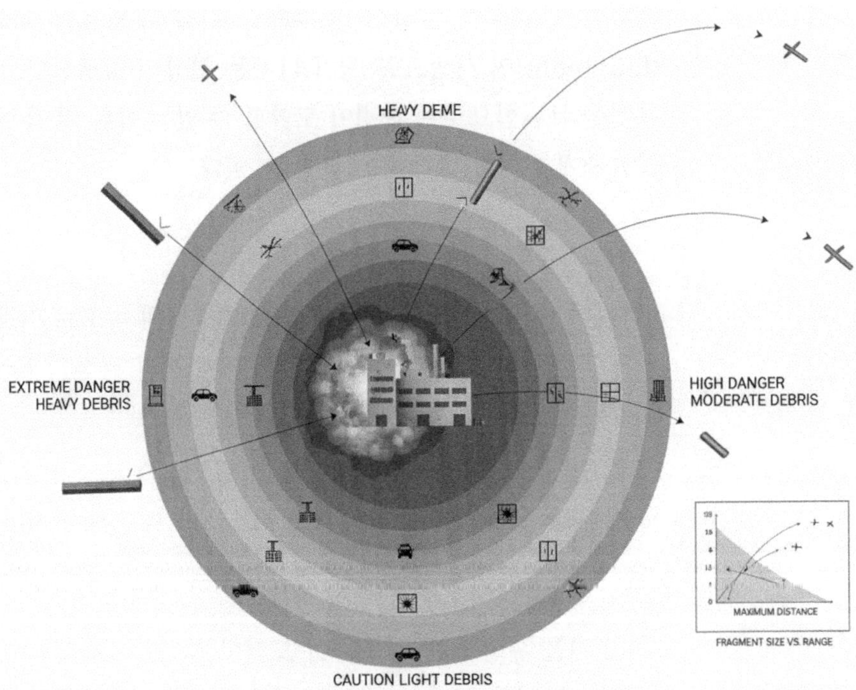

그림 2.29 비산물 확산 범위 모델링

핵심 개념 요약 및 키워드 정리

- **폭발의 정의**: 짧은 시간 내에 에너지가 급격히 방출되면서 압력과 온도가 상승하는 현상
- **압력 충격파(Overpressure)**: 폭발로 인해 발생하는 높은 압력의 공기파, 주변 구조물과 인체에 충격을 가함
- **열 방출(Thermal Radiation)**: 폭발로 인해 발생하는 복사열과 대류열이 주변 환경에 미치는 영향
- **비산물 충격(Fragmentation)**: 폭발로 인해 발생한 파편이 고속으로 방출되어 인체와 시설물에 충격을 주는 현상
- **과압 분석**: 폭발 충격파의 크기와 감쇠 속도를 분석하여 피해 범위를 예측하는 방법
- **열 방출 평가**: 복사열의 강도를 거리별로 분석하여 인체 및 구조물의 피해를 예측하는 방법
- **비산물 운동 분석**: 폭발 때문에 방출된 파편의 속도와 운동 에너지를 평가하여 충격 범위를 예측하는 방법

연습문제

객관식 문제 (총 10문항)

01 폭발이 발생했을 때 나타나는 주요 피해 요소가 아닌 것은?

① 압력 충격파 ② 복사열
③ 비산물 충격 ④ 전자기 방출

02 다음 중 폭발 충격파의 감쇠 속도와 관계없는 변수는?

① 폭발 에너지 ② 폭발 기체의 부피
③ 대기압 ④ 비산물의 질량

03 폭발 시 발생하는 압력 충격파의 전파 속도는 무엇에 의해 결정되는가?

① 폭발 물질의 종류와 폭발 강도 ② 구조물의 내구성
③ 폭발 주변의 온도 ④ 폭발이 발생한 위치의 해발 고도

04 폭발로 인해 발생하는 비산물의 운동 에너지는 어떤 요소에 의해 결정되는가?

① 파편의 질량과 속도 ② 폭발 온도와 폭발 시간
③ 주변 공기의 습도 ④ 가연물의 존재 여부

05 복사열이 구조물과 인체에 미치는 영향을 정량적으로 평가하는 데 사용되는 값은?

① 폭발 반경 ② 복사열 강도
③ 과압 지수 ④ 폭발 에너지 밀도

06 폭발 피해를 평가하기 위해 가장 먼저 고려해야 할 요소는?

① 폭발 발생 위치 ② 폭발 에너지와 압력 충격파
③ 폭발 후 발생하는 화재 규모 ④ 주변의 가연성 물질

07 과압이 50 kPa 이상인 경우 나타날 수 있는 피해는?

① 유리창 일부 파손 ② 철근 콘크리트 구조물 손상

③ 경량 목조 건물 부분 붕괴 ④ 폭발 지역 내 대기 온도 상승

08 폭발 파편의 속도를 결정하는 공식으로 옳은 것은?

① $v=\frac{m}{2}$ ② $v=\sqrt{\frac{2E}{m}}$

③ $v=\frac{E}{m}$ ④ $v=m\times E$

09 폭발 사고 예방을 위한 기본적인 대책이 아닌 것은?

① 과압 완화 설비 설치 ② 방폭 구조물 적용

③ 폭발 후 신속한 환기 ④ 폭발 위험 지역에 가연물 저장

10 BLEVE(Boiling Liquid Expanding Vapor Explosion)의 특징으로 틀린 것은?

① 액체 연료가 가열되면서 압력이 증가하여 발생

② 탱크 내부 압력이 일정 수준을 초과하면 폭발 발생

③ 폭발 시 다량의 화염과 충격파가 발생

④ 주변 온도가 낮아지면 폭발 위험이 증가

주관식 문제 (총 5문항)

01 폭발 충격파의 감쇠 원리를 설명하고, 감쇠 속도에 영향을 미치는 요인을 제시하시오.

02 복사열이 인체와 구조물에 미치는 영향을 분석하고, 복사열 평가 방법을 서술하시오.

03 비산물 충격이 폭발 피해를 증가시키는 원인과 이를 줄이기 위한 설계적 대책을 설명하시오.

04 폭발 사고 발생 시 피해 평가를 위한 주요 단계와 분석 방법을 제시하시오.

05 BLEVE(Boiling Liquid Expanding Vapor Explosion) 발생 원인과 피해 범위를 설명하고, 이를 예방하기 위한 대책을 논하시오.

객관식 문제 정답 및 해설

01 정답: ④

해설 전자기 방출은 폭발과 직접적인 연관이 없음

02 정답: ④

해설 비산물의 질량은 충격파 감쇠 속도와 직접적인 관계가 없음

03 정답: ①

해설 폭발 물질의 종류와 강도가 충격파 속도를 결정

04 정답: ①

해설 파편의 질량과 속도가 비산물 운동 에너지를 결정

05 정답: ②

해설 복사열 강도는 열 방출 평가에 사용됨

06 정답: ②

해설 폭발 피해를 평가할 때 가장 중요한 요소는 폭발 에너지와 압력 충격파

07 정답: ②

해설 철근 콘크리트 구조물 손상은 50 kPa 이상의 과압에서 발생 가능

08 정답: ②

해설 $v = \sqrt{\frac{2E}{m}}$ 는 비산물 속도를 계산하는 공식

09 정답: ③

해설 폭발 후 신속한 환기는 2차 피해를 초래할 수 있음

10 정답: ④

해설 BLEVE는 높은 온도에서 폭발 위험이 증가

주관식 문제 정답 및 해설

01 폭발 충격파의 감쇠 원리를 설명하고, 감쇠 속도에 영향을 미치는 요인을 제시하시오.

- 폭발 충격파의 감쇠는 거리가 증가할수록 압력이 감소하는 현상이며, 이는 폭발 에너지와 환경 조건에 의해 결정됨. 감쇠 속도는 대기압, 온도, 습도, 반사파의 존재 여부 등에 의해 영향을 받음

02 복사열이 인체와 구조물에 미치는 영향을 분석하고, 복사열 평가 방법을 서술하시오.

- 복사열은 일정 거리 내에서 가연물을 착화시키거나 인체에 화상을 입힐 수 있음. 복사열 강도는 거리와 에너지에 따라 변화하며, 평가 방법으로는 방사 강도 계산, 실험적 데이터 분석 등이 있음

03 비산물 충격이 폭발 피해를 증가시키는 원인과 이를 줄이기 위한 설계적 대책을 설명하시오.

- 비산물 충격은 폭발로 인해 고속으로 방출된 파편이 주변을 강타하며 추가적인 피해를 유발하는 현상. 이를 줄이기 위해 방폭 설계, 파편 흡수 구조물, 안전거리 설정이 필요함

04 폭발 사고 발생 시 피해 평가를 위한 주요 단계와 분석 방법을 제시하시오.

- 폭발 피해 평가 단계는 ① 폭발 유형 분석, ② 과압 분석, ③ 복사열 영향 평가, ④ 비산물 충격 평가, ⑤ 종합적인 피해 예측으로 구성됨. 각각의 단계에서 실험 및 모델링을 활용하여 정량적인 평가를 수행

05 BLEVE(Boiling Liquid Expanding Vapor Explosion) 발생 원인과 피해 범위를 설명하고, 이를 예방하기 위한 대책을 논하시오.

• BLEVE는 액체 연료가 저장된 탱크가 과열되면서 내부 압력이 증가하여 발생. 폭발 시 강력한 충격파와 화염이 방출되며, 광범위한 피해를 초래함. 이를 방지하기 위해 냉각 시스템, 안전밸브 설치, 폭발 방지 구조 적용이 필요함

관련 법규 요약

1. 「화재의 예방 및 안전관리에 관한 법률」

• 제4조(관계인의 책무)
건축물·시설의 소유자·관리자·점유자는 화재 예방 및 안전관리에 필요한 조치를 이행할 책임을 부담함

• 제9조(화재 예방 조치)
가연물 정리, 점화원 관리, 방화구획 유지 등 화재 발생 및 확대를 방지하기 위한 예방 조치를 의무화함

• 제9조 관련
인화성·가연성 물질의 부적정한 보관·방치는 화재 예방 조치 위반에 해당함

2. 「소방시설 설치 및 관리에 관한 법률」

• 제9조(소방시설의 설치)
특정소방대상물은 용도·규모·위험도에 따라 소화설비, 경보설비, 피난·방화설비를 설치해야 함

• 제9조 및 국가화재안전기준(NFTC)
소방시설의 구체적인 설치 기준·성능 기준은 NFTC로 정하도록 규정함

• 제25조(관계인의 의무)
소방시설이 가연물 적치 등으로 기능을 상실하지 않도록 유지·관리할 의무를 부과함

3. 「산업안전보건법」

• 제37조(폭발 위험 장소의 관리)
사업장은 폭발 위험이 있는 장소에 대해 적절한 환기 장치를 설치하고 방폭 설비를 갖추어야 하며, 방폭 인증 장비를 사용해야 함

- 제41조(위험물 취급 및 저장 기준)
  인화성 물질 및 가연성 물질의 저장소는 방폭 설비를 갖추고, 저장 시 누출 방지 조치를 시행해야 하며, 일정 거리 이상 안전거리를 확보해야 함
- 제45조(산업시설 내 폭발성 물질 관리 기준)
  사업장에서 사용되는 폭발성 물질(가연성 가스, 분진 등)은 지정된 안전 기준을 따라 취급해야 하며, 폭발 방지를 위한 감지 장비 및 자동 차단 시스템을 갖추어야 함

4.「위험물안전관리법」

- 제5조(위험물의 분류 및 저장 기준)
  위험물은 인화성 액체, 가연성 가스, 분진 등으로 구분되며, 유형별로 안전 보관 및 취급 기준을 준수해야 함
- 제12조(위험물 저장소의 안전 설비 기준)
  폭발성 물질을 저장하는 시설에는 방폭 벽을 설치하고, 화재 확산 방지를 위한 자동 냉각 장치를 갖추어야 함
- 제19조(위험물의 취급 및 운송 안전 기준)
  가연성 및 폭발성 물질 운송 시에는 적절한 방폭 용기를 사용하고, 충격 방지 조치를 시행해야 하며, 운송 중 사고 발생 시 즉각적인 대응이 가능하도록 조치해야 함

5. 국제 방폭 규정 및 안전 기준

- NFPA 69 (폭발 예방 시스템, 미국)
  폭발성 환경에서 연소 및 폭발을 예방하기 위해 연료-산소 혼합 비율을 조절하고, 자동 폭발 차단 시스템을 적용해야 함
- ATEX 153 (유럽연합 폭발 방지 지침)
  작업장 내 폭발 가능성이 있는 환경에서 방폭 설비를 설치하고, 폭발성 가스를 감지할 수 있는 센서를 적용해야 함
- IEC 60079 (국제 방폭 표준)
  폭발성 환경에서 전기 설비의 안전성을 보장하기 위한 글로벌 방폭 규격으로, 폭발 가능성이 있는 구역을 Zone 0, Zone 1, Zone 2로 구분하여 관리하도록 규정

사고 사례 데이터베이스

표 2.16 주요 화재 및 폭발 사고 데이터베이스

사고 명	발생 연도	사고 개요	피해 규모	사고 원인	재발 방지 대책
텍사스 BP 정유공장 폭발 사고	2005년 (미국)	정유공장의 증류탑 가동 중 과압 발생 후 폭발	사망 15명, 부상 180명, 5억 달러 재산 피해	과압 방지 밸브 고장 및 안전 점검 미흡	과압 방지 시스템 개선, 긴급 차단 밸브 추가 설치
톈진 항구 화학물질 폭발 사고	2015년 (중국)	위험물 보관 창고에서 대량의 질산암모늄 폭발	사망 173명, 부상 798명, 건물 및 차량 대규모 파손	부적절한 위험물 저장 및 안전 기준 미준수	위험물 저장 규정 강화, 방폭 설비 설치 의무화
베이루트 항구 질산암모늄 폭발 사고	2020년 (레바논)	항구 창고에 보관된 2,750톤의 질산암모늄이 폭발	사망 218명, 부상 7,500명, 도시 내 건물 대규모 파손	장기간 방치된 폭발성 물질의 부적절한 보관	폭발성 물질의 보관 및 처리 절차 엄격화
Buncefield 정유저장소 폭발 사고	2005년 (영국)	연료탱크 과충전으로 인한 가연성 증기 폭발	부상 43명, 시설 대규모 파손	연료탱크 충전 관리 부실 및 폭발 감지 미흡	연료탱크 충전 자동화 시스템 개선, 폭발 감지 장비 설치
웨스트 페틸라이저 공장 폭발 사고	2013년 (미국)	질산암모늄 저장 중 열폭주로 인한 연쇄 폭발	사망 15명, 부상 160명, 인근 주거 지역 피해	질산암모늄 저장소 관리 부실 및 방폭 설비 미비	질산암모늄 저장소 안전 규정 강화, 방폭 설비 설치
제르맨타운 아파트 가스 폭발 사고	2016년 (미국)	가스 누출 후 점화원 착화로 인한 폭발	사망 7명, 부상 70명, 건물 붕괴	가스 배관 노후화 및 누출 감지 미흡	가스 누출 감지 센서 설치, 건물 내 가스 배관 점검 강화

참고문헌

1. 서적 및 논문
- Crowl, D. A., & Louvar, J. F. (2019). Chemical Process Safety: Fundamentals with Applications. Pearson
- Lees, F. P. (2012). Loss Prevention in the Process Industries. Elsevier
- Mannan, S. (2012). Lees' Process Safety Essentials. Elsevier
- National Fire Protection Association (NFPA). (2019). NFPA 68: Standard on Explosion Protection by Deflagration Venting
- National Fire Protection Association (NFPA). (2021). NFPA 69: Standard on Explosion Prevention Systems

2. 법규 및 보고서
- 소방청. (2022). 화재조사 매뉴얼 4.0
- 대한민국 국회. (2024). 화재의 예방 및 안전관리에 관한 법률
- 대한민국 국회. (2024). 소방시설 설치 및 관리에 관한 법률
- 고용노동부. (2023). 산업안전보건법 및 폭발 위험 작업장 안전관리 지침
- 국가화재정보센터. (2023). 화재 발생 원인 분석 및 연소 메커니즘 연구 보고서
- U.S. Chemical Safety Board (CSB). (2021). Tianjin Port Explosion Investigation Report

3. 온라인 자료
- 한국소방안전원. (2023). "소방시설 설치 기준". Retrieved from www.kfsi.or.kr
- 미국 화재안전연구소 (NIST). (2022). "Explosion Phenomena and Fire Growth Mechanisms".. Retrieved from www.nist.gov
- ATEX 지침 (Directive 2014/34/EU). Explosive Atmospheres – Equipment Certification. Retrieved from www.eur-lex.europa.eu
- Occupational Safety and Health Administration (OSHA). (2022). "Process Safety Management of Highly Hazardous Chemicals".. Retrieved from www.osha.gov

추가 참고 자료

1. 소방 및 방화방폭 기술 보고서
- 한국산업안전보건공단. (2022). 산업시설 방폭설비 적용 가이드
- FM Global. (2021). Fire Protection in Industrial Facilities
- Center for Chemical Process Safety (CCPS). (2023). Guidelines for Vapor Cloud Explosion, Pressure Relief, and Explosive Risk Assessment

2. 국제 가이드라인 및 기술 문서
- IEC 60079 (2022). Explosive Atmospheres – Electrical Equipment Classification
- NFPA 921 (2021). Guide for Fire and Explosion Investigations
- ATEX 153 (2014). Health and Safety Protection in Potentially Explosive Atmospheres
- International Electrotechnical Commission (IECEx). (2022). Guide for Equipment and System Certification in Explosive Atmospheres

3. 온라인 강의 및 오픈 리소스
- NFPA 온라인 강좌: www.nfpa.org/training
- MIT OpenCourseWare: "Fire Protection Engineering" (ocw.mit.edu)
- SFPE (Society of Fire Protection Engineers): Online Technical Courses on Combustion and Explosion Dynamics

PART 02

화재 및 폭발의 원인과 물리적 특성

CHAPTER

03 화재 및 폭발의 원인 분석

학습목표

- 화재 및 폭발의 주요 원인을 이해하고 각각의 특징을 설명할 수 있다.
- 가연물과 산화제의 화학적·물리적 특성을 파악하고, 이들의 상호작용이 화재 및 폭발에 미치는 영향을 설명할 수 있다.
- 폭발 위험 물질과 환경 조건을 분석하여 위험성을 평가할 수 있다.
- 실제 화재 및 폭발 사고 사례를 검토하고, 감식 기법의 개요를 설명할 수 있다.

1 주요 화재 원인 (전기, 화학, 기계적 요인 등)

화재는 다양한 원인에 의해 발생하며, 일반적으로 **전기적 요인, 화학적 요인, 기계적 요인**으로 구분할 수 있다. 이러한 원인은 단독으로 작용할 수도 있지만, 복합적으로 작용하여 화재의 위험성을 증가시키기도 한다. 예를 들어, **전기적 요인으로 인한 과부하가 기계적 발열과 결합하면 더욱 심각한 화재**로 이어질 수 있다. 따라서 각각의 원인을 체계적으로 이해하고, 이를 예방하기 위한 대책을 마련하는 것이 중요하다.

1.1 전기적 요인

전기적 요인은 현대 산업 및 주거 환경에서 발생하는 **화재의 주요 원인** 중 하나다. 전기설비의 오작동, 절연 손상, 과부하, 전기 스파크 및 정전기 방전 등은 착화원을 제공하여 화재를 유발할 수 있다.

- 전기화재의 특성
  - 초기 감지가 어려운 경우가 많음
  - 불꽃 없이도 발열이 지속되며 발화 가능
  - 건물 내부에서 은폐되어 진행될 가능성이 큼

PART 02 화재 및 폭발의 원인과 물리적 특성

1. 누전 및 합선(단락)

1) 누전(Leakage Current)

- 전기 회로의 절연이 손상되거나 습기로 인해 전류가 불필요한 경로로 흐르는 현상
- 작은 전류가 지속적으로 흐를 때도 절연체가 열을 받아 탄화되며 발화 가능
- 누전 차단기가 설치되지 않은 환경에서는 화재 발생 확률이 높아짐

2) 합선(Short Circuit)

- 전선 간 절연이 파괴되어 저항이 거의 없는 상태에서 **대전류**가 흐르게 됨
- 순간적인 발열로 인해 전선의 피복이 녹거나 스파크가 발행되면서 화재 유발

그림 3.1 전기 합선으로 인한 전선 피복 손상 사례

2. 과부하(Overload)

- 회로에 허용 전류 이상이 흐르면 전선 및 전기기기의 온도가 상승하여 절연체가 손상됨
- 전기 히터, 에어컨, 컴퓨터 서버 등 고출력 전기기기의 동시 사용이 과부하를 유발할 수 있음
- 배선이 노후화되었거나, 부적절한 용량의 차단기가 설치되면 위험성이 증가함

3. 전기 스파크 및 아크(Spark & Arc)

그림 3.2 아크 방전에 의한 착화 사례

- 스위치 조작, 전선 단선, 전력 계통의 고장 등으로 인해 전기적 스파크가 발생할 수 있음
- **아크(Arc)**는 고전압이 존재하는 두 전극 사이에서 발생하는 방전 현상으로, 3,000℃ 이상의 고온을 형성하여 가연물에 점화 가능

4. 정전기(Static Electricity)

- 두 개의 물체가 접촉·분리될 때 정전기가 발생하며, 방전되면 불꽃이 형성될 수 있음
- 가연성 증기, 가스, 분진이 있는 환경에서는 정전기 방전에 의한 폭발 가능성이 큼
- 공장 및 창고에서 정전기 방지 장치(접지, 이온화 장치 등)를 적용하는 것이 중요함

1.2 화학적 요인

화학적 요인에 의해 발생하는 화재는 **산화·환원 반응, 자발적 발화, 촉매 작용** 등의 과정에서 발생한다. 특히, 위험 물질이 저장·취급되는 환경에서는 이러한 요인들을 고려한 안전 대책이 필수적이다.

1. 자발적 발화(Spontaneous Ignition)

- 특정 물질은 외부 열원 없이도 산화 반응을 일으켜 자체 발열하며, 일정 온도 이상이 되면 발화 가능
- **유기물질(기름걸레, 석탄, 건초 등)**은 공기 중의 산소와 반응하여 서서히 가열된 후 발화함

표 3.1 주요 자발적 발화 물질과 발화 가능 온도

물질명	자발적 발화 온도(℃)
석탄	40~60
기름걸레	80~120
건초	60~90
금속 분말(알루미늄, 마그네슘)	150~300

2. 산화 반응에 의한 화재

- 강한 산화제(질산, 과산화수소, 염소 등)가 가연물과 접촉하면 강력한 발열 반응이 발생
- 강산화제와 유기물질(예: 목재, 연료, 종이 등)이 반응하면 급격한 온도 상승으로 화재 유발
- 질산염이나 과산화물은 연료와 접촉하면 **폭발적 연소**를 일으킬 가능성이 있음

3. 촉매 작용에 의한 화재

- 특정 촉매가 존재할 경우, 화학 반응이 가속화되면서 빠르게 발열이 이루어짐

  예 백금(Pt), 팔라듐(Pd) 등의 금속 촉매가 포함된 환경에서는 특정 화학 반응이 촉진

- 산업용 촉매를 다루는 환경에서는 촉매 작용으로 발생하는 열을 효율적으로 방출할 수 있도록 설계해야 함

1.3 기계적 요인

기계적 요인으로 인한 화재는 주로 **마찰, 충격, 초고온 환경에서의 착화, 기계적 파손** 등에 의해 발생한다. 이러한 화재는 산업 현장에서 자주 발생하며, 정기적인 기계 점검이 요구된다.

1. 마찰 및 충격(Friction & Impact)

- 금속 부품 간 지속적인 마찰로 인해 온도가 상승하면서 발화 가능
- 연료가 포함된 기계류에서 과열이 발생하면 화재 위험 증가

그림 3.3 산업용 기계 부품의 과열에 의한 화재 사례

2. 초고온 환경에서의 착화(High-Temperature Ignition)

- 엔진, 발전기, 열교환기 등에서 발생하는 **고온이 주변 가연물에 착화** 할 수 있음
- 연료탱크 근처에서 초고온 환경이 형성되면 **인화점 이하에서도 화재 발생 가능**

3. 기계적 파손(Mechanical Failure)

- 고압이 유지되는 장치(압축기, 펌프, 보일러 등)가 파손되거나 고장 날 경우, 폭발 또는 화재로 이어질 수 있음
- 고온·고압의 가연성 기체나 액체가 포함된 설비에서는 작은 균열도 대형 화재의 원인이 될 수 있음

1.4 주요 화재 원인 분석 및 예방 대책

화재의 원인은 다양한 요인들이 복합적으로 작용하여 발생하는 경우가 많다. 따라서 전기적, 화학적, 기계적 요인에 대한 개별적인 이해뿐만 아니라, 이들 요인이 어떻게 상호작용을 할 수 있는지도 고려해야 한다. 화재 예방을 위해서는 **각 원인을 명확히 분석하고, 적절한 안전 조치를 적용하는 것이 필수적**이다.

1. 주요 화재 원인별 특징 분석

표 3.2 주요 화재 원인의 특징 비교

화재 원인	주요 발생 요인	특징	대표적 사례
전기적 요인	누전, 합선, 과부하, 스파크, 아크, 정전기	불꽃 없이도 발열 지속 가능, 초기 감지가 어려움	배선 합선으로 인한 건물 화재
화학적 요인	산화제 반응, 자발적 발화, 촉매 작용	보관 방법 및 혼합물 조합에 따라 화재 위험성 증가	기름걸레의 자연 발화, 화학공장 폭발 사고
기계적 요인	마찰, 충격, 초고온, 기계적 파손	산업 현장에서 자주 발생, 기계 부품의 마모나 고온 환경이 위험 요소	기계 마찰로 인한 제조 공장의 불꽃 발생

2. 예방 대책

각종 화재 원인을 종합적으로 고려하면, 다음과 같은 예방 대책을 마련할 수 있다.

1) 전기화재 예방 대책

- **전기설비의 정기 점검**: 절연 저항 시험 및 배선 상태 점검을 통해 누전 및 합선 방지
- **과부하 방지 시스템 도입**: 과전류 차단기 설치 및 부하 용량에 맞는 배선 사용
- **정전기 방지 조치**: 접지 시스템 강화 및 정전기 제거 장치 설치

2) 화학적 요인에 대한 예방 대책

- **위험물 보관 기준 준수**: 산화제와 가연성 물질을 분리하여 보관

- **자연 발화 방지**: 유기물질(기름걸레, 석탄 등)의 자발적 발화를 막기 위해 환기 및 온도 관리
- **산업 현장 내 혼합물 반응 테스트**: 화학 반응에 의한 급격한 발열 방지를 위해 사전 실험 및 안전 가이드 준수

3) 기계적 요인에 대한 예방 대책

- **정기적인 윤활 및 유지보수**: 마찰열 발생을 줄이기 위해 기계 부품의 윤활을 철저히 관리
- **고온 환경 감시 시스템 구축**: 고온 작업장에서 자동 온도 감지 장치 및 냉각 시스템 도입
- **기계적 충격 및 파손 방지 조치**: 설비의 적절한 사용 및 과부하 방지를 위한 안전 수칙 준수

3. 종합적 예방 전략 및 법적 기준

화재 예방을 위해서는 개별적인 원인별 대책뿐만 아니라, 종합적인 관리 전략이 필요하다. 특히 **법적 규정을 준수하고, 최신 화재 예방 기술을 도입**하는 것이 중요하다.

1) 국내 법규 및 규정

대한민국에서는 전기설비, 위험물 관리, 산업 안전 등에 대한 법적 규제를 마련하여 화재를 예방하고 있다.

- **「전기설비기술기준」**: 전기설비의 시공 및 유지보수 기준을 규정하여 누전 및 합선에 의한 화재 예방
- **「위험물안전관리법」**: 위험물의 저장 및 취급 기준을 정하여 화학적 화재 예방
- **「산업안전보건법」**: 기계적 요인에 의한 화재 및 폭발을 방지하기 위해 안전 기준을 설정

2) 최신 화재 예방 기술 적용

최근에는 ICT(정보통신기술) 및 AI 기반 화재 감지 시스템이 발전하면서 실시간 화재 위험 요소 감시가 가능해졌다.

- **스마트 센서 기반 감지 시스템**: IoT(사물인터넷) 센서를 활용하여 전기적, 화학적, 기계적 요인을 실시간 감시
- **빅데이터 분석을 통한 위험 예측**: 산업 현장의 화재 발생 패턴을 분석하여 사전에 화재 위험을 평가하고 대응 전략 수립
- **자동화 화재 억제 시스템**: 공장 및 대형 건물에 화재 진압 시스템을 자동화하여 초기 화재를 신속히 진압

1.5 화재 및 폭발 위험 평가 방법

화재 및 폭발 사고를 예방하기 위해서는 단순한 사례 분석을 넘어 **위험 요소를 체계적으로 평가하고 사전에 대비하는 방법론**이 필요하다. 화재 및 폭발 위험 평가는 다양한 기법을 활용하여 특정 환경에서의 위험성을 분석하고, 이를 기반으로 적절한 방지책을 수립하는 과정이다.

1. 화재 위험 평가 기법

화재 위험을 평가하는 방법은 여러 가지가 있으며, 산업 현장과 건축물의 특성에 따라 적절한 방법을 선택해야 한다. 대표적인 화재 위험 평가 기법은 다음과 같다.

1) 정성적 위험 평가 (Qualitative Risk Assessment)

정성적 위험 평가는 전문가의 경험과 판단을 바탕으로 화재 위험을 평가하는 방법으로, 주로 다음과 같은 방식으로 진행된다.

- **FMEA (Failure Mode and Effects Analysis, 고장 형태 및 영향 분석)**: 특정 설비나 공정의 고장이 화재로 이어질 가능성을 분석
- **HAZOP (Hazard and Operability Study, 위험성과 운전성 연구)**: 산업 공정에서 발생할 수 있는 위험 요인을 체계적으로 검토
- **Checklist (점검표 기법)**: 사전 정의된 점검 항목을 기반으로 특정 시설의 화재 위험 요소를 확인

이러한 방법들은 비교적 간단한 절차로 적용할 수 있으며, 경험이 풍부한 전문가가 참여하면 매우 유용하다.

2) 정량적 위험 평가 (Quantitative Risk Assessment)

정량적 위험 평가는 수학적 모델과 데이터를 활용하여 화재 발생 확률과 피해 범위를 수치로 분석하는 방법이다. 주요 기법은 다음과 같다.

- QRA (Quantitative Risk Assessment, 정량적 위험 분석): 특정 사고의 발생 확률과 결과를 수치상으로 평가하여 화재 및 폭발의 위험성을 예측
- F-N Curve (빈도-영향 곡선 분석): 특정 화재나 폭발 사고가 일정 빈도로 발생할 때 예상되는 피해 규모를 그래프로 표현
- CFD (Computational Fluid Dynamics, 전산유체역학 해석): 화재 또는 폭발이 발생했을 때의 열과 연기 확산을 시뮬레이션

이러한 방법들은 대규모 시설이나 공정에서 화재 및 폭발 위험성을 정밀하게 평가하는 데 매우 효과적이다.

표 3.3 정성적 위험 평가와 정량적 위험 평가 비교

평가 방법	주요 특징	장점	단점
정성적 위험 평가	전문가의 경험을 바탕으로 위험 요소를 분석	적용이 간단하며 신속한 평가 가능	주관적 요소가 개입될 가능성이 높음
정량적 위험 평가	수학적 모델과 데이터를 활용하여 위험을 분석	보다 객관적이고 구체적인 수치 분석 가능	데이터 확보 및 분석 비용이 많이 듦

2. 폭발 위험 평가 기법

폭발 위험은 화재와 유사한 방식으로 평가될 수 있지만, 폭발의 특성상 충격파, 압력 상승, 파편 효과 등을 고려해야 한다. 주요 폭발 위험 평가 기법은 다음과 같다.

1) BLEVE 분석 (Boiling Liquid Expanding Vapor Explosion, 비등액 팽창 증기 폭발 분석)

BLEVE는 액체 상태의 연료(예 프로페인, LNG 등)가 고온 환경에서 압력이 상승하면서 용기 파열과 함께 폭발하는 현상을 의미한다. 폭발 위험이 큰 탱크나 저장시설에서 주로 활용된다.

2) TNT 등가 분석 (TNT Equivalency Method)

TNT 등가 분석은 폭발성 물질이 폭발할 때 방출되는 에너지를 TNT(트라이나이트로톨루엔) 폭발과 비교하여 평가하는 방법이다. 화학공장, 위험물 저장소 등의 폭발 가능성을 예측하는 데 활용된다.

3) VCE 분석 (Vapor Cloud Explosion, 증기운 폭발 분석)

VCE는 가연성 가스가 누출되어 공기와 혼합된 후 점화원이 존재할 때 폭발이 발생하는 현상을 분석하는 기법이다. 정유 공장, 석유화학 플랜트 등에서 폭발 가능성을 평가할 때 사용된다.

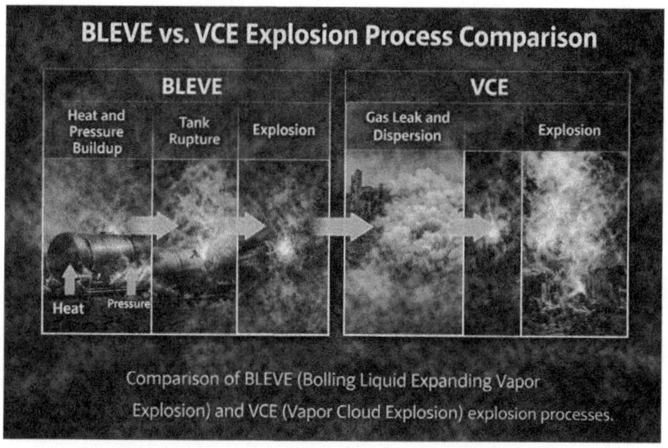

그림 3.4 BLEVE 및 VCE 폭발 과정 비교

3. 화재 및 폭발 위험 평가 절차

실제 현장에서 화재 및 폭발 위험을 평가하는 과정은 다음과 같이 진행된다.

- **위험 요소 식별**: 전기적, 화학적, 기계적 요인을 고려하여 위험 요소를 목록화
- **위험 수준 분석**: 정성적 또는 정량적 평가 방법을 활용하여 발생 확률과 영향을 분석
- **위험 감소 대책 수립**: 설비 개선, 안전 기준 강화, 점검 주기 증가 등의 방안 도입
- **모니터링 및 유지관리**: 정기적인 평가를 통해 지속적인 위험 관리 수행

이러한 절차를 통해 산업 현장과 건축물에서 화재 및 폭발 위험을 사전에 예측하고 예방할 수 있다.

2 가연물과 산화제의 특성

화재는 가연물과 산화제의 반응으로 발생한다. 가연물은 연소할 수 있는 물질을 의미하며, 산화제는 가연물이 산소와 반응하여 연소를 지속하도록 돕는 역할을 한다. 이 두 요소의 특성과 상호작용을 이해하는 것은 화재 예방 및 안전관리에 있어 매우 중요하다.

2.1 가연물의 정의 및 특성

가연물이란 **공기 중에서 연소할 수 있는 물질**을 의미하며, 일반적으로 고체, 액체, 기체 상태로 존재할 수 있다. 가연물의 성질은 연소 속도, 인화점, 발열량 등의 요소에 따라 달라지며, 물질의 상태에 따라 연소 특성이 다르게 나타난다.

1. 가연물의 분류

가연물은 물리적 상태 및 화학적 성질에 따라 다음과 같이 분류할 수 있다.

표 3.4 가연물의 종류와 특징

상태	예시	주요 특징	연소 형태
고체	나무, 종이, 플라스틱, 석탄	고체 표면에서 열에 의해 분해 가스가 발생하여 연소	표면연소, 증발연소
액체	휘발유, 알코올, 아세톤	증발한 가연성 기체가 산소와 결합하여 연소	증발연소
기체	수소, 메테인, 프로페인, 뷰테인	가스 상태로 존재하며 산소와 쉽게 혼합하여 연소	확산 연소, 예혼합 연소

2. 가연물의 연소 특성

- 인화점(Flash Point): 액체 가연물이 공기 중에서 점화원이 있을 때 불꽃을 형성하는 최저 온도
- 발화점(Autoignition Temperature): 가연물이 점화원 없이 스스로 발화하는 온도

• **연소 속도(Burning Rate)**: 특정 환경에서 가연물이 연소하는 속도

2.2 산화제의 정의 및 특성

산화제는 **가연물이 산소와 결합하는 화학 반응을 촉진**하는 물질로, 연소 과정에서 중요한 역할을 한다. 일반적으로 대기 중의 산소가 가장 흔한 산화제이지만, 일부 화학물질도 강력한 산화제로 작용할 수 있다.

1. 산화제의 정의

산화제란 **가연물과 결합하여 산화 반응을 촉진**하는 물질을 의미하며, 연소 반응을 지속시키거나 가속하는 역할을 한다. 특히, 일부 산화제는 가연물 없이도 자체적으로 분해되면서 강력한 산화 작용을 일으킬 수 있다.

2. 주요 산화제의 종류

산화제는 자연적으로 존재하는 것과 인위적으로 제조된 것으로 나눌 수

표 3.5 주요 산화제와 그 특징

산화제	화학식	주요 특징	적용 사례
산소(Oxygen)	O_2	대기 중 약 21% 존재, 연소에 필수적	일반적인 연소 과정
과산화수소 (Hydrogen Peroxide)	H_2O_2	강력한 산화 작용, 분해 시 산소 발생	화학 반응 촉진제, 소독제
질산(Nitric Acid)	HNO_3	강한 산화력, 고온에서 분해 시 산소 발생	화학공업, 로켓 추진제
염소(Chlorine)	Cl_2	강한 산화력, 독성이 강함	수처리, 살균제
과염소산염(Perchlorates)	ClO_4^-	폭발성이 강하며, 높은 산소 방출	추진제, 폭약

3. 산화제의 연소 촉진 특성

산화제는 가연물과 접촉했을 때 다음과 같은 작용을 하며 연소를 촉진한다.

• **산소 공급 증가**: 대기 중 산소 농도를 높여 연소 속도를 증가
• **화학적 반응성 증대**: 특정 조건에서 가연물과 급격히 반응하여 에너지를 방출

• 자발적 분해 가능: 일부 산화제는 자체적으로 분해되며 높은 온도를 발생시켜 주변 물질을 발화

2.3 가연물과 산화제의 상호작용

가연물과 산화제는 특정 조건에서 빠르게 반응하여 화재 또는 폭발을 일으킬 수 있다. 이러한 반응을 이해하고 제어하는 것이 화재 예방의 핵심이다.

1. 가연물과 산화제의 화학 반응 원리

연소 반응의 일반적인 형태는 다음과 같다.

$$\text{가연물} + \text{산소} \rightarrow \text{이산화탄소} + \text{물} + \text{열에너지} \quad (3.1)$$

예를 들어, 메테인(CH_4)이 연소할 때 다음과 같은 반응이 일어난다.

$$CH_4 + 2O_2 \rightarrow CO_2 + 2H_2O + \text{heat} \quad (3.2)$$

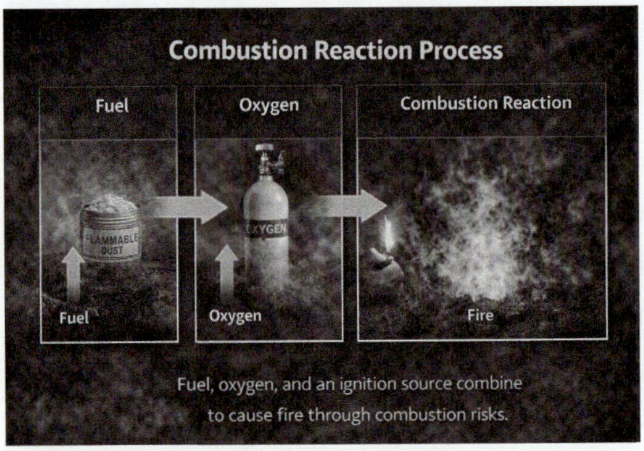

그림 3.5 연소 반응의 일반적 과정

2. 가연물과 산화제의 위험성

일부 산화제는 특정 가연물과 결합할 때 폭발적인 반응을 일으킬 수 있다.

• **산화제와 유기물 반응**: 강산화제(질산, 과산화수소 등)는 유기물과 격렬한 반응을 일으켜 화재나 폭발 발생 가능성이 높음

• **산화제와 금속 분말 반응**: 마그네슘, 알루미늄과 같은 금속 분말은 산화제와 접촉 시 급격한 발열 반응이 발생할 수 있음

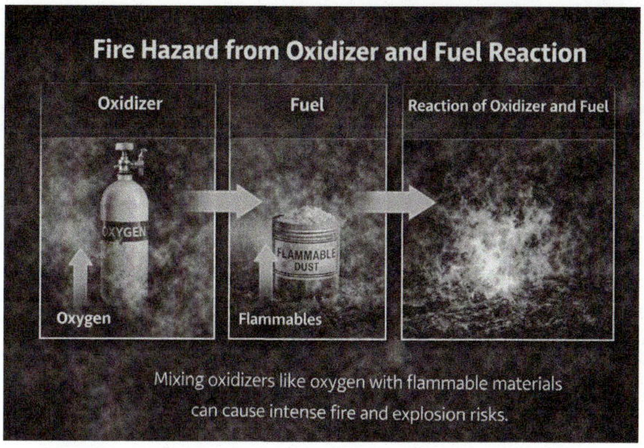

그림 3.6 산화제와 가연물의 반응에 의한 화재 위험

3. 폭발 위험성이 높은 가연물과 산화제 조합

산화제와 특정 가연물이 결합하면 폭발성이 극도로 증가할 수 있다. 대표적인 사례는 다음과 같다.

- 과산화수소 + 유기용매 → 급격한 열 방출 및 산소 발생
- 질산 + 나프탈렌 → 폭발성 혼합물 형성
- 과염소산염 + 연료(휘발유, 알코올 등) → 강력한 폭발

2.4 화재 예방을 위한 안전관리 방법

가연물과 산화제의 특성을 고려하여 적절한 예방 대책을 마련해야 한다.

1. 가연물의 안전한 취급 방법

- **환기 유지**: 휘발성 액체 및 가연성 기체는 충분한 환기를 통해 농도를 낮추어야 함
- **적절한 보관 용기 사용**: 가연성 액체는 인화점 이하의 온도에서 보관해야 하며, 밀폐 용기를 사용해야 함
- **열원 차단**: 가연물 주변에서 불꽃, 전기 스파크, 고온 표면 등을 제거해야 함

2. 산화제 취급 시 주의 사항

- **산화제 단독 보관**: 산화제는 가연물과 직접 접촉하지 않도록 별도의 공

간에 보관해야 함

- **불순물 혼합 방지**: 일부 산화제는 작은 불순물과도 반응하여 화재를 일으킬 수 있으므로 순도를 유지해야 함
- **안전용기 사용**: 산화제는 부식 방지 처리가 된 용기에 보관해야 함

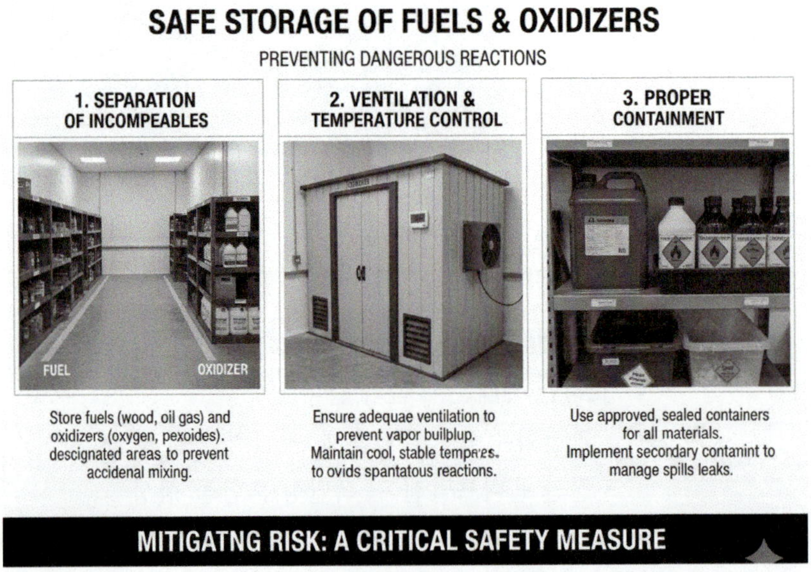

그림 3.7 가연물과 산화제의 안전 보관 기준 예시

2.5 화재 예방 관련 법규 및 기준

화재 예방을 위해서는 국가별로 정해진 법규를 준수해야 한다. 대한민국에서는 다음과 같은 법률을 통해 가연물과 산화제의 취급을 규제하고 있다.

표 3.6 대한민국의 주요 화재 예방 관련 법규

법규	적용 대상	주요 내용
「위험물안전관리법」	위험물 저장소, 공장	가연물 및 산화제의 보관 기준 설정
「화재의 예방 및 안전관리에 관한 법률」	건물, 시설물	화재 예방을 위한 구조 및 설비 기준 규정
「산업안전보건법」	산업 현장	유해 물질 및 위험 물질 취급 기준 설정

3 폭발 위험 물질과 환경 조건

폭발은 특정한 환경 조건에서 발생하며, 이를 이해하는 것이 방폭 설계에서 중요하다. 폭발은 **가연성 물질, 산소(또는 산화제), 점화원이 적절한 비율로 존재할 때 발생**하며, 이러한 요소들을 효과적으로 관리하는 것이 화재 및 폭발 사고를 예방하는 핵심이다. 본 절에서는 폭발 위험 물질과 폭발이 발생하는 환경 조건을 상세히 분석하고자 한다.

3.1 폭발 위험 물질

폭발 위험 물질은 **가연성 가스 및 증기, 폭발성 분진, 산화성 화합물**로 나뉜다. 이러한 물질들은 특정한 조건에서 폭발성을 띠며, 산업 현장과 실험실 등에서 각별한 주의가 필요하다.

1. 가연성 가스 및 증기

가연성 가스와 증기는 공기 중에 특정 농도로 존재할 때 점화원과 결합하여 폭발할 수 있다.

표 3.7 주요 가연성 가스 및 증기의 폭발 특성

가스명	화학식	인화점(℃)	폭발 범위(%)	주요 용도
메테인(Methane)	CH_4	-188	5~15	천연가스, 연료
프로페인(Propane)	C_3H_8	-104	2.1~9.5	LPG 연료
아세틸렌(Acetylene)	C_2H_2	-84	2.5~81	용접, 화학 합성

- 연소 속도가 빠르고 폭발력이 큼
- 폭발 가능 농도가 비교적 넓은 범위에서 존재함 (특히 아세틸렌)
- 산업 현장에서 많이 사용되므로 관리가 필수적임

2. 폭발성 분진

고체 물질이 미세한 분진 상태로 공기 중에 분포하면 폭발 위험이 증가한다. 이는 **가연성 가스와 유사한 방식으로 산소와 반응하며 순간적인 폭발을 일으킬 수 있기 때문**이다.

표 3.8 주요 폭발성 분진과 그 특성

분진 종류	주요 성분	폭발 가능 농도(g/m^3)	위험 환경
밀가루	탄수화물	30~60	제분소, 식품공장
금속 분말 (알루미늄, 마그네슘)	금속	20~40	금속 가공업
석탄 분진	탄소	50~200	석탄 발전소, 광산

- 입자가 작을수록 폭발 위험성이 증가함
- 정전기 또는 마찰 때문에 자연 점화 가능성이 있음
- 산업 공정에서 공기 중으로 유입되었을 때 폭발 위험이 큼

3. 산화성 화합물

산화성 화합물은 산소를 방출하거나 강한 산화 반응을 유도하여 폭발을 일으킬 가능성이 있다.

표 3.9 주요 산화성 화합물의 폭발 위험성

화합물	화학식	산화력	주요 용도
질산염(Nitrates)	NO_3^-	강함	비료, 폭약
과염소산염(Perchlorates)	ClO_4^-	매우 강함	로켓 연료, 추진제
과산화물(Peroxides)	O_2^{2-}	중간	소독제, 화학 합성

- 고온 및 충격 때문에 폭발 가능
- 가연물과 접촉 시 강한 연소 반응 유발
- 보관 시 단독 저장 및 격리 필요

3.2 폭발 환경 조건

폭발이 발생하기 위해서는 특정한 환경 조건이 충족되어야 한다. **폭발이 일어나는 기본 조건은 연소 범위, 점화원, 산소 농도**이며, 이러한 요소를 적절히 제어하면 폭발을 예방할 수 있다.

1. 연소 범위(Flammability Range)

연소 범위는 **가연성 가스나 증기가 공기 중에서 폭발할 수 있는 최소 및**

최대 농도를 의미한다.

연소 범위는 LEL(Lower Explosive Limit, 하한계)과 UEL(Upper Explosive Limit, 상한계)로 정의되며, 특정 범위 내에서만 폭발이 가능하다.

$$\text{폭발 가능 농도 범위} = UEL - LEL \tag{3.3}$$

예를 들어, 메테인(CH_4)의 폭발 범위는 5~15%이므로 이 범위 내에서만 폭발이 가능하며, 5% 미만이거나 15% 초과하면 폭발이 일어나지 않는다.

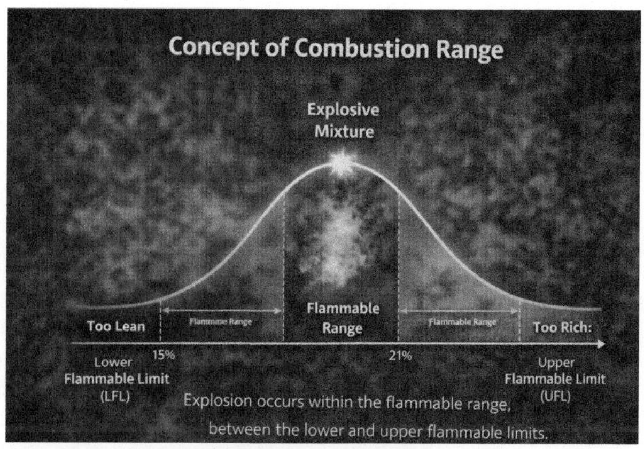

그림 3.8 연소 범위 개념도

2. 점화원(Ignition Sources)

폭발을 일으키는 점화원은 다양한 형태로 존재하며, 대표적인 점화원은 다음과 같다.

표 3.10 주요 점화원과 발생 원인

점화원	주요 발생 원인	예방 방법
불꽃(Sparks)	전기설비 단락, 용접 작업	방폭 설비 적용
고온 표면 (Hot Surfaces)	산업용 기계, 엔진	냉각 시스템 활용
정전기 (Static Electricity)	가연성 액체 이동, 공정 중 마찰	정전기 방전 방지 시스템 도입

3. 산소 농도(Oxygen Concentration)

표 3.11 산소 농도와 폭발 가능성

산소 농도 (%)	폭발 가능성
&10%	연소 불가능
10~21%	정상적인 연소 가능
21~30%	폭발 가능성 증가
&30%	강한 폭발 가능

산소는 연소를 지속하는 필수 요소이며, 일반적으로 공기 중 산소 농도가 21%일 때 폭발 가능성이 존재한다. 그러나, 산소 농도가 너무 낮거나 너무 높으면 연소 또는 폭발이 일어나지 않는다.

- 산소 농도가 10% 이하 → 연소 불가능
- 산소 농도가 30% 이상 → 폭발 위험 증가

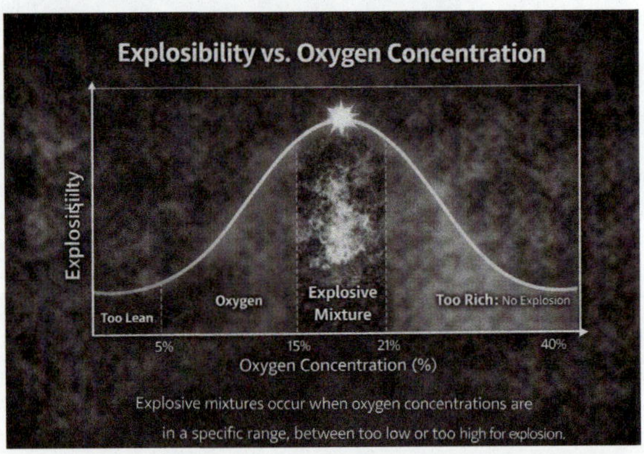

그림 3.9 산소 농도에 따른 폭발 가능성 그래프

3.3 폭발 방지를 위한 안전관리

폭발을 방지하기 위해서는 **가연성 물질의 관리, 점화원 차단, 산소 농도** 조절이 필수적이다.

1. 폭발 방지 대책

- 가연성 물질 농도 관리: 폭발 위험 물질의 농도를 폭발 한계 밖으로 유지
- 방폭 설비 적용: 방폭 전기 장비 사용, 불꽃 방지 차단 장치 설치
- 정전기 예방: 접지 시스템 및 정전기 방전 방지 장치 도입

그림 3.10 폭발 방지를 위한 방폭 설비 예시

2. 폭발 후 피해 최소화 대책

폭발 사고가 발생했을 경우, 피해를 최소화하기 위한 신속하고 체계적인 대응이 필요하다. 주요 대책은 **물리적 보호 조치, 긴급 대응 계획 수립, 자동 안전 시스템 활용** 등으로 나눌 수 있다.

1) 물리적 보호 조치

- 방폭 설계(Building Explosion-Proof Design): 산업 현장에서는 **방폭 구조물, 방폭 창문, 방폭 문** 등을 적용하여 폭발의 직접적인 영향을 줄여야 한다.
- 충격파 완화 시스템(Shockwave Mitigation System): 폭발 충격을 완화하는 흡수재(Absorption Materials) 사용
- 안전 배출구(Emergency Venting System): 폭발압력을 외부로 방출하여 내부 피해를 줄이는 구조 도입

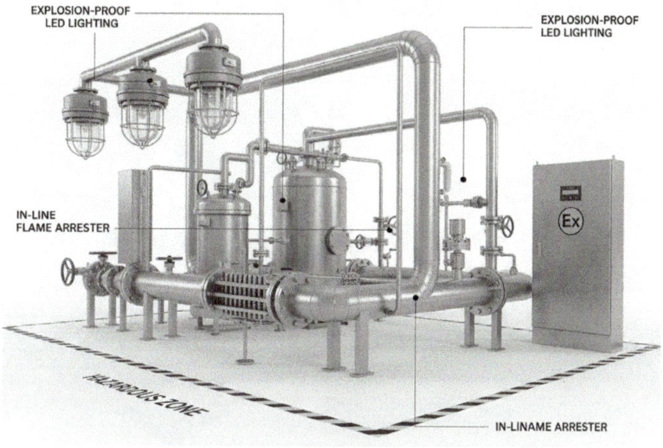

그림 3.11 방폭 설계 적용 사례

2) 긴급 대응 계획 수립

- 비상 대피 경로 설정(Evacuation Route Planning): 폭발 발생 시 **가장 신속하게 대피할 수 있는 경로**를 사전에 설정하고 주기적으로 훈련 실시
- 비상 연락망 구축(Emergency Communication Network): 사고 발생 즉시 **소방서, 병원, 관련 기관과 신속히 연결될 수 있도록** 연락 체계 마련
- 폭발 시뮬레이션 훈련(Explosion Drill Training): 산업시설에서는 **주기적으로 폭발 사고를 가정한 대응 훈련**을 실시하여 실질적인 대처 능력 향상

3) 자동 안전 시스템 활용

자동 소화 시스템(Automatic Fire Suppression Systems): 폭발 위험 구역에는 **이산화탄소 소화 장치, 분말 소화 시스템, 화재 감지 자동 소화기 등을 설치**하여 즉각적인 진압이 가능하게 해야 한다.

- 실시간 폭발 감지 시스템(Real-Time Explosion Detection System): **산업시설에서는 IoT(사물인터넷) 센서를 활용한 가연성 물질 농도 감지 및 이상 온도 감시 시스템을 도입**하여 폭발 위험을 조기에 파악할 수 있도록 한다.
- 압력 해제 밸브(Pressure Relief Valves): 반응기, 고압 용기 등 폭발 위험이 큰 설비에는 **과압 시 자동으로 압력을 배출하는 안전밸브를 장착**하여 사고를 예방

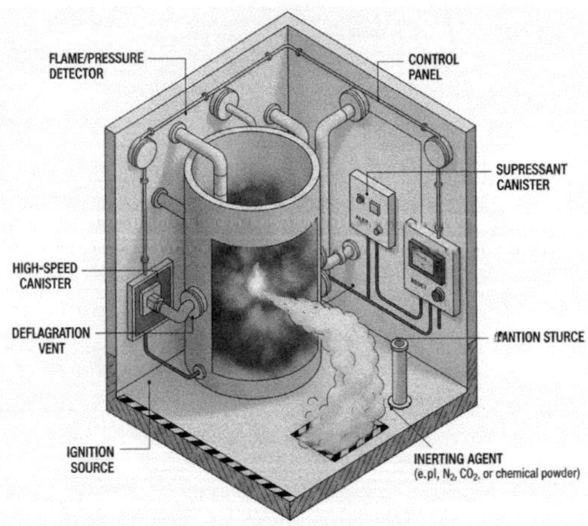

그림 3.12 자동 폭발 감지 및 소화 시스템 개념도

4 사고 사례 분석 및 감식 기법 개요

화재 및 폭발 사고의 원인을 규명하기 위해 감식 기법이 활용된다. 정확한 감식은 사고 예방 및 재발 방지를 위한 핵심 절차이며, 법적 증거의 역할도 수행한다. 화재 감식과 폭발 감식은 **사고 현장의 특성을 분석하고, 물리적 증거를 수집하여 발화 원인 및 진행 과정을 과학적으로 해석하는 과정**이다. 본 절에서는 화재 감식과 폭발 감식의 주요 기법과 절차를 설명하고자 한다.

4.1 화재 감식 기법

화재 감식은 **최초 발화 지점을 특정하고, 화재 확산 경로 및 원인을 분석하는 과정**이다. 이를 통해 사고의 전개 과정을 재구성하고, 자연적 요인, 전기적 원인, 방화 여부 등을 판단할 수 있다.

1. 출발점 분석(Point of Origin Analysis)

화재 감식의 첫 번째 단계는 **최초 발화 지점(출발점, Point of Origin)을 특정하는 것**이다. 출발점 분석은 화재의 근본적인 원인을 찾는 데 중요한 단서가 된다.

그림 3.13 출발점 분석 과정 예시

1) 출발점의 특징

- 가장 심한 열 손상이 발생한 지점
- 탄화 깊이가 가장 깊은 곳
- 특정 방향으로 퍼지는 연소 패턴의 시작점

2) 출발점 분석 방법

- **증언 및 CCTV 자료 분석**: 최초 화재 목격자의 증언과 영상 자료 확인
- **열 손상 비교**: 여러 지점의 열 변형 상태를 분석하여 가장 심한 손상 지역 확인
- **잔류물 및 연소 패턴 조사**: 바닥, 벽, 천장의 탄화 흔적을 분석하여 화재 확산 경로 역추적

2. 연소 패턴 분석(Burn Pattern Analysis)

연소 패턴 분석은 **화염의 확산 경로를 연구하여 화재 진행 방향과 원인을 추론하는 기법**이다.

표 3.12 주요 연소 패턴 유형 및 분석 방법

연소 패턴 유형	설명	감식 활용
V자 패턴 (V-Pattern)	발화 지점에서 위로 연기가 확산하며 벽면에 V자 탄화 흔적을 남김	출발점 분석 및 화재 확산 방향 확인
U자 패턴 (U-Pattern)	연료가 많거나 고온 연소가 지속되면 벽면에 U자 형태 탄화 흔적 발생	고온 지속 화재 여부 판단
악어 피부 패턴 (Alligatoring Pattern)	표면이 악어 피부처럼 갈라진 형태의 탄화 패턴	화재 온도 및 연소 시간 추정
기류 영향 패턴 (Airflow Pattern)	창문이나 통풍구를 따라 연소가 집중된 흔적	환기 조건 및 화재 확산 특성 분석

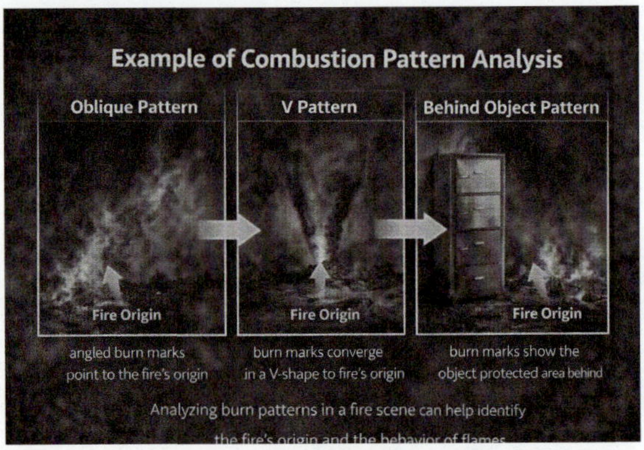

그림 3.14 연소 패턴 분석 사례

3. 열 변형 분석(Thermal Damage Analysis)

화재 시 고온에 노출된 재료는 변형을 일으키며, 이를 통해 **화재 온도와 지속 시간을 추정**할 수 있다.

1) 열 변형의 주요 유형

- 용융(Melting): 특정 금속이나 플라스틱이 용융된 온도를 분석하여 화재의 최고 온도 추정

- **뒤틀림(Warping)**: 철골 구조물이 뒤틀리거나 휘어진 형태로 변형되었을 때 높은 열에 장시간 노출된 것으로 판단
- **표면 균열(Cracking)**: 콘크리트 및 유리의 균열 형태를 분석하여 온도 변화 추정

표 3.13 주요 열 변형 유형 및 분석 온도

변형 유형	예상 온도 범위(℃)	특징
알루미늄 용융	660	알루미늄 창틀 및 구조물 용융 여부 분석
유리 균열	500~700	고온에 의해 유리 표면 균열 발생
철골 뒤틀림	800~1000	철골구조가 변형되며 화재 지속 시간 추정 가능

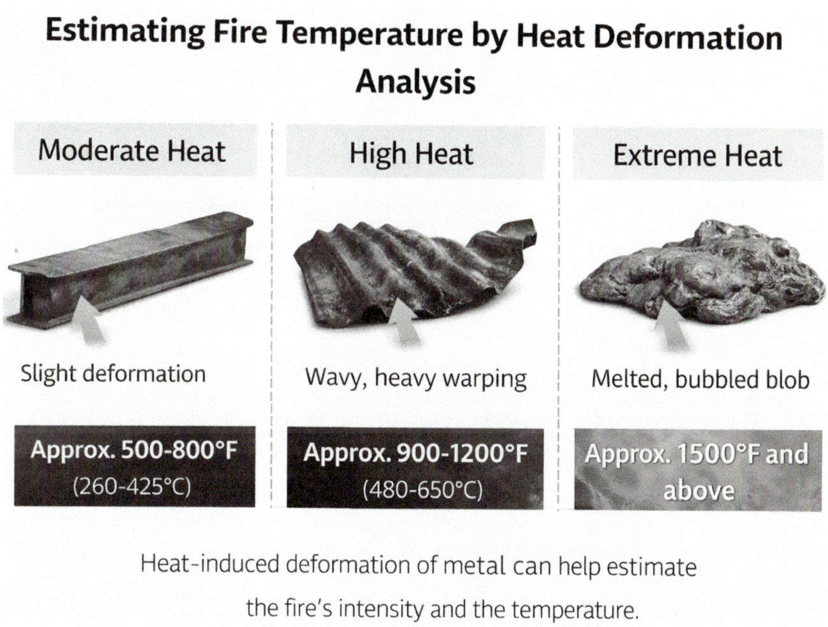

그림 3.15 열 변형 분석을 통한 화재 온도 추정 사례

4.2 폭발 감식 기법

폭발 감식은 폭발 원인과 영향을 분석하여 사고의 배경을 파악하는 과정이다. **폭발 감식의 주요 목표는 폭발 메커니즘을 파악하고, 폭발물이 사용되었는지를 판단**하는 것이다.

1. 충격 흔적 분석(Blast Effects Analysis)

폭발 충격파는 주변 구조물과 물체에 영향을 미치며, **이 흔적을 분석하면 폭발의 중심점과 강도를 추정**할 수 있다.

1) 충격 흔적의 특징

- 폭발 중심점에서 방사형으로 파편이 퍼짐
- 고온 충격으로 인해 벽면이나 기둥이 뒤틀리거나 손상
- 충격파에 의해 유리가 미세한 균열을 형성

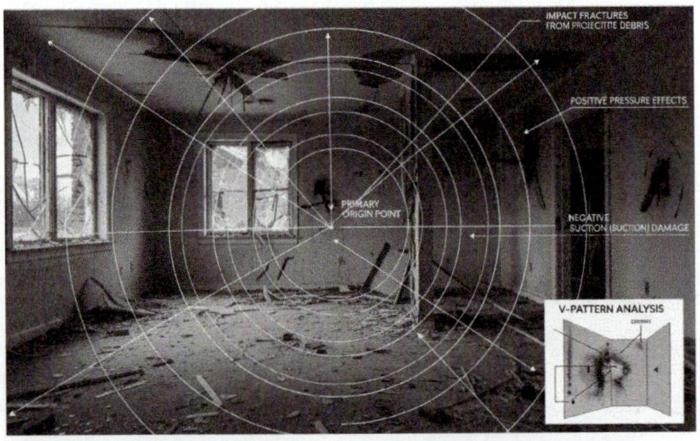

그림 3.16 폭발 충격 흔적 분석 사례

2. 잔류물 분석(Residue Analysis)

폭발 후 남은 화학적 잔류물을 분석하면 **폭발물의 종류와 성분을 파악**할 수 있다.

1) 잔류물 분석 절차

- **화학적 분석**: 폭발 후 남은 분진 및 연소 잔여물 분석
- **금속 및 플라스틱 파편 분석**: 특정 폭발물의 특징적 성분 파악
- **가스 크로마토그래피(GC-MS) 사용**: 폭발물의 화학적 성분을 정밀 분석

표 3.14 주요 폭발 잔류물 분석 방법

분석 방법	활용 목적	적용 사례
FTIR 분광분석	폭발물 성분 분석	화약, 유기 화합물 검출
XRF 분석	금속 성분 분석	폭발 기구 및 파편 조사
GC-MS 분석	휘발성 물질 검출	폭발 기체 및 증기 분석

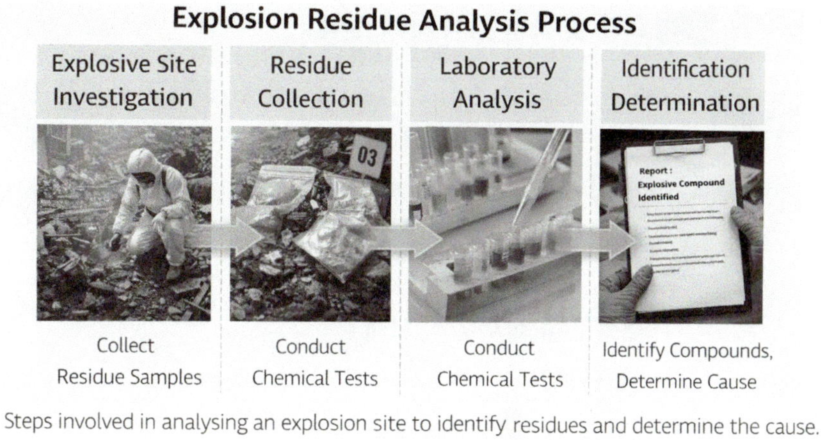

그림 3.17 폭발 잔류물 분석 과정

3. 현장 스케치 및 영상 기록(Scene Sketch & Video Documentation)

폭발 사고 현장을 체계적으로 기록하는 것은 **재구성을 위한 필수 과정**이다.

1) 스케치 기법

- 폭발의 중심점과 피해 범위를 도식화
- 물체의 이동 및 파편 분포 기록

2) 영상 기록의 중요성

- 법적 증거로 활용 가능
- 3D 스캐닝을 통해 사고 재구성에 활용

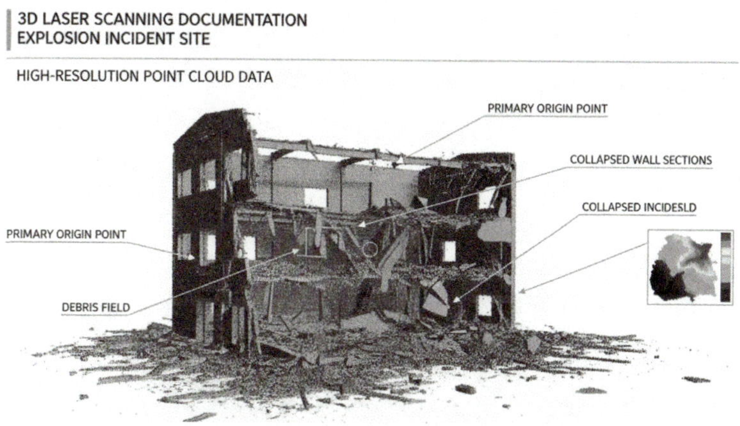

그림 3.18 폭발 사고 현장의 3D 스캐닝 기록 사례

4.3 화재 및 폭발 감식 사례 분석

화재 및 폭발 감식 기법을 적용한 실제 사고 사례를 분석함으로써 감식 기법의 실질적인 활용 방식을 이해할 수 있다. 본 절에서는 대표적인 화재 및 폭발 사고를 선정하여 분석하고, 감식 기법이 사고 원인 규명에 어떻게 적용되었는지 설명한다.

1. 대형 건물 화재 감식 사례

1) 사고 개요

- **발생 장소:** ○○ 백화점
- **발생 원인:** 전기 합선으로 인한 화재 발생
- **피해 규모:** 사망 21명, 부상 78명, 재산 피해 약 500억 원

2) 감식 기법 적용

(1) 출발점 분석

- CCTV 및 목격자 증언을 분석한 결과, 지하 1층 전기실에서 최초 연기가 관측됨
- 전기 배선에서 발화가 시작된 흔적이 발견됨

(2) 연소 패턴 분석

- V자 패턴이 전기실에서 시작되어 상층부로 확산함
- 건물 내부 공기 순환 시스템이 화염 확산을 가속한 것으로 분석됨

(3) 열 변형 분석

- 철골구조 일부가 900℃ 이상으로 가열되어 변형된 것으로 확인됨
- 플라스틱 및 유리 용융 흔적이 분석됨

3) 감식 결과 및 조치

- **최초 원인:** 전기설비 관리 부실
- **방화 가능성:** 없음
- **재발 방지 대책:** 건물 내 방화구획 강화, 화재 감지 센서 추가 설치

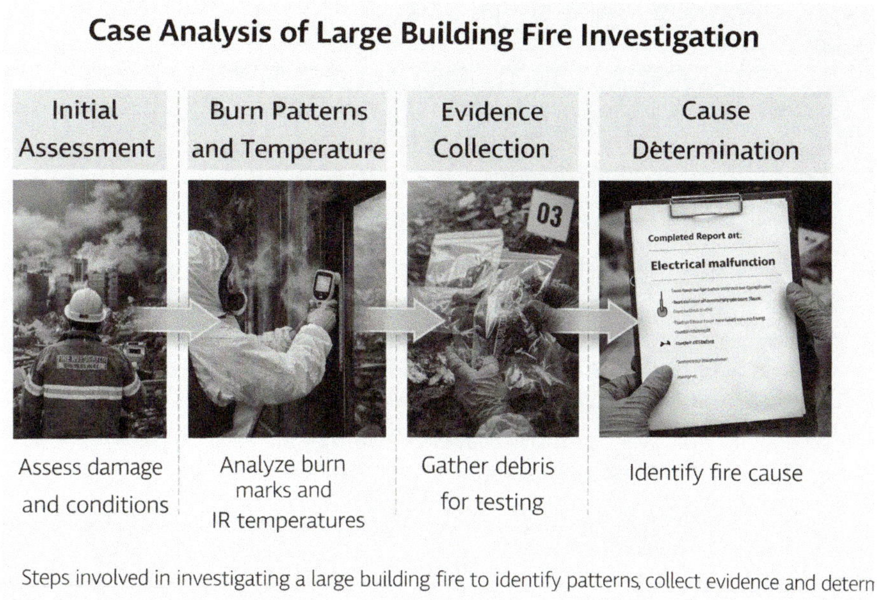

그림 3.19 대형 건물 화재 감식 사례 분석

2. 산업시설 폭발 사고 감식 사례

1) 사고 개요

- 발생 장소: ○○ 화학공장
- 발생 원인: 공정 중 가연성 가스 유출 후 폭발
- 피해 규모: 사망 15명, 부상 40명, 공장 일부 붕괴

2) 감식 기법 적용

(1) 충격 흔적 분석

- 폭발 중심부에서 방사형 파편 분포 확인
- 건물 외벽이 밖으로 밀려난 형태로 손상됨 → 내부 폭발 가능성 시사

(2) 잔류물 분석

- GC-MS 분석 결과, 폭발 후 잔류물에서 프로페인과 뷰테인 계열 화합물 검출
- XRF 분석을 통해 탱크 내부의 철제 용기 파손 확인

(3) 현장 스케치 및 영상 기록

- 드론 촬영 및 3D 스캐닝을 통해 폭발 피해 범위 도식화
- 화재 확산과 폭발 진행 과정을 시뮬레이션하여 사고 원인 재구성

3) 감식 결과 및 조치

- **최초 원인:** 가스 밸브 누출 및 정전기로 인한 점화
- **방화 가능성:** 없음 (산업 사고로 확인)
- **재발 방지 대책:** 가스 감지 센서 설치 및 방폭 설비 강화

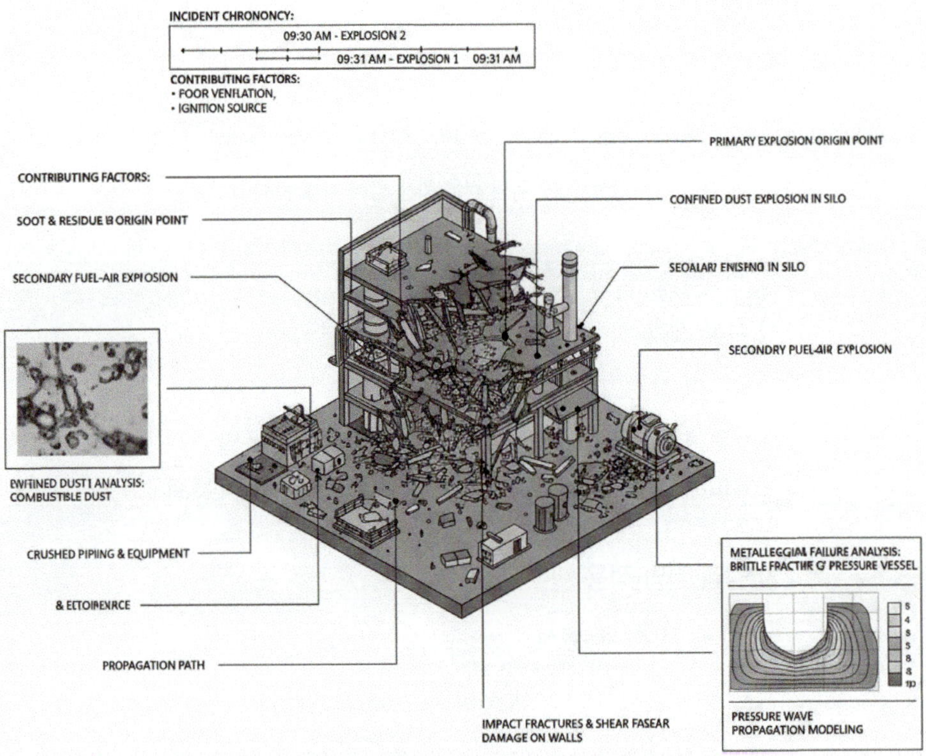

그림 3.20 산업시설 폭발 사고 감식 사례 분석

4.4 화재 및 폭발 감식의 최신 기술 동향

최근 화재 및 폭발 감식 분야에서는 첨단 기술이 접목된 감식 기법이 도입되고 있으며, AI 및 IoT 기술의 활용이 증가하고 있다.

1. 인공지능(AI) 기반 감식 기법

- 딥러닝을 활용하여 화재 발생 패턴을 자동 분석
- CCTV 영상 속 화재 확산 경로를 AI 알고리즘으로 예측
- 대규모 데이터 분석을 통한 화재 원인 자동 분류

2. 3D 스캐닝 및 증강현실(AR) 감식 기법

- 3D 스캐너를 활용하여 사고 현장을 정밀하게 기록
- 증강현실(AR) 기술을 적용하여 감식 분석 결과를 시각화
- 현장 분석 데이터를 실시간으로 공유하여 감식 효율성 향상

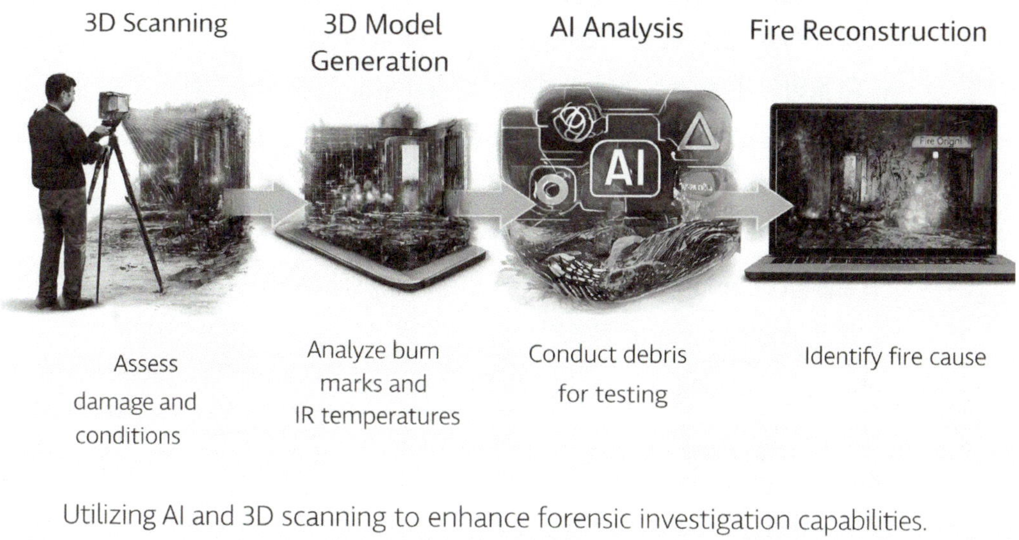

그림 3.21 AI 및 3D 스캐닝을 활용한 감식 기술 개념도

핵심 개념 요약 및 키워드 정리

- **화재 감식(Fire Investigation)**: 화재의 원인과 확산 경로를 분석하여 사고의 근본 원인을 규명하는 과정
- **출발점 분석(Point of Origin Analysis)**: 화재의 최초 발화 지점을 특정하는 기법으로, 탄화 흔적과 연소 패턴을 분석하여 진행
- **연소 패턴 분석(Burn Pattern Analysis)**: 화염의 확산 경로를 연구하여 화재 진행 방향과 원인을 파악하는 기법
  - **V자 패턴**: 발화 지점에서 위로 연기가 확산하며 벽면에 V자 탄화 흔적 형성
  - **U자 패턴**: 고온 연소가 지속되며 벽면 하단에서 U자 형태 탄화 흔적 형성
  - **악어 피부 패턴**: 높은 온도에서 가연물이 타면서 갈라진 표면 형성
  - **기류 영향 패턴**: 창문이나 환기구 주변에서 연소 흔적이 집중적으로 형성
- **열 변형 분석(Thermal Damage Analysis)**: 화재로 인해 변형된 재료의 상태를 분석하여 화재 온도와 지속 시간을 추정하는 기법
  - **용융(Melting)**: 특정 금속이 녹는 온도를 분석하여 최고 온도 예측
  - **뒤틀림(Warping)**: 철골 구조물이 변형된 정도를 분석하여 고온 노출 시간 추정
  - **표면 균열(Cracking)**: 콘크리트와 유리의 균열을 통해 온도 변화 파악
- **폭발 감식(Explosion Investigation)**: 폭발 사고의 원인과 충격파 영향을 분석하는 과정
- **충격 흔적 분석(Blast Effects Analysis)**: 폭발의 중심점과 강도를 분석하는 기법으로, 파편 분포와 구조물 손상을 조사하여 폭발 유형을 특정
- **잔류물 분석(Residue Analysis)**: 폭발 후 남은 화학적 잔류물을 분석하여 폭발물의 성분을 확인하는 기법
- **법적 감식(Forensic Investigation)**: 감식 결과를 법적 증거로 활용하여 사고의 원인을 밝히고, 고의성 여부를 판단하는 과정
- **3D 스캐닝 및 영상 기록(3D Scanning & Video Documentation)**: 3D 스캐닝, 드론 촬영, 디지털 재구성을 활용하여 사고 현장을 기록하고 분석하는 방법
- **AI 기반 감식 기법(AI-Based Fire and Explosion Investigation)**: AI 기술을 활용하여 화재 및 폭발 데이터를 분석하고, 발화 지점과 확산 경로를 자동 예측하는 기법

연습문제

객관식 문제 (총 10문항)

01 화재 감식에서 출발점(Point of Origin) 분석의 주요 목적은 무엇인가?

① 화재의 진행 속도를 파악하기 위해
② 화재가 발생한 최초 지점을 특정하기 위해
③ 화재 확산을 방지하기 위해
④ 건물 내 소화 설비의 배치를 결정하기 위해

02 다음 중 연소 패턴 분석에 대한 설명으로 올바른 것은?

① 화재의 확산 경로를 분석하여 최초 발화 지점을 특정할 수 있다.
② 폭발 충격파의 영향을 분석하여 폭발 중심을 찾는 기법이다.
③ 열 변형 분석을 통해 연소 과정에서 발생한 유해가스를 측정하는 과정이다.
④ 화재 발생 시 불꽃의 색깔을 분석하여 화재의 원인을 밝히는 방법이다.

03 화재 현장에서 V자 패턴이 발견되면 이는 무엇을 의미하는가?

① 벽면에 형성된 화염 확산 흔적으로, 발화 지점이 패턴의 하단에 위치함을 시사한다.
② 건물 내 공기 흐름이 특정 방향으로 이동하면서 생긴 환기 영향 패턴이다.
③ 낮은 온도에서 연소한 목재 표면에 나타나는 특징적인 패턴이다.
④ 화재가 급격히 확산한 경우에만 나타나는 패턴이다.

04 다음 중 화재 현장에서 열 변형 분석을 통해 파악할 수 있는 정보가 아닌 것은?

① 화재 당시의 온도 범위
② 화재 지속 시간
③ 발화 지점에서 발생한 전기적 스파크의 개수
④ 특정 구조물의 열에 의한 변형 정도

05 폭발 감식에서 충격 흔적 분석(Blast Effects Analysis)의 주요 목적은 무엇인가?

① 폭발이 발생한 중심점을 찾고 충격파의 영향을 분석하기 위해
② 화재가 발생한 최초 지점을 특정하기 위해
③ 잔류 가스의 화학적 성분을 분석하여 폭발물의 종류를 파악하기 위해
④ 폭발 후 발생한 연기의 성분을 분석하기 위해

06 잔류물 분석(Residue Analysis)을 통해 파악할 수 있는 정보는?

① 폭발로 인해 발생한 충격파의 이동 방향
② 폭발 당시의 온도 및 화염의 색깔
③ 폭발 후 남은 화학 물질의 성분 및 폭발물의 종류
④ 구조물의 붕괴 과정 및 충격파의 세기

07 방폭 설비가 가장 중요한 이유는 무엇인가?

① 산업 시설 내 에너지 소비를 줄이기 위해
② 폭발 위험 지역에서 폭발을 방지하고 안전성을 높이기 위해
③ 폭발 후 화재 확산 속도를 줄이기 위해
④ 고온 환경에서의 작업 효율을 향상시키기 위해

08 산업 현장에서 폭발 위험을 줄이기 위한 주요 방법이 아닌 것은?

① 적절한 환기 시스템을 설치하여 가연성 가스 농도를 낮춘다.
② 정전기 발생을 줄이기 위해 접지 장치를 설치한다.
③ 고온의 환경에서 공기 중 산소 농도를 인위적으로 높인다.
④ 위험물 보관 시 방폭 인증된 용기를 사용한다.

09 다음 중 폭발 사고 조사 시 3D 스캐닝 기술을 활용하는 주요 이유는?

① 사고 현장을 정밀하게 기록하고, 이후 분석을 위해 디지털화하기 위해
② 화재 확산 속도를 실시간으로 측정하기 위해
③ 사고 현장의 화염 온도를 측정하여 화재 원인을 특정하기 위해
④ 소방관의 화재 진압 경로를 계획하는 데 활용하기 위해

10 다음 중 인공지능(AI)을 활용한 화재 감식 기술의 주요 기능이 아닌 것은?

① 화재 발생 원인을 자동 분석하여 감식 결과를 예측
② CCTV 및 영상 데이터를 활용하여 발화 지점을 자동으로 식별
③ AI를 통해 소방관의 출동 시간을 단축하기 위한 교통 정보를 제공
④ 대규모 데이터 학습을 통해 연소 패턴 및 폭발 현상을 분석

주관식 문제 (총 5문항)

01 출발점 분석(Point of Origin Analysis)에서 가장 중요한 요소 3가지를 설명하시오.

02 연소 패턴 분석(Burn Pattern Analysis)이 화재 감식에서 중요한 이유를 설명하시오.

03 열 변형 분석(Thermal Damage Analysis)을 통해 얻을 수 있는 주요 정보를 서술하시오.

04 폭발 감식에서 잔류물 분석(Residue Analysis)이 필요한 이유와 분석 방법을 설명하시오.

05 3D 스캐닝 및 AI 기반 감식 기법이 전통적인 화재 및 폭발 감식과 비교하여 가지는 장점을 기술하시오.

객관식 문제 정답 및 해설

01 정답: ②

해설 화재가 발생한 최초 지점을 특정하기 위해 → 출발점 분석은 최초 발화 지점을 찾기 위한 기법으로, 화재 감식의 중요한 절차 중 하나이다.

02 정답: ①

해설 화재의 확산 경로를 분석하여 최초 발화 지점을 특정할 수 있다. → 연소 패턴 분석은 화염의 진행 방향과 확산 특성을 분석하는 방법이다.

03 정답: ①

해설 벽면에 형성된 화염 확산 흔적으로, 발화 지점이 패턴의 하단에 위치함을 시사한다. → V자 패턴은 화재 감식에서 가장 일반적으로 발견되는 패턴 중 하나이다.

04 정답: ③

해설 발화 지점에서 발생한 전기적 스파크의 개수 → 열 변형 분석은 화재 온도와 지속 시간 등을 추정하는 데 사용된다.

05 정답: ①

해설 폭발이 발생한 중심점을 찾고 충격파의 영향을 분석하기 위해 → 충격 흔적 분석을 통해 폭발의 위치와 강도를 분석할 수 있다.

06 정답: ③

해설 폭발 후 남은 화학 물질의 성분 및 폭발물의 종류 → 잔류물 분석은 폭발물의 화학적 성분을 분석하여 원인을 규명하는 과정이다.

07 정답: ②

해설 폭발 위험 지역에서 폭발을 방지하고 안전성을 높이기 위해 → 방폭 설비는 폭발이 발생하지 않도록 설계된 보호 시스템이다.

08 정답: ③

해설 고온의 환경에서 공기 중 산소 농도를 인위적으로 높인다. → 산소 농도를 증가시키면 폭발 가능성이 높아질 수 있다.

09 정답: ①

해설 사고 현장을 정밀하게 기록하고, 이후 분석을 위해 디지털화하기 위해 → 3D 스캐닝은 감식의 정확성을 높이는 데 중요한 역할을 한다.

10 정답: ③

해설 AI를 통해 소방관의 출동 시간을 단축하기 위한 교통 정보를 제공 → AI 감식 기술은 화재 및 폭발 감식 데이터 분석을 자동화하는 데 집중된다.

주관식 문제 정답 및 해설

01 출발점 분석(Point of Origin Analysis)에서 가장 중요한 요소 3가지를 설명하시오.

- 출발점 분석의 가장 중요한 요소는 열 손상의 정도, 탄화 깊이, 연소 패턴이다.
- 열 손상의 정도: 가장 높은 온도에 노출된 지점은 일반적으로 화재의 출발점일 가능성이 크다.
- 탄화 깊이: 동일한 재질의 가연물이라면 가장 깊이 탄화된 부분이 최초 발화 지점일 가능성이 높다.
- 연소 패턴: V자 패턴과 같은 특정 패턴을 분석하여 불꽃의 진행 방향과 최초 연소 지점을 파악할 수 있다.

02 연소 패턴 분석(Burn Pattern Analysis)이 화재 감식에서 중요한 이유를 설명하시오.

- 연소 패턴 분석은 화재의 확산 경로와 발화 지점을 특정하는 데 중요한 역할을 한다.
- V자 패턴: 벽면에서 발견되며, 화재의 최초 발화 지점이 패턴의 하단부에 위치함을 나타낸다.
- 기류 영향 패턴: 창문이나 환기구 주변에서 발견되며, 공기 흐름이 화재 확산에 미친 영향을 분석할 수 있다.
- 연소 패턴을 종합적으로 분석하면 화재의 최초 발화 원인(전기적, 기계적, 화학적 원인 등)을 추정하는 데 도움이 된다.

03 열 변형 분석(Thermal Damage Analysis)을 통해 얻을 수 있는 주요 정보를 서술하시오.

- 열 변형 분석은 화재 시 발생한 최고 온도, 지속 시간, 구조물의 열 손상 정도 등을 평가하는 과정이다.
- 금속의 용융: 특정 금속이 녹는 온도를 통해 화재의 최고 온도를 추정할 수 있다. (예: 알루미늄 660℃, 강철 1,370℃)
- 구조물의 변형: 철골 구조물이 휘어진 정도를 분석하여 얼마나 높은 온도에 노출되었는지를 판단할 수 있다.
- 콘크리트 및 유리 균열: 급격한 온도 변화로 인해 발생하는 균열을 분석하여 화재의 지속 시간을 유추할 수 있다.

04 폭발 감식에서 잔류물 분석(Residue Analysis)이 필요한 이유와 분석 방법을 설명하시오.

- 잔류물 분석은 폭발 후 남은 화학적 잔여물을 분석하여 폭발물의 종류와 성분을 파악하는 과정이다.
- 화학적 분석: 폭발 후 남은 가스와 분진을 분석하여 폭발 원인을 특정할 수 있다. (예: 질산암모늄이 검출되면 산업용 폭발 가능성이 있음)
- GC-MS 분석: 가스 크로마토그래피-질량 분석법을 이용하여 폭발물의 화학적 조성을 정밀 분석할 수 있다.
- XRF 분석: X선 형광 분석을 이용하여 금속 성분을 파악하고, 폭발의 특성을 분석할 수 있다.

05 3D 스캐닝 및 AI 기반 감식 기법이 전통적인 화재 및 폭발 감식과 비교하여 가지는 장점을 기술하시오.

- 3D 스캐닝 기술: 사고 현장을 3D 모델로 기록하여 정확한 공간 정보를 확보하고 증거 보존을 강화할 수 있다.
- AI 기반 감식 기술: 대규모 데이터를 분석하여 연소 패턴을 자동 식별하고, 폭발 지점을 예측하는 데 활용할 수 있다.
- 기존 감식과의 차이점: 기존의 감식 기법은 전문가의 경험과 물리적 분석에 의존하는 반면, 3D 스캐닝과 AI는 데이터 기반 분석을 통해 감식의 객관성을 높이고 분석 속도를 단축할 수 있다.

관련 법규 요약

1. 「소방의 화재조사에 관한 법률」

• 제5조(화재조사의 실시)

소방청장, 소방본부장 또는 소방서장은 화재발생 사실을 알게 된 때에는 지체 없이 화재조사를 하여야 한다. 이 경우 수사기관의 범죄수사에 지장을 주어서는 아니됨

소방관서장은 화재조사를 하는 경우 다음 각 호의 사항에 대하여 조사

- 화재원인에 관한 사항
- 화재로 인한 인명·재산피해상황
- 대응활동에 관한 사항
- 소방시설 등의 설치·관리 및 작동 여부에 관한 사항
- 화재발생건축물과 구조물, 화재유형별 화재위험성 등에 관한 사항
- 그 밖에 대통령령으로 정하는 사항

화재조사의 대상 및 절차 등에 필요한 사항은 대통령령으로 정함

2. 「산업안전보건법」

• 제37조(폭발 위험 장소의 관리)

사업장은 폭발 위험이 있는 장소에 대해 적절한 환기 장치를 설치하고 방폭 설비를 갖추어야 하며, 방폭 인증 장비를 사용해야 함

• 제38조(화재 및 폭발 예방 조치)

산업 현장에서의 화재 및 폭발 방지를 위해 정기적인 안전 점검과 예방 조치를 해야 하며, 가연성 물질과 산화제를 안전하게 보관해야 함

3. 「위험물안전관리법」

• 제4조(위험물의 저장 및 취급 기준)

인화성 또는 폭발성이 높은 위험물은 안전 기준에 따라 적절한 저장소에 보관해야 하며, 폭발 가능성이 있는 환경에서는 방폭 조치를 의무적으로 시행해야 함

- 제17조(화재 발생 시의 조치)
  위험물을 저장·취급하는 시설에서 화재가 발생할 경우, 관리자 또는 종사자는 즉시 소방 당국에 신고하고, 시설의 특성에 맞는 초기 대응 조치를 시행해야 함

4. 「건축법」

- 제49조(건축물의 방화구획)
  건축물의 화재 확산을 방지하기 위해 방화벽, 방화문 등을 설치해야 하며, 특정 위험 시설은 화재 감식 결과를 반영하여 추가적인 안전 조치를 적용해야 함
- 제50조(폭발 사고 예방 설계)
  산업용 건축물이나 위험물 저장 시설은 폭발 시 피해를 최소화할 수 있도록 구조적 설계를 반영해야 하며, 필요시 방폭 구조를 적용해야 함

5. 「전기사업법」

- 제30조(전기설비의 안전 기준)
  전기 합선으로 인한 화재 위험을 줄이기 위해 전기설비는 법적 기준에 맞게 설치되어야 하며, 정기적인 안전 검사를 해야 함
- 제31조(방폭 전기설비 기준)
  전기설비가 폭발 위험이 있는 환경에 설치될 경우, 방폭 인증을 받은 제품을 사용하고, 정기적인 유지보수를 실시해야 함

사고 사례 데이터베이스

표 3.15 주요 화재 및 폭발 사고 데이터베이스

사고 명	발생 연도	사고 개요	피해 규모	사고 원인	재발 방지 대책
텍사스 BP 정유공장 폭발 사고	2005년 (미국)	정유공장의 증류탑 가동 중 과압 발생 후 폭발	사망 15명, 부상 180명, 5억 달러 재산 피해	과압 방지 밸브 고장 및 안전 점검 미흡	과압 방지 시스템 개선, 긴급 차단 밸브 추가 설치
톈진 항구 화학 물질 폭발 사고	2015년 (중국)	위험물 창고에서 화학 물질 반응으로 대규모 폭발 발생	사망 173명, 부상 797명, 광범위한 시설 피해	폭발성 물질 부적절 보관 및 안전 관리 소홀	위험물 저장 규정 강화, 관리 감독 강화
브하일 정유공장 화재 사고	2021년 (인도)	정유공장 내 가연성 증기 유출 후 점화되어 대형 화재 발생	사망 9명, 부상 50명 이상	유해가스 감지기 미작동 및 안전 프로토콜 미준수	유해가스 감지 시스템 강화, 직원 교육 및 비상 대응 절차 개선
도이츠란트 화학공장 폭발 사고	2021년 (독일)	화학공장의 저장탱크에서 폭발 발생	사망 7명, 부상 31명	탱크 내 가연성 화합물 농도 증가 및 점화원 존재	가연성 가스 감지기 추가 설치, 정기적인 안전 점검 강화
페르난두 폭발 사고	2019년 (브라질)	공업 단지 내 화학 공장에서 폭발 및 대형 화재 발생	사망 11명, 부상 38명, 다수의 공장 파괴	보관 중인 유기용제의 과열로 인한 폭발	온도 감지 시스템 개선, 화학 물질 저장 및 환기 관리 강화

참고문헌

1. 서적 및 논문
- Babrauskas, V. (2016). Fire Science and Fire Investigation. Fire Science Publishers
- Drysdale, D. (2020). An Introduction to Fire Dynamics (4th ed.). Wiley
- Lees, F. P. (2012). Lees' Loss Prevention in the Process Industries: Hazard Identification, Assessment and Control (4th ed.). Elsevier

2. 법규 및 보고서
- 소방청. (2022). 화재조사 매뉴얼 4.0
- 산업안전보건연구원. (2021). 산업 폭발사고 분석 및 예방 대책 연구
- 한국소방안전원. (2023). 산업시설 화재 예방 가이드라인

3. 온라인 자료
- 한국소방안전원. (2023). "화재 감식 및 분석 기준". Retrieved from www.kfsi.or.kr
- 미국화재방재협회 (NFPA). (2023). "NFPA 921: Guide for Fire and Explosion Investigations". Retrieved from www.nfpa.org

추가 참고 자료

1. 소방 및 방화방폭 기술 보고서
- 한국산업안전보건공단. (2022). 산업시설 방폭설비 적용 가이드
- 미국화재조사협회 (IAAI). (2021). Fire and Explosion Investigations: Best Practices

2. 국제 가이드라인 및 기술 문서
- IEC 60079 (2022). Explosive Atmospheres – Electrical Equipment Classification
- ATEX Directive 2014/34/EU (2023). Equipment for Use in Potentially Explosive Atmospheres

3. 온라인 강의 및 오픈 리소스
- NFPA 온라인 강좌: www.nfpa.org/training
- 국제화재조사협회 (IAFI) 온라인 리소스: www.iafi.org

CHAPTER

04 화재 및 폭발의 물리적 특성

학습목표

- 연료의 주요 물리·화학적 특성과 연소 생성물의 특성을 이해한다.
- 화염의 전파 메커니즘과 열 방출 특성을 설명할 수 있다.
- 폭발압력과 충격파의 특성을 분석하고 예측하는 방법을 습득한다.
- 화재 및 폭발을 설명하는 다양한 모델을 개요 수준에서 이해한다.

1 연료 및 연소 생성물의 특성

연료는 연소 과정에서 에너지를 방출하는 물질로, 그 상태에 따라 **기체, 액체, 고체 연료**로 분류된다. 연료의 특성과 연소 방식은 그 물리적 상태에 따라 달라지며, 각각의 연료는 연소 과정에서 다른 열적 및 화학적 반응을 보인다.

1.1 연료의 물리·화학적 특성

연료는 연소 과정에서 에너지를 방출하는 물질로, 그 상태에 따라 **기체 연료, 액체 연료, 고체 연료**로 분류된다. 연료의 종류에 따라 연소 방식과 물리·화학적 특성이 다르며, 이에 따라 화재 위험성도 달라진다. 연료의 상태별 특성과 열역학적, 화학적 특성을 이해하는 것은 **화재 및 폭발 위험을 평가하고 방지 대책을 마련하는 데 필수적**이다.

1. 연료의 상태별 특성

1) 기체 연료

기체 연료는 **분자 간 인력이 약하고 자유로운 상태로 존재하며, 공기 중에 빠르게 확산하는 특성**을 가진다. 주요 기체 연료로는 **메테인**(CH_4), **에테인**(C_2H_6), **프로페인**(C_3H_8), **뷰테인**(C_4H_{10}), **수소**(H_2) 등이 있다.

(1) 연소 특성

- 기체 연료는 **공기와 쉽게 혼합되어 연소 속도가 빠르며, 연소 과정에서 균일한 화염을 형성**한다.
- **확산 연소**(diffusion combustion) 또는 **예혼합 연소**(premixed combustion) 방식으로 연소가 진행된다.
- 연소 시 연소 생성물로 CO_2, H_2O를 주로 배출하며, 불완전 연소 시 CO 및 탄화수소류가 생성될 수 있다.

(2) 저장 및 취급 특성

- **압축가스 형태(고압 용기)** 또는 **액화가스(LPG) 형태로 저장**되며, 저장 및 운송 시 누출을 방지하기 위한 엄격한 관리가 필요하다.
- 기체 연료는 **폭발 하한계**(LFL)와 **상한계**(UFL)가 상대적으로 넓어, 작은 점화원으로도 폭발할 위험이 크다.

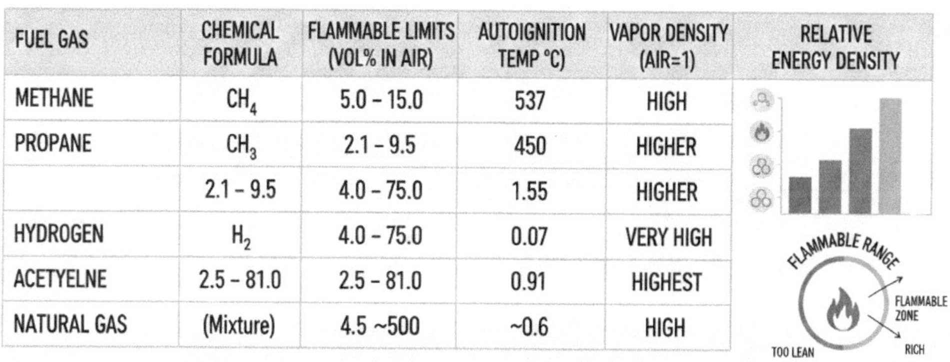

FUEL GAS	CHEMICAL FORMULA	FLAMMABLE LIMITS (VOL% IN AIR)	AUTOIGNITION TEMP °C)	VAPOR DENSITY (AIR=1)
METHANE	CH_4	5.0 - 15.0	537	HIGH
PROPANE	CH_3	2.1 - 9.5	450	HIGHER
	2.1 - 9.5	4.0 - 75.0	1.55	HIGHER
HYDROGEN	H_2	4.0 - 75.0	0.07	VERY HIGH
ACETYELNE	2.5 - 81.0	2.5 - 81.0	0.91	HIGHEST
NATURAL GAS	(Mixture)	4.5 ~500	~0.6	HIGH

그림 4.1 주요 기체 연료의 연소 특성 비교

표 4.1 주요 기체 연료의 연소 특성

연료 종류	발열량 (MJ/kg)	인화점 (°C)	발화점 (°C)	폭발 하한계 (LFL, %)	폭발 상한계 (UFL, %)
메테인(CH_4)	55.5	-188	540	5.0	15.0
에테인 (C_2H_6)	51.9	-135	515	3.0	12.4
프로페인(C_3H_8)	50.4	-104	470	2.1	9.5
뷰테인 (C_4H_{10})	49.5	-60	405	1.8	8.4
수소 (H_2)	120.0	-253	585	4.0	75.0

2) 액체 연료

액체 연료는 **비교적 높은 밀도를 가지며, 주로 증발하여 가연성 증기를 형성**한 후 연소가 진행된다. 대표적인 액체 연료로는 **휘발유, 등유, 경유, 알코올류(메테인올, 에테인올)** 등이 있다.

(1) 연소 특성

- 액체 연료 자체는 연소하지 않으며, **액체 표면에서 휘발된 증기가 산소와 혼합된 상태에서 연소**가 일어난다.
- 온도가 증가하면 증기압이 상승하여 연료 증기 농도가 증가하고, 화재 위험이 커진다.

(2) 저장 및 취급 특성

- 액체 연료는 **밀폐된 용기 또는 지하 탱크에 저장되며, 누출 시 즉시 증발하여 폭발성 혼합기를 형성**할 수 있다.
- **정전기 축적** 때문에 점화될 가능성이 있으므로 이송 과정에서 접지(earthing) 및 접합(bonding) 조치가 필요하다.
- 인화점이 낮은 연료(예: 휘발유)는 실온에서도 증기가 형성될 수 있어 특별한 안전 대책이 필요하다.

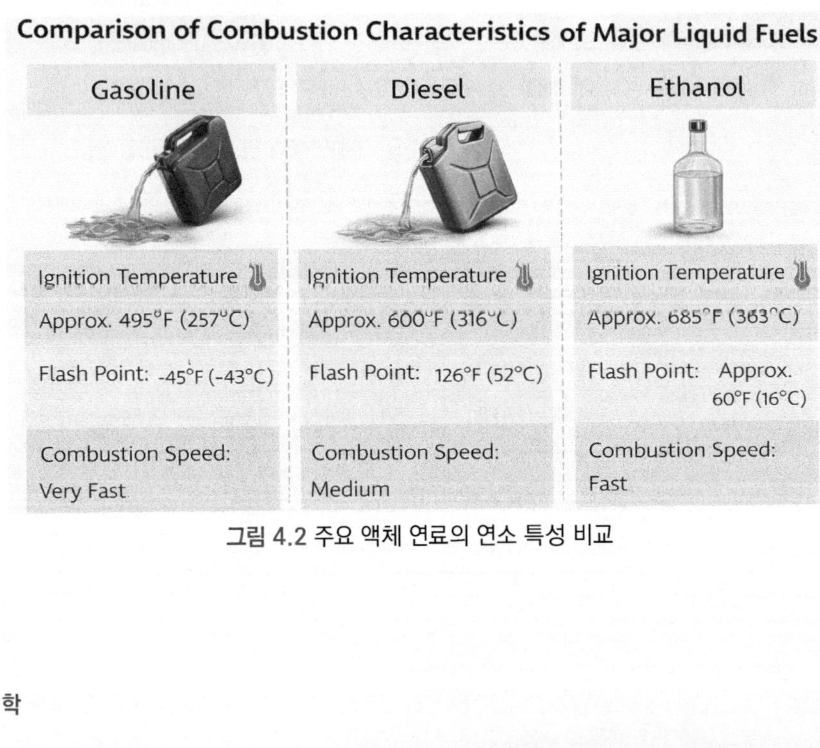

그림 4.2 주요 액체 연료의 연소 특성 비교

표 4.2 주요 액체 연료의 인화점, 발화점 및 증기압 비교

연료 종류	인화점 (°C)	발화점 (°C)	증기압 (kPa, 25°C)
휘발유	-43	280	60 - 90
등유	38	295	0.7
경유	52	256	0.4
메테인올	12	385	13.0
에테인올	13	365	5.95

3) 고체 연료

고체 연료는 **고체 상태로 존재하며, 연소 과정에서 가연성 가스를 방출한 후 점화**가 진행된다. 대표적인 고체 연료로는 **목재, 석탄, 플라스틱, 종이, 고형 폐기물(SRF, RDF)** 등이 있다.

(1) 연소 특성

- **열분해(Pyrolysis) 과정을** 거쳐 가연성 가스를 방출한 후 연소가 진행된다.
- 연소 속도가 상대적으로 느리며, **연소 후 재(Ash)가** 남는다.
- 일부 고체 연료는 **불완전 연소 시 유독가스 및 미세먼지가 발생할** 가능성이 크다.

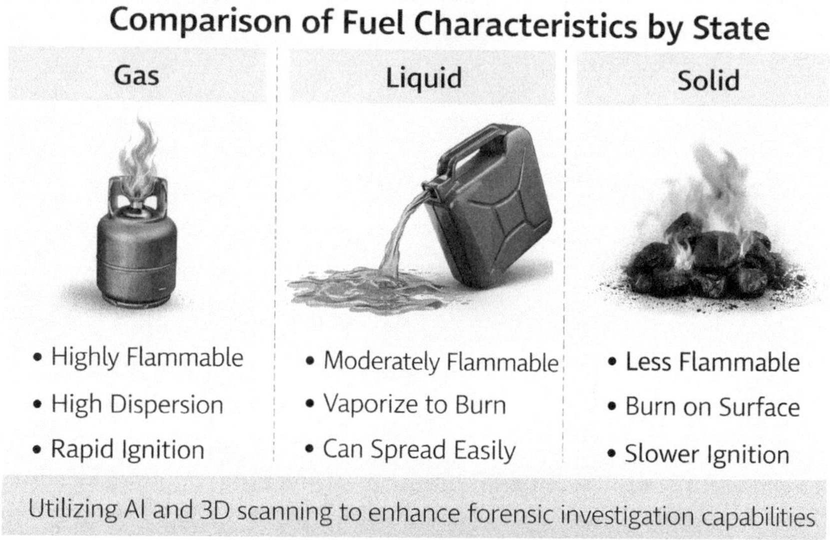

그림 4.3 연료의 상태별 특성 비교

(2) 저장 및 취급 특성

- 고체 연료는 **자연 발화 가능성**이 있으며, 특히 석탄이나 건조한 목재는 적절한 온도 및 습도 조절이 필요하다.
- 가연성 먼지가 공기 중에 부유할 경우, **분진 폭발(Dust Explosion)의 위험**이 크다.

2. 연료의 열역학적 특성

1) 발열량 (Calorific Value)

- 연소 시 방출되는 총에너지양으로, 연료의 종류에 따라 큰 차이가 있다.
- 연료의 수분 및 불순물 함량에 따라 실제 사용 가능한 에너지가 달라진다.
- 고위 발열량(HHV): 수증기를 응축하여 방출되는 열 포함
- 저위 발열량(LHV): 수증기를 응축하지 않고 방출되는 열 포함

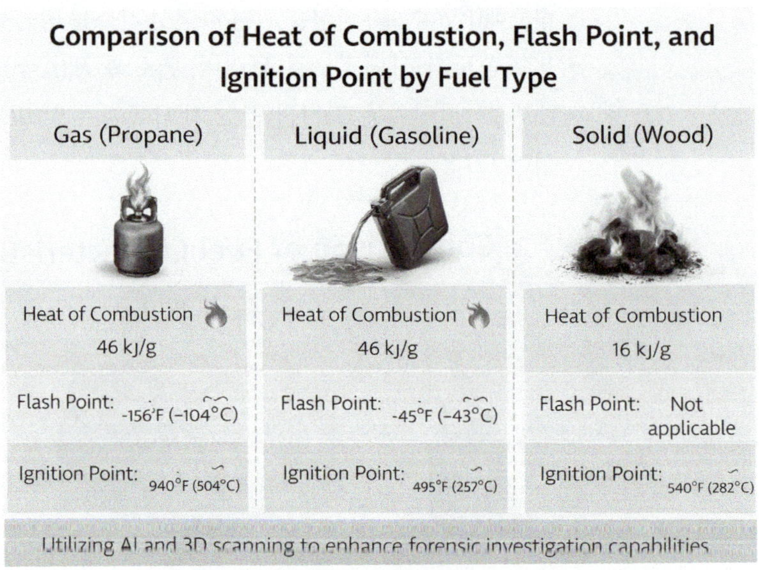

그림 4.4 연료별 발열량, 인화점 및 발화점 비교

2) 인화점(Flash Point) 및 발화점(Ignition Temperature)

- 인화점: 연료가 공기 중에서 가연성 증기를 방출하여 점화될 수 있는 최저 온도

- **발화점**: 외부 점화원 없이 스스로 발화하는 온도 (인화점보다 높음)
- 휘발성이 높은 연료일수록 인화점이 낮아 화재 위험성이 증가한다.

3) 증기 압력(Vapor Pressure)

- 연료의 휘발성을 결정하는 중요한 요소로, 온도 상승 시 급격히 증가할 수 있다.
- 증기압이 높은 연료는 저장 및 취급 시 적절한 환기와 밀폐가 필요하다.

3. 연료의 화학적 조성과 연소 반응

1) 연료의 화학적 조성

- 연료는 기본적으로 **탄소(C), 수소(H), 산소(O), 황(S), 질소(N)** 등으로 구성된다.
- 연소 과정에서 발생하는 연소 생성물과 발열량이 화학 조성에 따라 달라진다.

2) 연소 반응 과정

- **완전 연소**: $C_nH_m + O_2 \rightarrow CO_2 + H_2O +$ 열
- **불완전 연소**: $C_nH_m + O_2$ (부족) $\rightarrow CO +$ 탄화수소류 $+ H_2$
- 불완전 연소가 발생하면 CO, 미연소 탄화수소, 알데하이드 등이 생성되어 화재 및 건강 위험이 증가한다.

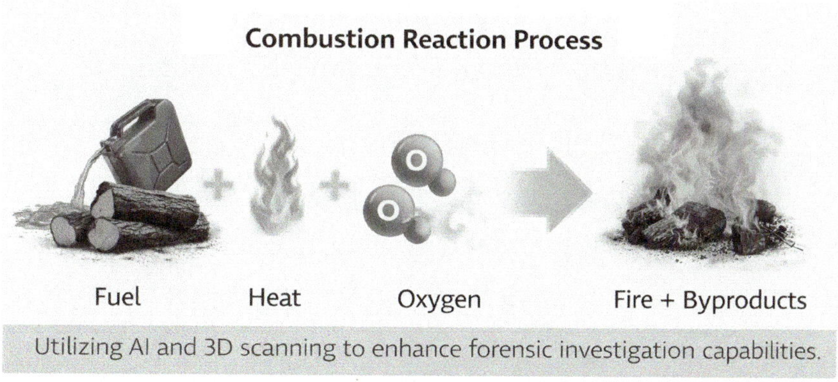

그림 4.5 연소 반응 과정의 개념도

1.2 연소 생성물의 특성과 위험성

연료가 연소하면 다양한 생성물이 발생하며, 이는 화재 및 폭발의 위험성을 증가시킬 수 있다. 연소 생성물은 크게 **기체 생성물, 입자상 생성물, 열적 방출물**로 구분되며, 이들은 인체 건강, 시야 확보, 화재 확산 등에 다양한 영향을 미친다. 연소 생성물이 어떤 성분으로 이루어졌는지, 어떠한 특성이 있는지를 이해하는 것은 화재 안전 및 방폭 대책 수립에 필수적이다.

1. 연소 생성물의 종류 및 특성

1) 기체 생성물과 위험성

연소 과정에서 발생하는 기체 생성물은 화재 환경에서 중요한 역할을 하며, 일부는 독성이 강해 인명 피해를 유발할 수 있다. 주요 기체 생성물에는 **일산화탄소(CO), 이산화탄소(CO_2), 질소산화물(NOx), 사이안화수소(HCN), 황화수소(H_2S)** 등이 포함된다.

(1) 일산화탄소(CO)

- **무색·무취의 독성 가스**로, 산소보다 헤모글로빈과 결합하는 능력이 200~250배 강해 혈액 내 산소 운반 능력을 저하한다.
- **연료가 불완전 연소할 때 생성**되며, 밀폐된 공간에서 높은 농도로 축적되면 질식 위험이 크다.
- CO 농도가 **100ppm 이상**이면 두통과 어지러움을 유발하고, **1,000 ppm 이상**이면 수 분 내에 사망에 이를 수 있다.

(2) 이산화탄소(CO_2)

- **연소 시 자연스럽게 발생하는 기체**로, 자체적으로는 유독하지 않으나 높은 농도에서는 질식을 유발한다.
- CO_2 농도가 **3% 이상**이면 호흡 속도가 증가하고, **10% 이상**이면 의식 불명 상태에 이를 수 있다.

(3) 질소산화물(NOx) 및 사이안화수소(HCN)

- 질소산화물(NOx): 고온 연소 과정에서 공기 중 질소(N_2)와 산소(O_2)

가 반응하여 생성됨. 호흡기 자극을 유발하고 장기간 노출 시 폐 질환을 유발할 수 있다.

- 사이안화수소(HCN): 합성수지, 플라스틱, 폴리우레탄 계열의 재료가 연소할 때 방출되며, 신경계 마비와 치명적인 독성을 갖는다.

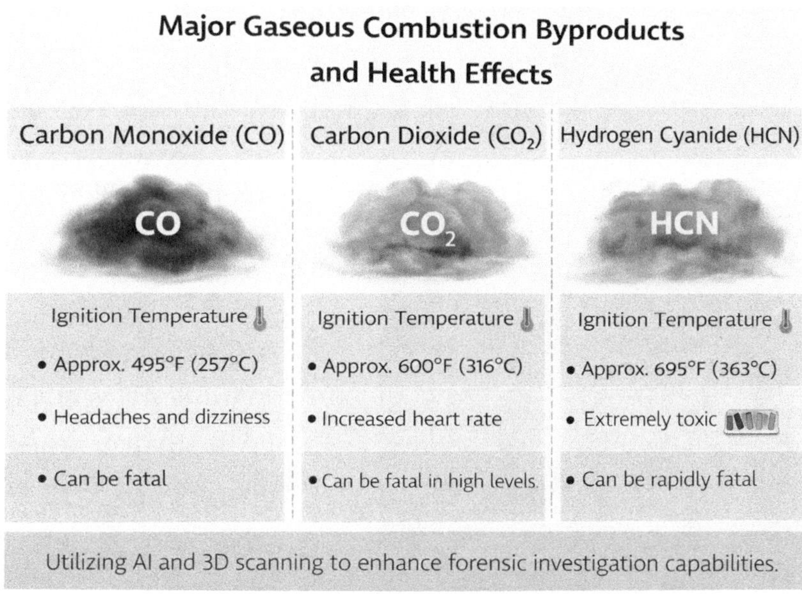

그림 4.6 주요 기체 연소 생성물과 건강 영향

표 4.3 연소 생성물의 독성 농도 및 노출 한계

연소 생성물	독성 영향	OSHA PEL (ppm)	IDLH (ppm)
일산화탄소 (CO)	혈액 내 산소 공급 방해, 질식 위험	50	1,200
이산화탄소 (CO_2)	고농도에서 질식 위험	5,000	40,000
질소산화물 (NOx)	호흡기 자극, 폐 손상 위험	25	100
사이안화수소 (HCN)	신경계 마비, 치명적 독성	10	50

2) 입자상 생성물과 화재 확산 영향

입자상 생성물은 연소 과정에서 발생하는 고체 또는 액체 미립자로, **연기(Smoke)**, **그을음(Soot)**, **에어로졸(Aerosol)** 등이 포함된다.

(1) 연기(Smoke)

- 연기는 연료가 불완전 연소하면서 발생하며, **화재 시 대피를 방해하는 주요 요인 중 하나**이다.
- **불완전 연소물이 포함된 미세한 입자로 구성**되어 있으며, 가시거리를 감소시켜 피난 시간을 단축한다.
- 건물 내에서 연기의 이동은 **온도 차이에 의한 부력(Buoyancy)과 기류 흐름에 의해 결정**되며, 화재 확산 속도에 큰 영향을 미친다.

그림 4.7 연기 이동 경로와 화재 확산 영향

(2) 그을음(Soot) 및 미립자(PM, Particulate Matter)

- **그을음**은 연료 내 탄소 성분이 완전 연소하지 못하고 미세한 입자로 배출된 것이다.
- **호흡기 질환과 심혈관계 질환을 유발**할 수 있으며, 건물 내 표면에 쌓여 이차적인 오염을 일으킨다.
- 미세먼지(PM 2.5 및 PM 10)는 연소 과정에서 발생하며, **장기간 노출 시 폐 손상을 초래**할 수 있다.

표 4.4 주요 연소 생성물의 입자 크기 및 건강 영향

입자 종류	입자 크기 (μm)	건강 영향
연기 (Smoke)	0.01 - 1.0	시야 차단, 호흡기 자극
그을음 (Soot)	0.1 - 0.3	호흡기 질환, 심혈관 질환 유발
미세먼지 (PM2.5)	≤ 2.5	폐 깊숙이 침투, 만성 호흡기 질환 위험
미세먼지 (PM10)	≤ 10	상부 호흡기 자극, 천식 유발 가능

2. 연소 생성물이 화재의 확산에 미치는 영향

1) 복사열과 화염 확산

연소 생성물 중 가장 큰 영향을 미치는 요소는 **복사열**이다.

(1) 복사열과 화염 전파

- **복사열**(Radiant Heat)은 연소 생성물 중 **가열된 기체와 입자에 의해 방출되는 에너지로**, 주변 가연물을 예열하여 화재 확산을 촉진한다.
- 복사열이 강하면 **불길 확산(Flashover)**이 발생하여서 한 공간 내 모든 가연물이 거의 동시에 발화하게 된다.

그림 4.8 복사열에 의한 화염 전파 과정

(2) 화재 확산 가속 요인

- 고온 연소 생성물(뜨거운 연기와 가스): 천장을 따라 이동하며 주변 온도를 급격히 상승시킴
- 연소 생성물의 농도 증가: 산소 농도가 낮아지고, 연료-공기 혼합 비율이 최적 상태에 도달하면 폭발적인 연소 가능성 증가

2) 가연성 가스 포함 시 2차 폭발 위험 증가

(1) 연소 생성물과 폭발성 혼합기 형성

- 일부 연소 생성물(예 CO, H_2, 탄화수소류)은 **공기와 혼합되면 폭발할 가능성**이 있음
- 공기 중 산소 농도와 혼합 비율에 따라 **연소 범위**(Flammability Range)가 달라지며, 일정 범위를 넘어서면 점화원이 없더라도 폭발 가능성이 높아진다.

(2) 플래시오버와 백드래프트

- 플래시오버(Flashover): 특정 온도 이상에서 방 안의 모든 가연물이 순간적으로 점화되는 현상
- 백드래프트(Backdraft): 산소가 부족한 상태에서 연소가 진행되다가, 외부에서 산소가 급격히 공급될 때 폭발적으로 연소가 일어나는 현상

그림 4.9 플래시오버와 백드래프트 개념도

표 4.5 주요 연료의 연소 생성물과 폭발 위험성 비교

연료 종류	주요 연소 생성물	폭발성 혼합기 형성 위험
메테인 (CH_4)	CO_2, H_2O, CO	높음
프로페인 (C_3H_8)	CO_2, H_2O, CO	높음
휘발유	CO_2, H_2O, NOx	매우 높음
석탄	CO_2, SO_2, 그을음	중간

1.3 연소 특성과 화재 위험성 분석

연소는 단순한 발화 현상이 아니라 다양한 물리·화학적 과정이 복합적으로 이루어지는 현상이며, 이 과정에서 연료의 성질과 환경 요인에 따라 연소 속도, 화염의 특성, 화재 확산 속도 등이 결정된다. 또한, 특정 조건에서 연소가 급격하게 진행되어 화재 위험성이 많이 증가할 수 있다. **연소 특성과 관련된 주요 요인을 분석하면 화재 위험성을 평가하고 적절한 방지 대책을 마련하는 데 도움**이 된다.

1. 연소 과정의 단계

연소 과정은 **점화 단계, 발화 단계, 확산 및 성장 단계, 완전 연소 및 소화 단계**의 네 가지 주요 단계로 구분할 수 있다.

1) 점화 단계 (Ignition Stage)

점화 단계에서는 연료가 점화원과 접촉하여 초기 발화가 발생한다.

(1) 점화원과 점화 조건

- 점화원(Ignition Source): 화재를 유발하는 에너지원으로, 불꽃, 고온 표면, 전기 스파크 등이 포함됨
- 최소 점화 에너지(MIE, Minimum Ignition Energy): 특정 연료-공기 혼합물이 점화되기 위한 최소 에너지를 의미함
- 발화 지연 시간: 연료가 열을 받아 점화될 때까지의 시간으로, 연료의 화학적 성질과 환경 조건에 따라

(2) 점화의 주요 요인

- 가연물의 존재: 점화가 가능한 연료가 충분한 농도로 존재해야 함
- 산소 공급: 일반적으로 공기 중 산소 농도가 15% 이상이면 연소가 지속될 수 있음
- 온도 조건: 연료의 발화점 이상이어야 연소 반응이 지속적으로 일어남

그림 4.10 점화원의 종류와 화재 발생 가능성

2) 발화 단계 (Flame Development Stage)

발화 단계에서는 연료와 공기의 혼합이 최적 조건에 도달하여 지속적인 연소가 유지된다.

(1) 연료-공기 혼합 방식

- 예혼합 연소(Premixed Combustion): 연료와 공기가 미리 균일하게 혼합된 후 점화되는 방식
- 확산 연소(Diffusion Combustion): 연료와 공기가 별도로 존재하다가 연소 영역에서 혼합되는 방식

(2) 난류 연소와 층류 연소

- 층류 연소(Laminar Combustion): 불꽃이 일정한 패턴으로 정리된 상태에서 연소가 진행됨
- 난류 연소(Turbulent Combustion): 불꽃이 불규칙하게 확산하며, 열전달과 연소 속도가 증가함

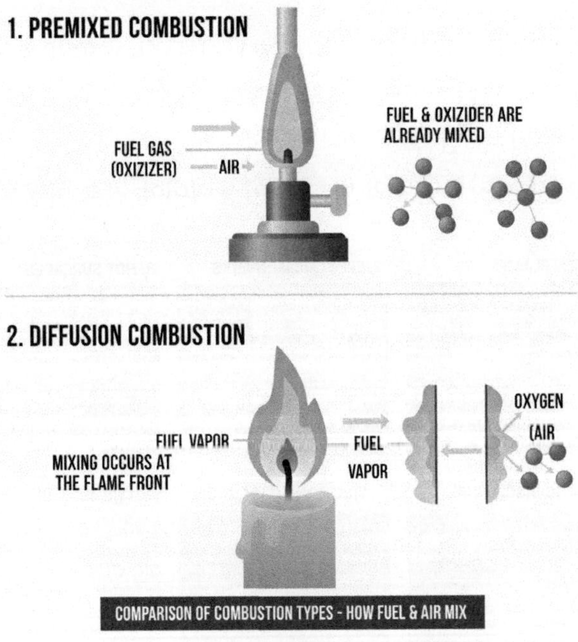

그림 4.11 예혼합 연소와 확산 연소의 비교

3) 확산 및 성장 단계 (Fire Growth Stage)

이 단계에서는 화염이 주변 가연물로 확산하며, 연소 면적이 증가한다.

(1) 화재 성장률과 주요 영향 요소

- **연료의 형태와 배치**: 수직으로 놓인 가연물이 수평 가연물보다 빠르게 연소함
- **환경 조건**: 바람, 환기 상태, 습도 등이 화재 확산 속도에 영향을 줌
- **복사열과 대류에 의한 열전달**: 가연물 간 열전달이 빨라질수록 화재 성장 속도가 증가함

(2) 플래시오버(Flashover) 발생 가능성

- 실내 화재에서는 일정 온도 이상에서 공간 내 가연물들이 동시에 발화하는 **플래시오버**가 발생할 수 있음
- 플래시오버의 발생 기준
  - 실내 온도가 500~600°C 이상
  - 복사열이 20~30 kW/m² 이상
  - 가연성 가스가 충분히 축적

그림 4.12 플래시오버 발생 메커니즘

4) 완전 연소 및 소화 단계 (Complete Combustion and Extinction Stage)

이 단계에서는 연료가 소진되거나 소화 작용이 이루어져 연소가 종료된다.

(1) 완전 연소와 불완전 연소의 비교

- 완전 연소(Complete Combustion): 충분한 산소 공급으로 CO_2와 H_2O만 생성됨
- 불완전 연소(Incomplete Combustion): 산소 부족으로 CO, 미연소 탄화수소 등이 발생하며, 화재 위험성이 증가함

(2) 소화 방법

- 냉각소화: 화재의 온도를 낮추어 연소 반응을 멈춤 (예 물 소화)
- 질식소화: 산소 농도를 낮추어 연소 반응을 멈춤 (예 이산화탄소 소화기)
- 연료 제거 소화: 가연물을 제거하여 연소를 지속할 수 없도록 함

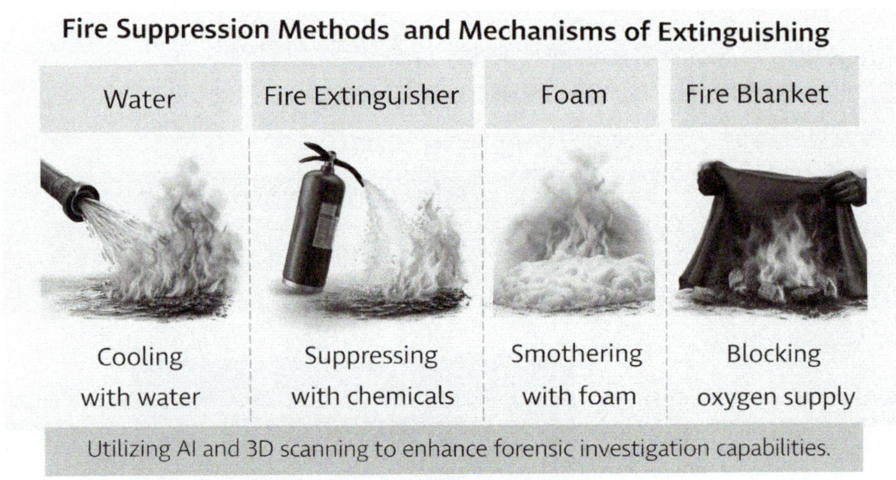

그림 4.13 화재 진압 방법과 소화 원리

2. 연소 속도 및 가연성 한계

연소 속도와 연료-공기 혼합비는 화재의 심각도를 결정하는 중요한 요소이다.

1) 연소 속도에 영향을 미치는 요인

- 연료의 화학적 성질: 탄소 및 수소 함량이 높은 연료일수록 연소 속도가 증가함
- 산소 농도: 산소 농도가 높을수록 연소 속도가 빨라짐
- 온도와 압력: 높은 온도와 압력에서는 연소 반응이 가속됨

2) 가연성 한계(Flammability Limit)

- 연료와 공기의 혼합 비율이 특정 범위 내에 있어야 연소할 수 있음
- 하한계(LFL): 연소를 시작할 수 있는 최소 연료 농도
- 상한계(UFL): 연소가 지속될 수 있는 최대 연료 농도

표 4.6 주요 연료의 가연성 한계 및 최소 착화 에너지

연료 종류	가연성 하한계 (LFL, %)	가연성 상한계 (UFL, %)	최소 착화 에너지 (mJ)
메테인 (CH_4)	5.0	15.0	0.28
프로페인 (C_3H_8)	2.1	9.5	0.25
휘발유	1.4	7.6	0.24
수소 (H_2)	4.0	75.0	0.02

3. 화재 위험성 평가 지표

1) 화재 하중(Fire Load)

특정 공간 내 가연물의 총 발열량을 나타내며, 화재 규모와 지속 시간에 영향을 줌

2) 백드래프트(Backdraft) 위험성

그림 4.14 백드래프트 현상과 주요 징후

- 산소가 부족한 상태에서 연소가 진행되다가 갑자기 산소가 유입되면 폭발적으로 연소가 진행되는 현상
- 백드래프트의 징후
  - 문틈이나 창문에서 **짙은 연기가 빠르게 배출**됨
  - 연기가 황색 또는 오렌지색을 띠며 내부 온도가 상승

1.4 연료의 저장 및 방폭 대책

연료의 저장 및 취급 과정에서는 **화재 및 폭발 위험을 최소화하는 안전 대책이 필수적**이다. 연료의 성질에 따라 저장 방법과 방폭 대책이 달라지며, 적절한 안전 기준과 법규를 준수해야 한다. 특히, 연료의 물리·화학적 특성을 고려하여 적절한 저장 용기와 환경을 조성하고, 정전기 축적과 증기 압력 상승 등의 위험 요소를 관리하는 것이 중요하다.

1. 연료 저장 시설의 안전 기준 및 법규

1) 국내외 연료 저장 관련 법규 및 기준

(1) 국내 법규

연료 저장 시설은 국내 여러 법률과 규정에 따라 엄격히 관리된다.

- 위험물안전관리법: 가연성 액체 및 기체 저장 시설의 설계, 관리 기준을 규정
- 고압가스안전관리법: 압축 및 액화가스 저장 시 요구되는 안전 기준을 제시
- 화재의 예방 및 안전관리에 관한 법률, 소방시설 설치 및 관리에 관한 법률: 화재 예방을 위한 건축물 내 연료 저장소의 배치 및 방화구획 기준 포함

(2) 국제 기준

- NFPA (National Fire Protection Association): NFPA 30 (가연성 액체 저장 기준), NFPA 58 (LPG 저장 기준) 등
- OSHA (Occupational Safety and Health Administration): 산업 현장에서 연료 저장 및 방폭 기준 제공
- ATEX (Atmosphères Explosibles): 유럽 연합에서 폭발 위험 구역 및 방폭 장비 기준을 규정

표 4.7 국내외 연료 저장 관련 주요 법규 및 기준 비교

법규/기준	적용 대상	주요 내용
위험물안전관리법	액체·기체 연료	저장·운송·취급 기준 규정
고압가스안전관리법	고압가스 저장소	압력 기준 및 방폭 기준 설정
NFPA 30	가연성 액체 저장소	저장 및 배관 시스템의 안전 기준
ATEX	폭발 위험 구역	방폭 장비 및 시설 설계 기준

2. 연료 저장 시 주요 위험 요소

1) 증기 압력 상승 및 가연성 증기 발생

연료의 증발은 저장 환경의 온도와 압력에 따라 다르게 나타나며, **고온 환경에서는 증기압이 급격히 상승하여 폭발성 가스 혼합기를 형성할 위험이 크다.**

(1) 온도 상승에 따른 증기압 변화

- 액체 연료(예 휘발유, 등유)는 온도가 상승할수록 증발량이 증가하여 가연성 증기의 농도가 높아진다.
- **밀폐된 저장 용기 내부 압력이 상승하면 폭발 위험이 커지므로 환기 시스템이 필요**하다.

(2) 저장 탱크 내 증기 공간 관리

- 저장 탱크 내부의 가연성 증기 공간을 최소화하기 위해 **질소 퍼지(N_2 Purging) 시스템**이 사용됨
- **부압 및 과압 방지 장치**를 설치하여 저장 용기의 폭발을 방지

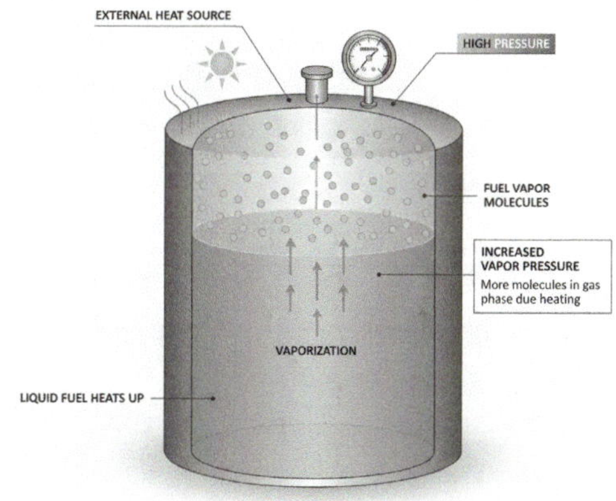

그림 4.15 연료 저장 탱크에서 증기 압력 상승 과정

2) 정전기 축적 및 방전 위험

(1) 정전기의 발생 원인

- 연료 이송 과정에서 액체 또는 기체 연료가 저장 용기와 마찰하면서 정전기가 축적될 수 있음

- 습도가 낮은 환경에서는 정전기가 더욱 쉽게 발생하여 점화원이 될 가능성이 증가

(2) **정전기 방지 대책**

- **접지(Earthing) 및 접합(Bonding) 시스템**을 활용하여 정전기 방전 위험을 최소화
- 저장소 내부 습도를 조절하여 정전기 축적을 줄이고, **정전기 방지 첨가제(Antistatic Additives) 사용** 고려

그림 4.16 정전기 축적 및 방전 메커니즘

3) 환기 부족으로 인한 폭발성 혼합기 형성

(1) **폭발 하한계(LFL) 및 상한계(UFL) 고려**

- 연료 증기가 공기 중 특정 농도 이상 존재하면 점화원과 접촉 시 폭발 가능성이 있음
- 폭발 하한계(LFL) 이하에서는 연료 농도가 낮아 연소할 수 없지만, 하한계를 초과하면 화재 또는 폭발 위험이 커짐

(2) **폭발성 혼합기 방지를 위한 설비**

- 저장 시설에는 **자동 환기 시스템**을 설치하여 연료 증기의 축적을 방지
- **가연성 가스 감지 센서**를 활용하여 누출 여부를 지속적으로 모니터링

표 4.8 주요 연료의 폭발 한계 및 폭발 위험성 비교

연료 종류	폭발 하한계 (LFL, %)	폭발 상한계 (UFL, %)	폭발 위험성
메테인 (CH_4)	5.0	15.0	높음
프로페인 (C_3H_8)	2.1	9.5	높음
휘발유	1.4	7.6	매우 높음
수소 (H_2)	4.0	75.0	극도로 높음

3. 방폭 대책 및 안전 관리 방안

1) 방폭 설비 및 저장소 구조 설계

(1) 방폭 등급 구분 및 적용

- 폭발 위험성이 높은 구역은 ATEX **기준에 따라** 0, 1, 2**등급으로 구분**하여 설비를 설계해야 함
- 전기설비는 **방폭형(Explosion-proof) 제품**을 사용하여 점화원을 차단

(2) 방폭 격실 및 화염 방지 장치

- 연료 저장소는 방폭 격실을 갖추어 폭발 발생 시 충격파가 확산하지 않도록 설계
- **화염 방지기**(Flame Arrestor)를 사용하여 불꽃이 저장소 내부로 유입되는 것을 차단

그림 4.17 방폭 설비의 구조적 설계 예시

2) 온도 및 압력 감지 시스템 활용

(1) 온도 감지 시스템

- 연료 저장소에서는 **온도 감지 센서**를 활용하여 저장 탱크 내부 온도를 실시간으로 모니터링
- 일정 온도 이상 상승하면 **자동 냉각 시스템이 작동**하여 온도를 낮춤

(2) 압력 감지 및 경보 시스템

- 저장소 내부 압력이 설정된 임계치를 초과하면 **압력 방출 밸브**(Pressure Relief Valve)가 작동
- **자동 화재 진압 시스템과 연계된 경보 시스템**을 운영하여 즉각적인 대응이 가능하도록 설계

표 4.9 온도 및 압력 감지 시스템 비교

감지 시스템	주요 기능	적용 대상
온도 감지 센서	저장 탱크 내부 온도 모니터링	연료 저장소, 공정 시설
압력 방출 밸브	저장소 내 과압 방지	고압 연료 탱크
가스 감지 센서	연료 누출 시 자동 경보	저장소 및 실내 연료 저장 시설
자동 소화 시스템	이상 온도 감지 시 자동 소화	대형 연료 저장 시설

4. 연료 저장소의 유지보수 및 점검 체계

1) 정기 점검 및 유지 관리

(1) 주요 점검 항목

- **탱크 및 배관의 누출 여부 확인**: 연료 저장소에서의 누출은 폭발 위험을 증가시키므로 정기적으로 검사해야 함
- **환기 시스템의 정상 작동 확인**: 환기 시스템이 효과적으로 작동하지 않으면 폭발성 가스가 축적될 위험이 있음

(2) 정기 점검 주기 및 관리 기준

- **저장 탱크 및 배관 시스템**: 연 1회 이상 초음파 두께 검사(UTM) 실시
- **전기 방폭 설비 점검**: 반기 1회 이상 점검
- **비상 대응 훈련**: 연 2회 이상 시행

그림 4.18 연료 저장소의 정기 점검 체계

2 화염의 전파 및 열 방출 특성

화염은 연료가 산소와 반응하여 **빛과 열을 방출하는 연소 과정에서 형성되는 가시적인 영역**이다. 화염의 전파 방식과 열 방출 특성을 이해하는 것은 **화재의 확산을 예측하고 방지하는 데 필수적**이다. 화염은 다양한 방식으로 전파되며, 전파 속도와 방향은 **연료의 종류, 산소 농도, 기류 조건, 주변 환경 등에 의해 결정**된다. 본 절에서는 화염 전파의 개념과 방식, 열 방출 특성, 전파 속도 및 영향 요인, 방지 대책 등을 구체적으로 살펴본다.

2.1 화염 전파의 기본 개념

1. 화염의 정의 및 주요 요소

1) 화염의 정의

- 화염은 **연소 반응이 일어나는 영역으로, 연료가 산화제와 반응하여 에너지를 방출하는 과정에서 형성**됨
- 화염은 일반적으로 가시적이며, 연료의 종류와 연소 조건에 따라 색상과 온도가 다르게 나타남

- 주요 연소 형태
  - **예혼합 화염(Premixed Flame)**: 연료와 산화제가 사전에 혼합된 상태에서 점화가 이루어지는 형태
  - **확산 화염(Diffusion Flame)**: 연료와 산화제가 개별적으로 존재하다가 연소 영역에서 혼합되는 형태

(1) 화염의 주요 요소

- 불꽃(Fire Plume)
  - 연소 반응이 활발하게 이루어지는 부분이며, 온도가 가장 높은 영역
  - 주로 이산화탄소(CO_2), 수증기(H_2O), 일산화탄소(CO) 등의 연소 생성물이 포함됨
- 가연성 가스층(Fuel Gas Layer)
  - 연소가 진행되기 전 연료가 기화하여 형성된 혼합기체
  - 연소 반응을 지속시키는 연료 공급원 역할을 함
- 산화제(Oxidizer)
  - 주로 공기 중의 산소(O_2)가 해당하며, 일부 연료는 자체적으로 산화제를 포함할 수도 있음
  - 산소 농도가 증가하면 연소 속도가 빨라지고, 부족하면 불완전 연소가 발생함

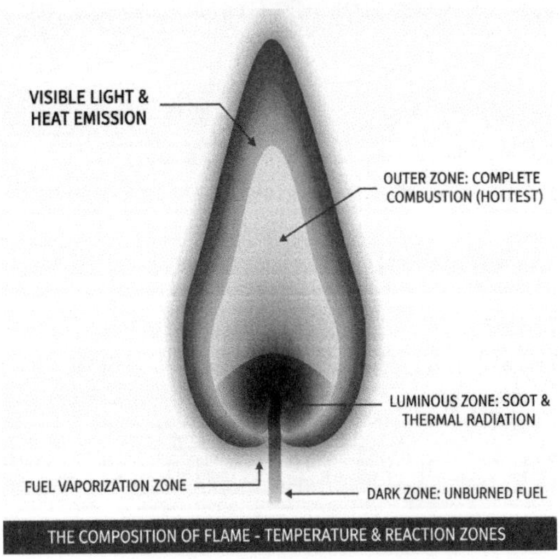

그림 4.19 화염의 주요 요소

- 화염 전선(Flame Front)
  - 연소 반응이 진행되는 경계면으로, 온도가 급격히 상승하며 연소 생성물이 형성됨
  - 화염 전선의 이동 속도는 연료의 성질, 산소 농도, 환경 요인 등에 따라 다름

2. 화염 전파의 물리적 원리

1) 화염 전파의 기본 개념

- 화염 전파는 에너지가 전달되면서 새로운 가연성 물질이 점화되는 과정을 의미함
- 연소 반응이 연속적으로 일어나면서 화염이 주변으로 확산함
- 화염 전파 속도와 확산 방식은 연료의 종류, 산소 농도, 기류 조건 등에 의해 달라짐

(1) 화염 전파의 주요 메커니즘

- 전도(Conduction)
  - 고체를 통해 열이 직접 전달되어 인접한 가연물이 가열되는 방식
  - 금속과 같은 열전도율이 높은 물질은 빠르게 열을 전달할 수 있음
- 대류(Convection)
  - 뜨거운 공기나 연기가 상승하면서 열이 이동하여 화염이 확산함
  - 실내 화재에서는 대류 현상이 강하게 발생하여 상층부로 화재가 빠르게 확산함
- 복사(Radiation)
  - 적외선 형태로 열에너지가 전파되어 멀리 떨어진 가연물을 가열함
  - 복사열이 강하면 인접한 물체가 발화점에 도달하여 착화될 수 있음

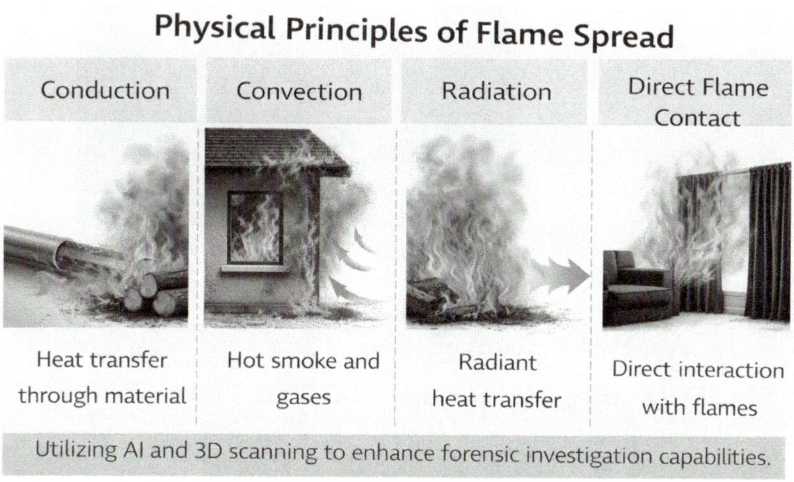

그림 4.20 화염 전파의 물리적 원리

3. 화염의 온도와 색상 특성

1) 화염 온도 분포

- 화염의 온도는 연료의 종류와 연소 조건에 따라 달라짐
- 일반적으로 화염 중심부의 온도가 가장 높고, 주변부로 갈수록 낮아짐
- 주요 연료의 연소 온도 비교
  - 메테인(CH_4): 약 1,950°C
  - 프로페인(C_3H_8): 약 1,980°C
  - 수소(H_2): 약 2,000°C

(1) 화염 색상과 연소 특성

- 화염의 색상은 연소 온도와 연료의 화학 조성에 따라 달라짐
  - 푸른색 화염: 고온 연소 (예: 수소, 메테인)
  - 노란색 화염: 불완전 연소 (예: 촛불, 나무)
  - 적색 화염: 낮은 온도의 연소 (예: 연탄, 석탄)

그림 4.21 화염의 온도와 색상 분포

4. 화염 전파 속도와 연료의 영향

1) 화염 전파 속도 결정 요인

- 연료의 화학적 성질, 공기와의 혼합 비율, 온도 등이 주요 요인
- 예혼합 연소는 확산 연소보다 일반적으로 더 빠르게 전파됨

• 산소 농도가 높으면 연소 속도가 증가하며, 낮으면 불완전 연소가 발생함

(1) 연료별 화염 전파 속도 비교

• 주요 연료의 화염 전파 속도 (m/s 기준)
  - 수소(H_2): 3.2 m/s
  - 메테인(CH_4): 0.4 m/s
  - 프로페인(C_3H_8): 0.3 m/s

표 4.10 연료별 화염 전파 속도 비교

연료 종류	화학식	화염 전파 속도 (m/s)	최소 점화 에너지 (mJ)	가연성 범위 (% 공기 중)
수소(H_2)	H_2	3.2	0.02	4~75
메테인(CH_4)	CH_4	0.4	0.28	5~15
에테인(C_2H_6)	C_2H_6	0.48	0.24	3~12.5
프로페인(C_3H_8)	C_3H_8	0.3	0.25	2.1~9.5
뷰테인(C_4H_{10})	C_4H_{10}	0.26	0.24	1.8~8.4
일산화탄소(CO)	CO	0.52	0.3	12.5~74
아세틸렌(C_2H_2)	C_2H_2	1.5	0.02	2.5~81

5. 화염 전파의 환경적 요인

1) 공기 흐름과 화염 전파

• 바람이 강할수록 화염 전파 속도가 증가함
• 환기 부족 시 산소 공급이 제한되어 연소 속도가 저하됨

(1) 건축 재료와 화염 전파 속도

• 불연성 재료는 화염 확산을 지연시키며, 가연성 재료는 급격한 확산을 유발할 수 있음
• 단열재의 종류에 따라 화염 전파 속도가 달라질 수 있음

표 4.11 건축 재료별 화염 전파 특성 비교

건축 재료	화염 전파 속도 (mm/min)	연소 시 유독가스 발생 여부	내화 등급 (시간)
철근 콘크리트	0	없음	3시간 이상
내화벽돌	0	없음	4시간 이상
석고보드	10~30	적음	1시간 이하
목재	60~100	있음	30분 이하
합판	80~150	있음	30분 이하
플라스틱 패널	200~400	다량 발생	10분 이하

2.2 화염 전파의 주요 방식

화염은 다양한 경로를 통해 주변으로 확산하며, 화재 발생 시 특정 전파 방식이 우세하게 작용할 수 있다. 화염 전파의 방식은 **전도(Conduction), 대류(Convection), 복사(Radiation)**로 나뉘며, 각 방식은 서로 영향을 주면서 화재 확산 속도와 범위를 결정한다. 화염 전파의 주요 방식을 이해하는 것은 화재의 확산을 예측하고 적절한 방재 대책을 수립하는 데 중요한 역할을 한다.

1. 전도(Conduction)

1) 전도의 개념

- 전도는 **고체를 통한 열전달 과정으로, 분자 간 진동과 충돌을 통해 열이 이동**하는 방식
- 금속과 같은 열전도율이 높은 물질은 열을 빠르게 전달하며, 반대로 단열재는 열전도를 억제함
- 화재 확산 시 **벽, 바닥, 천장과 같은 건축 구조물을 통해 열이 전도되어 인접 공간으로 화재가 확산**할 수 있음

(1) 전도의 영향 요인

- **재료의 열전도율**
  - 금속(구리, 알루미늄 등)은 높은 열전도율을 가지며, 열이 빠르게 전달됨

- 목재, 석고보드, 콘크리트 등의 재료는 상대적으로 낮은 열전도율을 가지며, 화염 전파 속도를 늦춤

• **온도 차이**
  - 고온부에서 저온부로 열이 이동하며, 온도 차이가 클수록 전도 속도가 증가함
  - 밀폐된 공간에서는 열이 축적되면서 화염 전파가 가속화될 수 있음

• **구조물의 접촉 면적**
  - 열이 전도되는 면적이 넓을수록 전도 속도가 증가함
  - 예를 들어, 금속 배관이 건물 전체에 연결되었으면 화재가 넓은 범위로 확산할 가능성이 커짐

(2) 전도에 의한 화재 확산 사례

• 건물 벽을 통한 화재 확산 → 콘크리트 구조보다 금속 구조에서 더 빠르게 열이 전달됨
• 배관을 통한 열 전파 → 금속 배관 내부의 연료가 가열되어 2차 화재 발생 가능
• 전기화재에서 전선의 과열 → 절연체가 소손되면서 단락으로 인한 화재 확산

그림 4.22 전도에 의한 열전달 과정

표 4.12 주요 건축 자재별 열전도율 비교

건축 자재	열전도율 (W/m·K)	내화성능
철근 콘크리트	1.4~1.8	높음
내화벽돌	0.7~1.2	높음
석고보드	0.2~0.4	중간
목재	0.12~0.17	낮음
합판	0.15~0.25	낮음
플라스틱	0.03~0.07	매우 낮음

2. 대류(Convection)

1) 대류의 개념

- 대류는 **공기 또는 액체와 같은 유체를 통해 열이 전달**되는 방식
- 뜨거운 공기는 밀도가 낮아 상승하고, 차가운 공기는 밀도가 높아 하강하는 자연 대류가 발생함
- 실내 화재의 경우, 뜨거운 연기가 천장 쪽으로 이동하며 상부 구조를 가열하고, 이를 통해 화재가 확산할 수 있음

(1) 대류에 영향을 미치는 요소

- **화재의 크기와 온도**: 화염이 클수록 뜨거운 공기의 부력(Buoyancy)이 강해지고, 대류 속도가 빨라짐
- **공간 구조**: 개방된 공간에서는 연기가 확산하지만, 밀폐된 공간에서는 압력이 증가하여 폭발적 연소(Backdraft)가 발생할 위험이 있음
- **환기 상태**: 창문이 열려 있는 경우 신선한 공기가 공급되면서 대류가 활발해지고, 화재 확산 속도가 증가할 수 있음

(2) 대류에 의한 화재 확산 사례

- **계단실과 엘리베이터 샤프트를 통한 화재 확산** → 뜨거운 연기가 상승하여 상층부로 화재가 확산함
- **공조 시스템을 통한 화염 확산** → 환기 덕트 내부를 통해 불꽃과 연기가 이동하여 다중 공간에서 동시 화재 발생 가능

- **화재 시 유리창 파괴로 인한 산소 공급 증가** → 산소 유입으로 인해 대류 현상이 강해지며 연소 속도가 증가

그림 4.23 대류에 의한 화재 확산 경로

표 4.13 공기 흐름에 따른 화재 확산 속도 비교

공기 흐름 속도 (m/s)	화재 확산 속도 (m/min)	주요 특징
0 (밀폐 공간)	1~5	확산 속도 느림, 산소 부족
0.5~1	5~20	일반 실내 화재 수준
1~3	20~50	환기량 증가로 화재 성장 속도 가속
3 이상	50~100	강풍 영향, 대형 화재 가능성 증가

3. 복사(Radiation)

1) 복사의 개념

- 복사는 **열이 전자기파 형태로 직접 전파되는 방식으로, 매개체 없이도 열전달이 가능**함
- 복사열이 강한 경우 인접한 가연물이 가열되어 **착화점에 도달하면 불이 옮겨붙을 수 있음**
- 산불의 급격한 확산이나 건물 간 화염 전파는 주로 복사열에 의해 발생함

(1) 복사에 영향을 미치는 요소

- 열원의 온도: 열원이 높을수록 복사 강도가 증가하며, 먼 거리에서도 가

연물을 착화시킬 수 있음

- **거리의 영향**: 복사열은 거리의 제곱에 반비례하여 감소하며, 가까운 거리에서는 급격한 온도 상승이 발생함
- **가연물의 특성**: 어두운 색상의 재료는 복사열을 더 많이 흡수하며, 표면이 거친 재료는 복사열을 잘 방출함

(2) 복사에 의한 화재 확산 사례

- **건물 외벽을 통한 화재 확산** → 복사열이 인접한 건물로 전달되어 화재가 확산함
- **산불의 급격한 확산** → 복사열이 주변 식물과 건조한 가연물을 가열하여 발화점에 도달시킴
- **석유 저장소에서의 폭발 위험** → 대형 연료 탱크가 복사열에 의해 가열되면서 증기 폭발(VCE)이 발생할 가능성이 있음

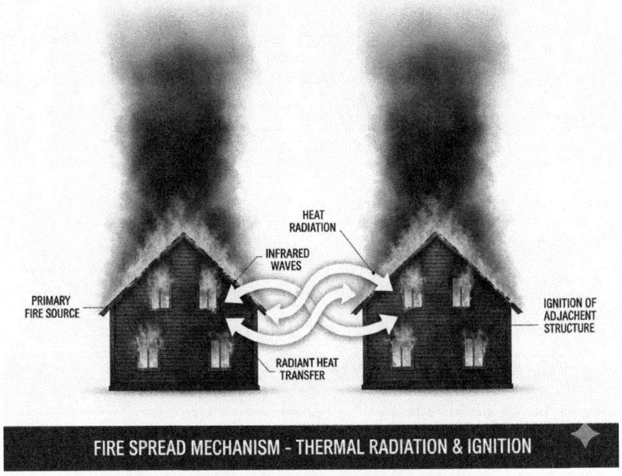

그림 4.24 복사에 의한 화재 확산 메커니즘

표 4.14 복사열 강도에 따른 착화 거리 비교

복사열 강도 (kW/m²)	예상 착화 거리 (m)	인체 영향
1	5~10	불쾌감 발생
5	3~5	화상 가능성 증가
10	1~3	수 초 내 화상 발생
20 이상	0~1	치명적 화상, 연료 착화 가능

4. 복합적인 화염 전파 사례

1) 복합 전파 메커니즘

- 실제 화재에서는 **전도, 대류, 복사가 동시에 작용하며 화재 확산을 가속화**함
- 건물 화재에서는 초기에는 대류와 전도가 우세하지만, 대형 화재로 발전하면 복사열이 주요 전파 원인이 됨

(1) 주요 복합 전파 사례

- **초고층 건물 화재** → 엘리베이터 샤프트를 통한 대류 확산 + 외벽 복사열 전파
- **대형 공장 화재** → 기계 장비를 통한 전도 + 개방된 공간 내 강한 대류 확산
- **석유화학 플랜트 폭발** → 복사열로 인한 탱크 가열 + 대류를 통한 연소 생성물 확산

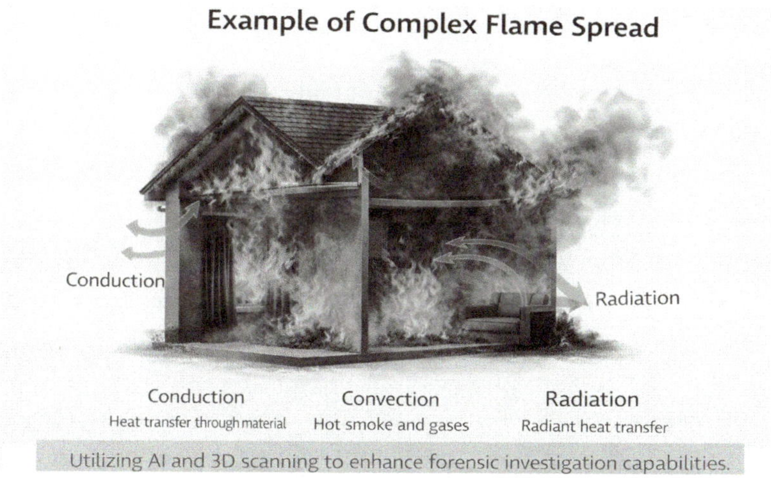

그림 4.25 복합 화염 전파 사례

표 4.15 주요 산업시설의 화염 전파 특성 비교

산업시설 유형	주요 가연물	화염 전파 속도 (m/min)	화재 위험성
석유 정제소	원유, 휘발유	100~300	매우 높음
화학공장	유기용제, 플라스틱	80~200	높음
물류 창고	종이, 섬유, 목재	40~100	중간
전자 공장	플라스틱, 배터리	50~150	높음

2.3 화재의 열 방출 특성

화재는 연료가 연소하면서 다량의 열을 방출하는 물리·화학적 과정이다. 방출된 열은 화염을 유지하고 주변 환경을 가열하며, 복사, 대류, 전도를 통해 화재 확산에 이바지한다. 화재의 열 방출 특성을 이해하는 것은 **화재 확산 속도 예측, 소방 계획 수립, 방화 설계 적용** 등에 필수적이다. 본 절에서는 연료별 열 방출 특성, 플래시오버 및 화재 성장 과정, 복사열과 열 방출 메커니즘, 그리고 화재 열 방출의 영향을 상세히 분석한다.

1. 연료별 열 방출률 및 연소 속도

1) 연료의 발열량과 열 방출 특성

- 발열량은 연료가 연소할 때 방출하는 총에너지를 의미하며, 단위는 MJ/kg로 표시됨
- 연료의 화학적 조성과 산소 공급량이 열 방출률과 연소 속도에 영향을 미침

(1) 주요 연료의 발열량 비교

- **목재**: 16~21 MJ/kg → 수분 함량이 높을수록 실제 가용 에너지는 낮아짐
- **휘발유**: 42~47 MJ/kg → 증발성이 높고 가연성 증기가 빠르게 형성됨
- **프로페인(C_3H_8)**: 50~55 MJ/kg → 기체 연료 중 높은 발열량 보유
- **수소(H_2)**: 120 MJ/kg → 연료 중 가장 높은 발열량

2) 연소 속도와 열 방출률의 관계

- 연소 속도가 빠를수록 단위 시간당 방출되는 열량이 증가함
- 기체 연료는 산소와 빠르게 반응하여 높은 열 방출률을 가짐
- 액체 및 고체 연료는 증발 및 열분해 과정이 필요하여 상대적으로 느린 연소 속도를 보임

표 4.16 주요 연료의 발열량 및 연소 속도 비교

연료	발열량 (MJ/kg)	연소 속도 (m/s)
수소(H_2)	120	3.2
메테인(CH_4)	50	0.4
휘발유	42~47	0.5~0.7
목재	16~21	0.1~0.3

2. 플래시오버(Flashover)와 화재 성장

1) 플래시오버의 개념 및 원인

- **플래시오버**(Flashover)는 화재가 특정 온도 이상으로 성장하여 **공간 내 모든 가연물이 동시에 발화**하는 현상
- 실내 화재에서 플래시오버가 발생하면 화염 전파 속도가 급격히 증가하며, 피난할 수 없는 상태에 도달할 수 있음

(1) 플래시오버 발생 기준

- 실내 온도: 500~600°C 이상
- 복사열: 20~30 kW/m² 이상
- 화염 전파 속도: 2~3 m/s 이상

2) 화재 성장 단계와 열 방출 특성

- 점화 단계: 초기 점화원이 존재하며 연소가 시작됨 → 열 방출량이 낮음
- 성장 단계: 열 방출량 증가, 연소 생성물이 천장에 축적됨
- 플래시오버 단계: 일정 온도 이상 도달 시 화재 급격히 확산함
- 최성기(Fully Developed Fire): 화재가 최대 열 방출률에 도달, 대량의 복사열 방출
- 연소 감소 및 소화 단계: 연료가 고갈되며 열 방출 감소

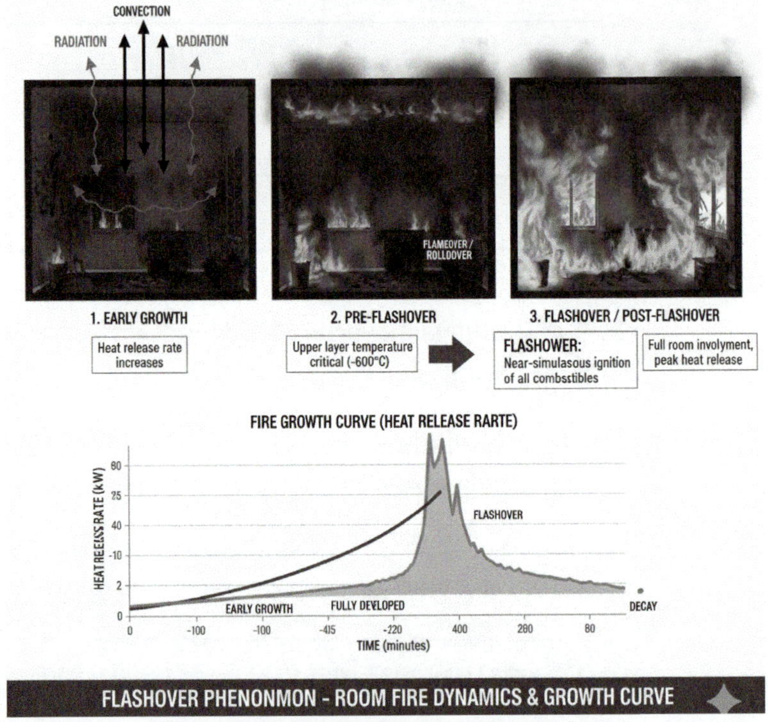

그림 4.26 플래시오버 발생 과정 및 화재 성장 곡선

3. 복사열과 열 방출 메커니즘

1) 복사열(Radiant Heat)의 개념

- 복사열은 **전자기파 형태로 전파되는 열에너지**로, 화재 확산을 가속하는 주요 요인
- 화재 시 발생하는 복사열은 주변 가연물을 가열하여 착화점에 도달하게 함

(1) 복사열에 의한 화재 확산

- 화염이 직접 접촉하지 않아도 복사열이 가연물을 예열하여 발화 가능
- 복사열 강도가 높을수록 착화점 도달 시간이 단축됨

예시

- 건물 외벽을 통한 복사열 확산 → 인접 건물로 화염 전파 가능
- 산불에서 복사열이 나뭇잎과 나무껍질을 가열 → 연쇄적인 화재 발생

2) 복사열의 강도와 거리의 관계

- 복사열 강도는 거리의 제곱에 반비례하여 감소함 ($I \propto 1/d^2$)
- 가연물이 화염으로부터 가까울수록 더 높은 복사열을 받음

표 4.17 거리별 복사열 강도 비교

거리 (m)	복사열 강도 (kW/m^2)	착화 가능성
1	20	즉시 착화 가능
3	10	단시간 내 착화 가능
5	5	장시간 노출 시 착화 가능
10	1	착화 가능성 작음

4. 화재의 열 방출이 구조물과 인체에 미치는 영향

1) 구조물의 온도 상승과 내화성능 저하

- 건축 구조물은 일정 온도 이상에서 **기계적 강도가 감소**하여 붕괴 위험이 증가함
- 철근 콘크리트: 500~600°C에서 내구성이 감소하며 균열 발생
- 강철 구조물: 1,000°C 이상 도달 시 강도 50% 이상 손실

(1) 방화재료의 열 저항 특성

- 내화재는 열전도를 방지하고 구조물을 보호하는 역할을 함
- **내화 콘크리트, 방화 도료, 내열 유리** 등의 재료가 사용됨

표 4.18 주요 건축 자재의 내화성능 비교

건축 자재	내화 등급 (시간)	주요 특징
콘크리트	3시간 이상	높은 내화성능
내화벽돌	4시간 이상	내화벽으로 사용 가능
석고보드	1시간 이하	방화구획 보조
목재	30분 이하	가연성 높음

2) 고온 환경에서의 인체 영향

- 인체는 복사열이 5 kW/m^2 이상일 때 **심한 화상**을 입을 수 있음
- 10 kW/m^2 이상에서는 **수 초 내에 피부 손상** 발생

- 고온 환경에서는 **열 피로(Heat Exhaustion)**, **열사병(Heat Stroke)** 등의 위험 증가

표 4.19 복사열 강도와 인체 영향 비교

복사열 강도 (kW/m²)	예상 영향
1	불쾌감 발생
5	수 초 내 화상 발생 가능
10	치명적 화상 가능
20 이상	생명 위험

5. 화재의 열 방출 특성을 고려한 방화 대책

1) 복사열 차단을 위한 설계 기준

- **건물 간 이격 거리 확보** → 복사열로 인한 연소 확대 방지
- **복사열 반사 차폐막 사용** → 내열 재료로 인접 건물 보호

2) 화재 시 구조물 보호를 위한 대책

- **내화 구조 적용** → 철골구조에는 방화 도료, 콘크리트 보호층 설치
- **스프링클러 시스템 활용** → 화재 초기 복사열을 낮추고 연료 표면 온도 저하

3) 인체 보호를 위한 대책

- **화재 대피 시 복사열 차단 장비 착용** → 내열 장갑, 방열복 등 사용
- **화재 발생 시 낮은 자세 유지** → 상층부 온도가 높아지므로 하부 공간 확보

표 4.20 방화 설계 및 구조물 보호 대책 비교

방화 설계 요소	주요 특징
방화벽	화재 확산 차단
스프링클러	화재 초기 진압
내화 도료	화재 확산 지연
방화셔터	개방된 공간 차단

그림 4.27 복사열 차단을 위한 구조적 대책

2.4 화염 전파 속도 및 영향 요인

화염 전파 속도는 연소 과정에서 화염이 주변으로 확산하는 속도를 의미하며, 연료의 특성, 산소 농도, 기류 조건, 환경적 요인 등에 의해 영향을 받는다. 화재의 성장과 확산 속도를 예측하기 위해서는 화염 전파 속도의 결정 요인과 이를 제어하는 방법을 이해하는 것이 중요하다. 본 절에서는 **연료의 물리·화학적 특성, 산소 농도와 환기 조건, 환경적 요인, 건축 재료의 영향** 등을 중심으로 화염 전파 속도를 분석한다.

1. 연료의 특성에 따른 화염 전파 속도 차이

1) 연료의 화학적 조성 및 연소 특성

- 연료의 조성과 분자 구조가 연소 속도 및 화염 전파 속도에 영향을 미침
- 수소(H_2): 낮은 점화 에너지(0.02 mJ), 높은 확산 속도로 인해 급격한 화염 전파 가능
- 탄화수소 연료(CH_4, C_3H_8 등): 탄소 수 증가에 따라 연소 속도가 감소하며, 휘발성이 낮을수록 화염 전파 속도가 느림

(1) 연료 상태별 화염 전파 속도 비교

- 기체 연료: 산소와 균일하게 혼합되어 빠른 연소 속도를 가짐 (예 수소, 메테인)

- **액체 연료**: 연소 전 증발 과정이 필요하며, 기화 속도에 따라 화염 전파 속도 결정됨 (예 휘발유, 경유)
- **고체 연료**: 표면연소 및 열분해 과정이 필수적이며, 연소 속도가 상대적으로 느림 (예 목재, 석탄)

2) 연료의 점화 특성과 화염 전파 속도 관계

- 최소 점화 에너지가 낮을수록 점화가 쉽게 이루어지며, 화염 전파 속도도 상대적으로 높음
- 휘발성이 높은 연료는 낮은 온도에서도 증발하여 가연성 혼합기를 형성하여 빠른 화염 확산 가능

표 4.21 연료별 화염 전파 속도 및 점화 특성 비교

연료	화염 전파 속도 (m/s)	점화 에너지 (mJ)
수소(H_2)	3.2	0.02
메테인(CH_4)	0.4	0.28
프로페인(C_3H_8)	0.3	0.25

2. 산소 농도와 환기 조건이 화염 전파에 미치는 영향

1) 산소 농도에 따른 연소 속도 변화

- 화염 전파 속도는 산소 농도에 따라 달라지며, 일반적으로 산소 농도가 증가할수록 연소 속도가 빨라짐
- **공기 중 산소 농도(21%) → 일반적인 연소 속도 유지**
- **산소 농도 25% 이상 → 연소 속도 증가, 화재 위험 상승**
- **산소 농도 15% 이하 → 불완전 연소 발생, 화염 전파 속도 감소**

(1) 환기 조건과 화염 전파의 관계

- 화재 시 개방된 공간에서는 산소가 충분히 공급되어 화염 전파가 빠르게 진행됨
- 밀폐된 공간에서는 연소 생성물이 축적되면서 산소 부족으로 인해 연소 속도가 감소할 수 있음

- 환기 부족 시 **연료가 연소하지 않은 채 축적되어 폭발 위험이 증가** (예 백드래프트)

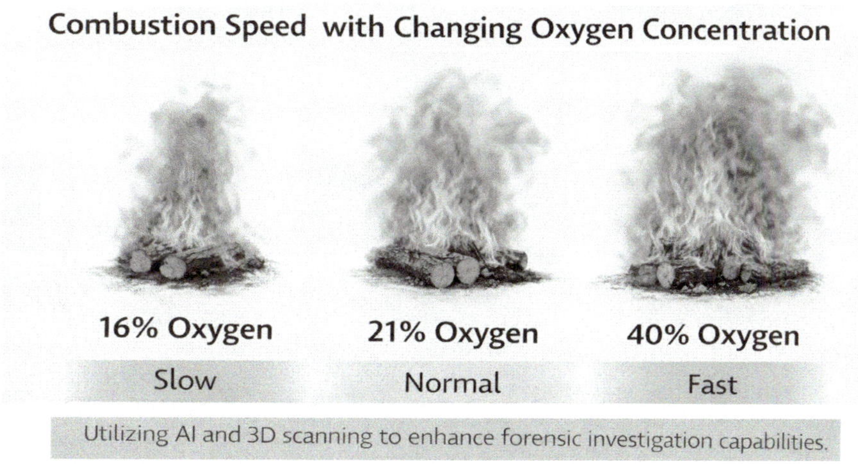

그림 4.28 산소 농도 변화에 따른 연소 속도 차이

3. 환경적 요인이 화염 전파 속도에 미치는 영향

1) 기류 조건과 바람의 영향

- 화재 시 바람이 강할수록 화염 전파 속도가 증가하며, 난류 형성이 촉진됨
- 실내 화재에서는 계단실, 엘리베이터 샤프트 등을 통한 굴뚝 효과(Stack Effect)로 인해 빠른 화재 확산이 발생할 수 있음

(1) 습도와 온도의 영향

- 높은 습도는 연료 표면에 수분층을 형성하여 화염 전파 속도를 감소시킴
- 외부 온도가 높을수록 연료의 기화가 빨라져 화염 전파가 가속될 수 있음

2) 장애물과 화염 전파 속도

- 장애물이 많을수록 화염이 확산하는 경로가 복잡해지며, 화염 전파 속도가 다소 감소함

• 개방된 공간에서는 화염이 장애물 없이 확산할 수 있어 빠른 화염 전파 가능

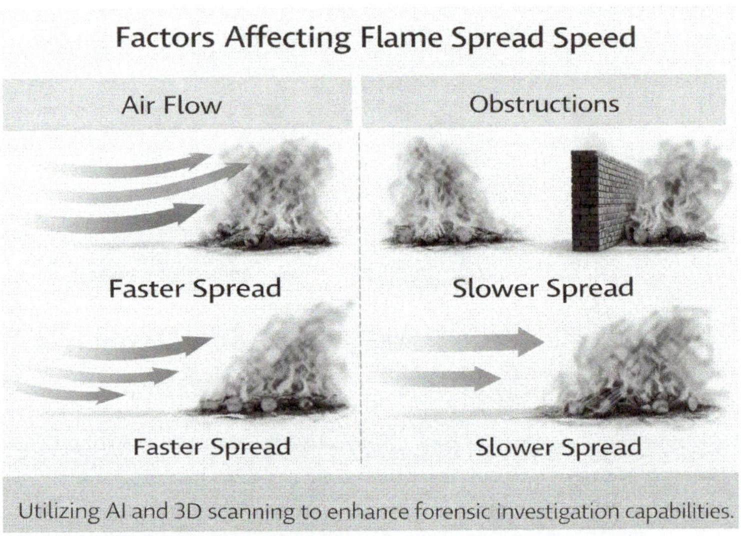

그림 4.29 기류 및 장애물이 화염 전파 속도에 미치는 영향

4. 건축 재료와 구조적 요소가 화염 전파에 미치는 영향

1) 건축 재료의 난연성 및 연소 특성

• 난연성(Flame Retardancy)이 높은 재료는 화염 전파 속도를 감소시킴
• 가연성 재료는 열 방출률(HRR)이 높아 화염 확산 속도를 가속화할 수 있음

(1) 주요 건축 재료의 화염 전파 특성 비교

• 철근 콘크리트: 내화성이 높아 화재 확산 방지에 효과적
• 목재: 연소 시 급격한 화염 전파 가능성이 있으며, 표면 처리에 따라 난연성이 다름
• 합성수지(플라스틱 패널): 연소 시 독성 가스 발생 가능

표 4.22 건축 재료별 화염 전파 속도 및 난연성 비교

건축 재료	화염 전파 속도 (mm/min)	난연성 등급
철근 콘크리트	0	매우 높음
목재	60~100	낮음
플라스틱 패널	200~400	매우 낮음

5. 화염 전파 속도 저감을 위한 방지 대책

1) 방화구획 및 차단 설계

- 방화문, 방화벽 등을 설치하여 화염이 건물 내에서 확산하는 속도를 저하함
- 내화재 및 불연성 재료를 사용하여 건물 구조적 내구성을 향상

(1) 화염 전파 방지 시스템

- **스프링클러 시스템**: 냉각 효과를 통해 화염 전파 속도를 저감
- **방화셔터(Fire Shutter)**: 개방된 공간에서 화재가 확산하는 것을 차단

2) 환기 및 공기 흐름 제어

- 화재 확산 시 기류 영향을 줄이기 위해 **자동 환기 시스템** 설치
- 밀폐된 공간에서 연료 축적을 방지하기 위해 적절한 환기 설계 필요

그림 4.30 화염 전파 방지를 위한 건축 설계 대책

3) 내화 및 난연 처리 기술

- 건축 자재에 **난연성 도료, 내화 코팅** 적용하여 화재 확산 방지
- 복사열 차단을 위한 **열 반사 차폐막** 사용

표 4.23 화염 전파 속도 저감을 위한 주요 기술 비교

기술	주요 특징
스프링클러	초기 화재 진압
방화벽	화재 확산 차단
내화 도료	연소 속도 저감

2.5 화염 전파의 위험성과 방지 대책

화염 전파는 화재의 확산과 피해 규모를 결정하는 핵심 요소이며, 이를 효과적으로 제어하지 못하면 대형 화재로 이어질 수 있다. 화염 전파 속도와 경로는 연료의 성질, 산소 공급, 주변 환경 및 건축 구조물의 방화 성능에 따라 결정된다. 따라서 화염 전파를 방지하기 위한 **건축 설계, 소방 시스템, 방화구획 기술 및 적극적인 화재 예방 대책**이 필수적이다. 본 절에서는 화염 전파의 위험성과 이에 따른 방지 대책을 구체적으로 분석한다.

1. 화재 하중과 화염 전파의 관계

1) 화재 하중(Fire Load)의 개념

- 화재 하중은 **단위 면적당 존재하는 가연성 물질의 총 발열량**을 의미하며, 단위는 MJ/m²로 표시됨
- 화재 하중이 높을수록 화염 전파 속도와 화재 지속 시간이 증가함
- 주요 화재 하중 요인
  - 가연물의 양과 밀도
  - 공간 내 공기 순환 및 환기 조건
  - 화염의 방사열과 연소 생성물의 특성

(1) 주요 공간별 화재 하중 비교

- 사무실(Office): 400~600 MJ/m² (종이, 목재 가구)
- 창고(Storage Facility): 1,000~5,000 MJ/m² (가연성 물질 저장)
- 주거 공간(Residential Area): 200~800 MJ/m² (가구, 섬유, 플라스틱)
- 산업 시설(Industrial Plant): 5,000 MJ/m² 이상 (화학 물질, 연료 저장)

표 4.24 주요 공간별 화재 하중과 예상 화재 확산 속도

공간 유형	화재 하중 (MJ/m²)	예상 확산 속도 (m/min)
사무실	400~600	10~20
창고	1000~5000	20~50

2. 건축 설계 및 방화구획의 중요성

1) 방화구획(Fire Compartment)의 역할

- 방화구획은 건축물 내부에서 화재 확산을 차단하기 위한 구획 공간으로, 화염 전파 속도를 저감하는 역할을 함
- 화재 발생 시 방화구획이 유지되면, 초기 화재를 격리하여 연소 확대를 방지할 수 있음

(1) 방화구획 설계 기준

- 방화문(Fire Door) 및 방화셔터(Fire Shutter) 설치
- 내화성능이 높은 벽, 바닥, 천장 적용
- 화재 시 자동 폐쇄되는 차단 장치 도입

그림 4.31 방화구획이 화염 전파를 차단하는 구조적 개념

3. 화염 전파를 차단하기 위한 기술적 접근

1) 화재 확산 차단을 위한 건축 기술

- 화재가 확산하지 않도록 구조적, 재료적 대책을 수립해야 함

- 주요 차단 기술
  - 방화벽(Fire Wall): 내화성 높은 재료로 구성된 벽으로 화재 구역을 나누어 확산 방지
  - 내화 도료(Fire Retardant Coating): 가연성 재료 표면에 적용하여 화염 접촉 시 연소 속도 저감
  - 자동 방화셔터(Fire Shutter): 화재 발생 시 자동으로 내려가 화염 확산을 차단

(1) 방화 시스템의 성능 비교

- 스프링클러 시스템: 초기 화재 제어 및 냉각 효과
- 방화 유리(Fire-Resistant Glass): 높은 온도에서도 변형되지 않으며 화염과 연기를 차단
- 내화 콘크리트(Fireproof Concrete): 높은 열 저항성을 가지며 구조물의 내구성을 증가시킴

표 4.25 방화 시스템별 성능 비교

시스템	성능
스프링클러	높은 초기 대응
방화문	화재 격리 효과

4. 화염 전파 방지를 위한 소방 시스템 활용

1) 능동적 소방 시스템(Active Fire Protection)

- 화재 발생 시 적극적으로 대응하는 소방 장치
- 주요 시스템
  - 스프링클러 시스템: 자동 화재 진압 및 화염 확산 방지
  - 소화기 및 자동 소화 설비: 특정 화재 유형에 맞춰 적용
  - 연기 감지기 및 화재 경보 시스템: 초기 화재 감지 및 신속한 대응 유도

(1) 소방 시스템의 효과적인 활용 방안

- 화재 하중이 높은 공간에 자동 소화 설비 설치

* 화재감지기와 소화 시스템을 연동하여 즉각적인 작동 가능하도록 설정
* 정기적인 소방 장비 점검 및 유지 관리 필수

그림 4.32 소방 시스템을 활용한 화염 전파 방지 개념

5. 화염 전파 위험 감소를 위한 예방 및 관리 대책

1) 화재 예방을 위한 주요 조치

* 화재 발생을 방지하고 피해를 최소화하기 위해 사전 예방 조치가 필수적임
* 주요 예방 대책
  - 가연물 및 인화성 물질의 적절한 저장 및 관리
  - 전기 설비 및 가스 배관의 정기 점검
  - 피난 경로 확보 및 비상 대응 계획 수립

(1) 화재 안전 관리 지침

* 정기적인 화재 훈련 및 대피 절차 숙지
* 건물 내 소방설비 점검 및 유지 관리
* 공공건물 및 다중 이용 시설에 방화구획 및 대피로 표시 의무화

2) 산업시설에서의 화염 전파 방지 전략

* 대형 산업시설에서는 화재 발생 시 빠르게 확산할 가능성이 높으므로 **산업별 맞춤형 화재 방지 전략**이 필요함

• 주요 전략
  - 고위험 구역에 방폭 설비 설치
  - 열 감지 및 가연성 가스 감지 시스템 구축
  - 비상 차단 밸브 및 화염 방지기(Flame Arrestor) 설치

표 4.26 산업시설에서 적용할 수 있는 화재 방지 기술

기술	적용 산업
방폭 설비	화학공장
자동 소화 시스템	물류 창고

6. 화염 전파를 효과적으로 억제하는 방화 설계 사례

1) 대표적인 방화 설계 적용 사례

- 고층 건물: 내부 방화구획 적용, 자동 방화셔터 및 압력 차이 활용한 연기 제어 시스템 구축
- 지하 공간(지하철, 터널 등): 화재 시 연기 배출을 위한 배기 시스템 설치 및 내화 벽 적용
- 산업시설: 방폭 구역 설정 및 화염 확산 방지를 위한 자동 소화 시스템 구축

그림 4.33 건축물의 방화 설계 적용 사례

(1) 방화 설계 기술 발전과 향후 전망

- 내화 건축 자재의 지속적인 발전
- AI 기반 화재 감지 및 자동 대응 시스템 개발
- 친환경 방화 솔루션 도입 및 연구 확대

3 폭발압력과 충격파 특성

폭발은 급격한 에너지 방출로 인해 높은 압력과 충격파를 발생시키며, 이는 구조물과 인명에 치명적인 영향을 미칠 수 있다. 폭발압력과 충격파의 특성을 이해하는 것은 **폭발 사고 예방과 피해 최소화를 위한 중요한 요소**이다. 본 절에서는 폭발압력과 충격파의 발생 원리, 특성, 영향 요인, 그리고 방지 대책을 다룬다.

3.1 폭발압력의 개념 및 기본 원리

폭발압력(Explosion Pressure)은 폭발이 발생할 때 순간적으로 형성되는 **급격한 압력 상승 현상**을 의미하며, 이는 주변 환경에 강력한 충격과 피해를 유발할 수 있다. 폭발압력의 크기와 영향은 **연료의 종류, 혼합비, 폭발 환경, 점화원 에너지** 등에 따라 달라진다. 폭발압력의 물리적 특성을 이해하는 것은 **폭발 방지 및 피해 최소화를 위한 중요한 요소**이며, 이를 위해 폭발압력의 개념, 발생 원리, **정적 압력과 동적 압력의 차이, 주요 측정 단위** 등을 자세히 살펴볼 필요가 있다.

1. 폭발압력의 정의 및 주요 개념

1) 폭발압력의 정의

- **폭발압력은 화학적 또는 물리적 폭발 과정에서 발생하는 급격한 압력 변화**를 의미하며, 이는 주변 환경에 강한 충격을 가함
- 폭발압력은 일반적으로 **폭발의 유형(연소 폭발, 물리적 폭발, 화학적 폭발)에 따라 특성이 달라지며, 폭발 후 압력이 급격히 상승하고 이후 감쇠하는 과정**을 거침
- 폭발압력은 **연료의 상태(기체, 액체, 고체)**와 **산화제의 농도 및 점화 에너지**에 따라 다르게 형성됨

표 4.27 폭발압력의 주요 측정 단위 비교

측정 단위	정의	환산 관계
Pa (파스칼)	압력을 나타내는 기본 단위 (1N/m²)	1 bar = 100,000 Pa
bar	대기압을 기준으로 한 압력 단위	1 bar ≈ 14.5 psi
psi (파운드/in²)	미국식 압력 단위, 인치당 가해지는 힘	1 psi = 6,894.76 Pa

2) 폭발압력의 주요 특성

- 폭발압력은 **매우 짧은 시간(수 밀리초 이내)에 급격히 상승**하며, 그 이후 빠르게 감소
- 폭발압력의 크기는 **폭발의 에너지원과 주변 환경에 따라 달라지며**, 같은 양의 연료라도 폭발 조건에 따라 압력이 달라질 수 있음
- 폭발이 진행되는 동안, 폭발압력은 **중심부에서 최대**가 되며, **주변으로 전파되면서 감쇠**됨
- 폭발압력의 크기는 **연료의 종류, 혼합비, 점화원의 강도** 등에 의해 결정됨

그림 4.34 폭발압력의 발생 원리

2. 폭발압력의 발생 과정

폭발압력은 **폭발 반응이 시작될 때부터 종료될 때까지의 일련의 과정에서 형성되는 압력 변화**를 의미한다.

1) 폭발압력의 형성 단계

(1) 점화 단계(Ignition Stage)

- 연료와 산화제가 혼합된 공간에서 외부 점화원(불꽃, 전기 스파크, 열)에 의해 반응이 시작됨
- 점화원이 충분한 에너지를 가지면, **연소 속도가 급격히 증가하며 폭발압력이 상승**

(2) 압력 상승 단계(Pressure Build-up Stage)

- 폭발 반응이 진행됨에 따라, **연소 생성물이 급격하게 팽창하며 주변 기체를 밀어내고 압력이 상승**
- **연소 속도가 빠를수록 압력 상승 속도도 증가**

(3) 최대 폭발압력 단계(Peak Pressure Stage)

- 반응이 가장 활발하게 일어나며 **폭발압력이 최고점(Peak Pressure)에 도달**
- 밀폐 공간에서는 **압력 누적 효과(Cumulative Pressure Effect)**로 인해 폭발압력이 더 크게 상승

(4) 압력 감쇠 및 확산 단계(Pressure Decay & Expansion Stage)

- 폭발 후 생성된 가스가 확산하며 압력이 점진적으로 감소
- **충격파(Shock Wave)**가 발생하며 주변 환경으로 에너지를 전달

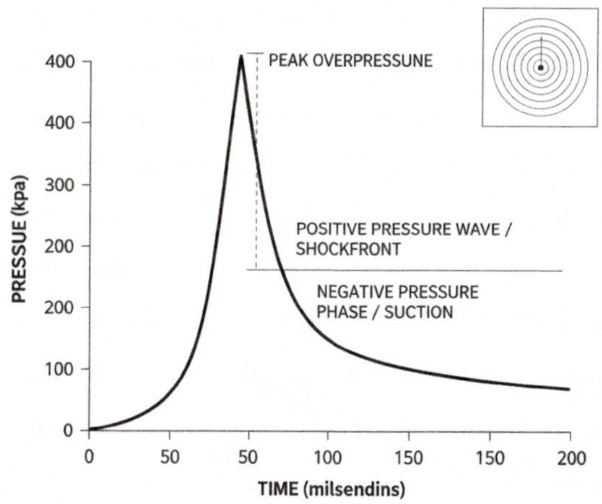

그림 4.35 폭발압력의 시간에 따른 변화 곡선

3. 정적 압력과 동적 압력의 차이

1) 정적 압력(Static Pressure)

- 폭발 시 **일정한 공간 내에서 축적된 압력**을 의미하며, 고정된 위치에서 측정됨

- 밀폐된 공간에서 폭발이 발생하면, **정적 압력이 매우 빠르게 상승하며 구조물에 균일한 하중을 가**할 수 있음
- **저압 폭발**(15 psi)에서는 창문이 깨지거나 경미한 구조 손상이 발생하며, **고압 폭발**(2,050 psi **이상**)에서는 벽체가 붕괴할 수 있음

2) 동적 압력(Dynamic Pressure)

- 폭발 후 생성된 기체와 충격파가 **운동하면서 발생하는 압력**
- 폭발 후 빠른 속도로 이동하는 **고온 가스와 압축된 공기가 구조물이나 인체에 충격**을 가함
- 동적 압력이 높을수록 파편과 충격파로 인한 2차 피해 발생 가능성 증가

표 4.28 정적 압력과 동적 압력의 비교

구분	정의	발생 조건	주요 피해
정적 압력	폭발이 밀폐된 공간에서 축적되며 발생하는 압력	밀폐 또는 반밀폐 공간에서 발생	건물 내부 압력 상승, 구조물 균열 및 붕괴 가능
동적 압력	폭발 후 기체가 이동하면서 발생하는 압력	개방된 공간에서 폭발 발생 시 생성	충격파에 의한 인체 손상, 창문 및 외벽 파손

4. 폭발압력의 주요 측정 단위

폭발압력은 주로 Pa(Pascal), bar, psi(Pound per Square Inch) 단위로 표현되며, 폭발 연구 및 산업 현장에서 다양한 기준으로 측정된다.

표 4.29 폭발압력의 주요 측정 단위 비교

측정 단위	정의	환산 관계
Pa (파스칼)	압력을 나타내는 기본 단위 (1N/m²)	1 bar = 100,000 Pa
bar	대기압을 기준으로 한 압력 단위	1 bar ≈ 14.5 psi
psi (파운드/in²)	미국식 압력 단위, 인치당 가해지는 힘	1 psi = 6,894.76 Pa

5. 폭발압력의 실험적 측정 방법

폭발압력은 **실제 실험을 통해 측정할 수 있으며, 다양한 센서와 실험 장비를 활용하여 평가**할 수 있다.

1) 측정 방법

(1) **압력 센서(Pressure Sensor) 활용**

- 고속 압력 센서를 폭발이 발생할 공간에 배치하여 순간적인 압력 변화를 기록
- **밀폐된 공간과 개방된 공간에서 측정하는 방식이 다름**

(2) **고속 카메라(High-Speed Camera) 분석**

- 폭발 현상을 **초고속 카메라**(>10,000 fps)로 촬영하여 압력 변화와 충격파 전파 속도를 분석

(3) **충격파 튜브(Shock Tube) 실험**

- **충격파를 인위적으로 생성하여 폭발압력과 충격파 특성을 연구**

그림 4.36 폭발압력 측정 장치 개요

3.2 충격파(Shock Wave)와 폭풍압(Blast Wave)의 특성

충격파(Shock Wave)와 **폭풍압**(Blast Wave)은 폭발 시 발생하는 대표적인 물리적 현상으로, 순간적인 고압력이 형성되어 주변 환경과 구조물에 큰 영향을 미친다. **충격파**는 **음속 이상의 속도로 전파되는 압력파**로서, 폭발 순간 매우 강한 압력 변화를 일으킨다. 이에 반해 **폭풍압**은 충격파가 지나간 후 형성되는 **낮은 압력의 흐름**으로, 구조물 붕괴나 2차

피해를 유발하는 주요 원인이다. 본 절에서는 충격파와 폭풍압의 정의, 특성, 전파 메커니즘, 그리고 물리적 영향을 분석한다.

1. 충격파의 정의 및 발생 원리

1) 충격파의 개념

- **충격파**(Shock Wave)는 폭발로 인해 급격한 압력 변화가 발생하면서 형성되는 강한 압력파
- 일반적인 소리나 기압 변화와 달리, 충격파는 **매우 짧은 시간(밀리초 이내)에 강한 압력 변화를 일으키며 음속보다 빠르게 전파**
- 충격파가 전파되는 과정에서 **밀도와 온도가 급격히 상승**하며, 구조물 및 인체에 강한 충격을 가함

2) 충격파의 주요 특성

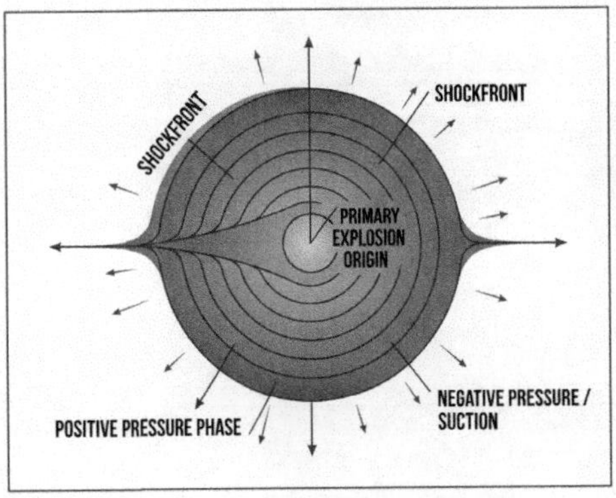

그림 4.37 충격파의 발생 및 전파 원리

- 충격파는 고**압의 압축된 기체가 급격히 팽창하며 형성**되며, **폭발 지점에서 가장 강한 압력**을 받음
- 충격파의 속도는 **주변 공기의 온도와 압력에 영향**을 받으며, 일반적으로 초기 속도는 **음속의 수 배**에 달할 수 있음
- 충격파가 이동하면서 **압력이 점진적으로 감소**하며, 일정 거리 이상에서는 **정상적인 음파로 변환**됨
- 충격파는 **전방파**(Incident Shock)와 **반사파**(Reflected Shock)로 구분되며, 반사파는 구조물에 의해 반사되어 더욱 강한 압력을 형성할 수 있음

2. 폭발 시 발생하는 압력파의 구조

폭발이 일어날 때 발생하는 압력파는 **시간에 따라 특성이 변화**하며, 일반적으로 다음과 같은 단계로 구분된다.

1) 초기 충격파(Incident Shock Wave)

- **폭발 순간 발생하는 최초의 압력파**로, **가장 강한 압력 변화**를 유발
- 충격파가 전파되면서 **압력은 감소**하지만, 공기 중에서 **음속보다 빠르게 이동**
- 초기 충격파의 속도는 폭발 에너지에 따라 다르며, **폭발 규모가 클수록 속도와 압력이 증가**

2) 반사 충격파(Reflected Shock Wave)

- 충격파가 **장애물(건물, 벽, 지면 등)에 부딪혀 반사될 때 형성**되는 2차 압력파
- 반사 충격파는 일반적으로 **초기 충격파보다 강한 압력**을 받을 수 있으며, **구조물에 더 큰 피해**를 줌
- 밀폐된 공간에서는 반사 충격파가 계속 축적되어 폭발압력이 더욱 증가할 수 있음

3) 폭풍압(Blast Wave)

- 충격파가 지나간 후 형성되는 **저압의 흐름**으로, **공기가 폭발 중심부로 되돌아오는 현상**
- 폭풍압은 **구조물 붕괴 및 파편을 날려 2차 피해를 유발**하는 주요 요인
- 폭발 지점에서 멀어질수록 폭풍압의 강도는 약해지지만, 반사 효과가 있는 환경에서는 지속적으로 영향을 미칠 수 있음

표 4.30 충격파와 폭풍압의 비교

구분	정의	주요 특징
충격파	폭발 시 순간적으로 형성되는 고압력파	음속 이상의 속도로 전파됨, 강한 압력 변화 유발
폭풍압	충격파가 지나간 후 발생하는 후류 압력	구조물 붕괴 및 2차 피해를 유발

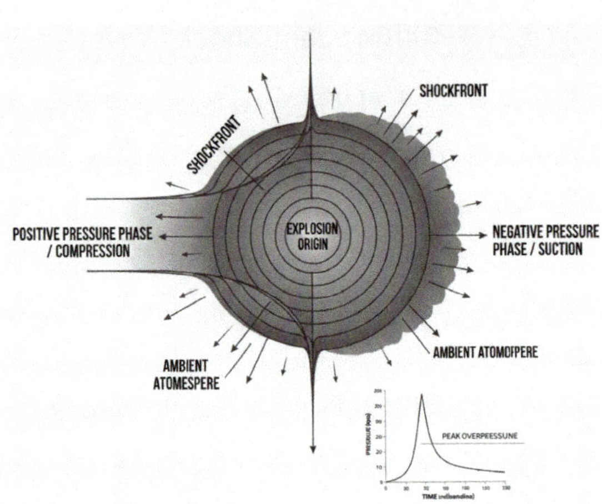

그림 4.38 폭발 후 충격파 및 폭풍압의 구조

3. 충격파와 폭풍압의 전파 메커니즘

충격파와 폭풍압의 **전파 방식은 폭발의 성격, 주변 환경, 거리** 등에 따라 다르게 나타나며, 다음과 같은 원리에 따라 진행된다.

1) 개방 공간에서의 전파

- 개방된 공간에서는 충격파가 **방사형으로 퍼지며, 압력이 비교적 빠르게 감소**
- 장애물이 없으면 **거리의 제곱에 반비례하여 충격파 강도가 감소**
- 공기 중에서의 충격파 속도는 초기 폭발 강도에 따라 다르지만, 일반적으로 **초기 충격파는 음속(340 m/s)보다 빠르게 이동**

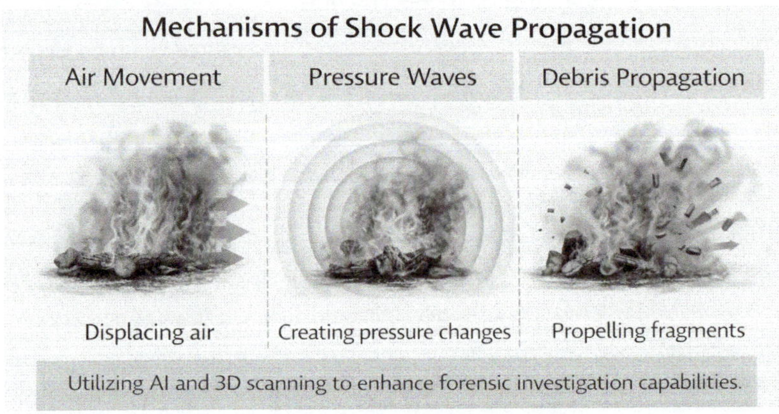

그림 4.39 충격파의 전파 메커니즘

표 4.31 개방 공간과 밀폐 공간에서의 충격파 감쇠율 비교

환경	충격파 감쇠 특징
개방 공간	충격파가 거리의 제곱에 반비례하여 감쇠
밀폐 공간	충격파가 반사되며 압력 상승이 지속됨

2) 밀폐 공간에서의 충격파 증가

- 밀폐된 공간에서는 **충격파가 반사되며, 압력이 지속적으로 상승**
- 구조물 내부에서 충격파가 여러 번 반사되면, 특정 지점에서 **압력이 정상 충격파보다 2~3배 이상** 강해질 수 있음
- 밀폐 공간에서 폭발이 발생하면 **압력 상승 속도가 더욱 빨라지며, 폭풍압도 증가**하여 **구조물 내부 피해가 극대화**

3) 구조물 및 지형의 영향

- 건물, 지면, 벽 등의 **장애물이 있으면 충격파가 반사되면서 새로운 충격파가 생성**됨
- **고층 건물 사이**에서 충격파가 반사되면 공기 중 충격파가 더욱 강해지며, 폭발 영향 범위가 넓어질 수 있음
- 지형이 충격파의 방향을 바꾸거나 **산악 지역**에서는 반사파가 겹쳐 압력이 상승할 수 있음

4. 충격파와 폭풍압이 미치는 물리적 영향

충격파와 폭풍압은 **인체, 구조물, 환경에 큰 영향**을 미칠 수 있으며, 그 피해 정도는 압력 크기와 지속 시간에 따라 다르게 나타난다.

표 4.32 충격파 강도별 예상 피해 수준

충격파 강도 (psi)	예상 피해 수준
1~5 psi	창문 파손, 경미한 외벽 손상 발생
5~20 psi	벽면 균열, 문과 지붕 붕괴 가능
20~50 psi	철근 콘크리트 구조물 붕괴 가능
50 psi 이상	폭발 중심부에서는 전면적인 건물 붕괴 가능

1) 구조물 손상 영향

- 1~5 psi: 창문이 깨지고 경미한 외벽 손상 발생
- 5~20 psi: 문과 지붕이 붕괴할 가능성이 높으며, 건물 내부에 심각한 손상 발생
- 20~50 psi 이상: 철근 콘크리트 구조도 붕괴할 수 있으며, 폭발 중심부에서는 전면적인 건물 붕괴 가능

2) 인체에 미치는 영향

- 2~5 psi: 고막 파열 가능성이 높아짐
- 5~10 psi: 폐 손상 및 내부 장기 손상 위험 증가
- 10~20 psi 이상: 즉각적인 치명적 부상 발생 가능

3) 폭발압력에 의한 2차 피해

- 충격파로 인해 파편이 날아가면서 추가적인 피해 발생
- 폭풍압에 의해 건물 잔해가 흩어져 화재 발생 가능

그림 4.40 충격파 및 폭풍압이 구조물에 미치는 영향

3.3 폭발압력 및 충격파의 영향 요인

폭발압력과 충격파의 강도 및 영향 범위는 다양한 요인에 의해 결정된다. 폭발이 일어나는 환경, 연료의 성질, 산화제와의 혼합 비율, 점화 조건, 지형 및 구조물의 형태 등이 폭발압력과 충격파의 특성에 큰 영향

을 미친다. 이를 정확히 이해하는 것은 폭발 사고 예방 및 방지 대책 수립에 필수적이며, 폭발 시 피해 예측 및 구조 설계에도 중요한 역할을 한다. 본 절에서는 **폭발압력 및 충격파에 영향을 미치는 주요 요인을 분석**하고, **폭발압력 증가 및 감쇠 메커니즘**을 상세히 살펴본다.

1. 연료의 물리·화학적 성질과 혼합 비율

1) 연료의 연소 속도와 폭발압력의 관계

- 연료의 **연소 속도(Burning Velocity)**는 폭발압력 형성에 큰 영향을 미치며, 연소 속도가 빠를수록 폭발압력이 급격히 상승
- 기체 연료(예 **수소, 메테인, 아세틸렌**)는 액체·고체 연료보다 빠르게 연소하여 높은 폭발압력을 형성
- 액체 연료(예 **휘발유, 등유, 경유**)는 증발 후 가연성 증기가 형성되면서 폭발압력이 비교적 천천히 증가
- 고체 연료(예 **목재, 석탄, 플라스틱**)는 열분해 과정을 거친 후 연소가 진행되며 폭발압력이 상대적으로 낮음

2) 연료-산화제 혼합비(Fuel-to-Oxidizer Ratio)

- 폭발압력은 연료와 산화제의 혼합비가 **가연성 혼합기의 최적 비율**(화학 양론적 비율, Stoichiometric Ratio)에 도달할 때 최대
- 혼합비가 너무 낮거나(연료 희박) 너무 높으면(연료 과잉) 폭발압력이 감소
- 예를 들어, **수소-공기 혼합물의 경우 약 30% 연료 함유** 시 가장 높은 폭발압력을 형성

표 4.33 주요 연료의 폭발압력과 혼합비 관계

연료 종류	최적 혼합비 (%)	최대 폭발압력 (bar)
수소 (H_2)	30	8.5
메테인 (CH_4)	9.5	7.0
프로페인 (C_3H_8)	4.2	8.0

2. 점화원 및 초기 에너지 공급량

1) 점화원의 에너지 크기

- 폭발압력은 **점화원의 강도**에 따라 결정되며, 강한 점화원이 있을수록 높은 압력이 발생
- 주요 점화원으로는 **스파크 방전, 화염, 고온 표면, 전기 아크** 등이 있음
- 점화원이 클수록 연소 반응이 빠르게 진행되며, 폭발압력이 급격히 상승

2) 최소 점화 에너지(Minimum Ignition Energy, MIE)

- **최소 점화 에너지(MIE)**가 낮을수록 쉽게 점화되며, 폭발압력이 높아질 가능성이 증가
- **수소의 MIE는 0.02 mJ로 매우 낮아 작은 에너지로도 폭발** 가능
- **메테인(0.28 mJ), 휘발유(0.8 mJ), 경유(10 mJ)** 등 연료마다 최소 점화 에너지가 다름

표 4.34 주요 연료의 최소 점화 에너지 비교

연료 종류	최소 점화 에너지 (mJ)
수소 (H_2)	0.02
메테인 (CH_4)	0.28
휘발유	0.8
경유	10

3. 폭발 환경(개방 공간 vs 밀폐 공간)

1) 개방 공간(Open Space)에서의 폭발압력 변화

- 개방된 공간에서는 충격파가 자유롭게 확산하므로 압력이 빠르게 감소
- **충격파 강도는 거리의 제곱에 반비례하여 감소($1/d^2$ 법칙 적용)**
- 풍속과 지형 조건에 따라 충격파의 전파 방향이 달라질 수 있음

2) 밀폐 공간(Enclosed Space)에서의 폭발압력 변화

- 밀폐된 공간에서는 **충격파가 반사되며 압력이 지속적으로 증가**
- 환기구가 없는 밀폐 공간에서는 **최대 폭발압력이 개방 공간보다 5~10배** 높을 수 있음

- 실내 폭발 시 **천장과 벽면에서 반사된 충격파가 중첩되며, 구조물 내부에서 파괴력이 극대화**됨

그림 4.41 개방 공간과 밀폐 공간에서의 폭발압력 비교

4. 외부 환경 요소(지형, 구조물, 기상 조건)

1) 지형과 구조물의 영향

- 폭발이 **협곡, 터널, 도심 건물 사이**에서 발생하면 충격파가 반사되면서 압력이 증폭됨
- **고층 건물 지역**에서는 반사 충격파가 중첩되어 강한 폭발력을 유발

2) 기상 조건의 영향

- **습도와 온도가 높을수록 공기 밀도가 증가하며 충격파 감쇠 속도가 느려짐**
- 바람이 강할 경우 충격파가 특정 방향으로 집중될 수 있음

표 4.35 폭발압력에 영향을 미치는 주요 환경 요인

환경 요인	영향
지형	반사 충격파 형성, 충격파 증폭 가능
구조물	밀폐 공간에서는 충격파 압력 상승
기온 및 습도	높은 온도와 습도는 충격파 감쇠 속도를 지연

5. 폭발압력 감쇠 메커니즘

1) 거리 및 장해물의 역할

- 폭발압력은 거리가 멀어질수록 감쇠하며, 충격파는 **거리의 제곱에 반비례하여 감소**
- **건물, 방벽, 자연 지형** 등이 충격파를 흡수하거나 반사하며 압력 감쇠에 기여

2) 폭발압력의 공기 저항 및 에너지 분산

- 폭발압력은 이동하면서 **공기와 마찰하며 일부 에너지를 소산**
- 연소 생성물과 혼합된 가스가 확산하면서 폭발압력이 점진적으로 감소

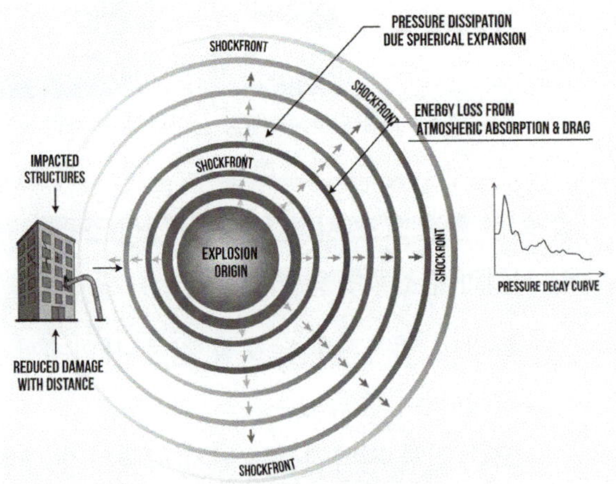

그림 4.42 폭발압력 감쇠 메커니즘 개념도

6. 폭발압력 및 충격파 영향 예측을 위한 분석 기법

1) 실험적 분석 방법

- 폭발 실험을 통해 **압력 측정 센서**를 활용하여 폭발압력 및 충격파 특성 평가
- **고속 카메라 및 열화상 장비**를 활용하여 폭발압력의 전파 속도와 열 방출량 분석

2) 수치 해석 및 시뮬레이션 기법

- CFD(**전산유체역학**, Computational Fluid Dynamics) **기법**을 이용하여 폭발압력 전파 모델링

• LS-DYNA, AUTODYN 등의 소프트웨어를 활용하여 충격파 및 폭발 압력의 구조적 영향을 분석

표 4.36 폭발압력 분석을 위한 주요 시뮬레이션 기법 비교

시뮬레이션 기법	주요 용도
CFD (전산유체역학)	폭발압력 전파 모델링
LS-DYNA	충격파의 구조적 영향 분석
AUTODYN	폭발 및 충격파 전파 해석

3.4 폭발압력과 충격파가 미치는 영향

폭발이 발생하면 **폭발압력**(Explosion Pressure)과 **충격파**(Shock Wave)가 주변 환경에 강력한 영향을 미치며, 이는 **인체, 구조물, 차량, 산업시설 등 다양한 대상에 심각한 피해**를 유발할 수 있다. 폭발압력과 충격파의 강도, 지속 시간, 전파 속도 등에 따라 피해 정도가 달라지며, 이에 대한 이해는 폭발 피해를 예측하고 방지 대책을 수립하는 데 필수적이다. 본 절에서는 **폭발압력과 충격파가 미치는 영향**을 인체, 구조물, 환경, 산업시설 등을 중심으로 상세히 분석한다.

1. 폭발압력이 인체에 미치는 영향

폭발 시 발생하는 충격파와 폭풍압(Blast Wave)은 **인체의 주요 장기에 직접적인 영향**을 미치며, **특정 압력 수준 이상에서는 치명적인 손상**을 유발할 수 있다.

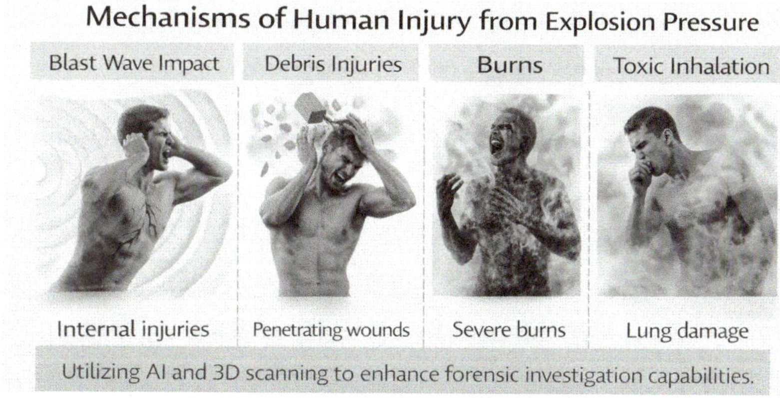

그림 4.43 폭발압력에 따른 인체 피해 메커니즘

1) 충격파가 인체에 미치는 주요 영향

- 충격파는 **급격한 압력 변화를 일으켜 인체 조직을 강하게 압박**
- 폐, 고막, 내부 장기 등 공기가 포함된 기관이 가장 취약함
- 충격파가 몸을 밀어내거나 공중으로 날려 보내 **2차적인 낙하 피해** 유발

2) 압력 강도에 따른 인체 손상 정도

표 4.37 폭발압력 강도에 따른 인체 피해 정도 비교

폭발압력 (psi)	예상 인체 피해
1~5 psi	고막 손상 가능성 증가
5~15 psi	폐출혈 및 골절 가능성 증가
15~30 psi	즉각적인 폐 손상 및 내부 출혈
30 psi 이상	사망 확률 급격히 증가

- 1~5 psi: 귀에 경미한 압력 감지, 고막 손상 가능
- 5~15 psi: 폐출혈 및 골절 가능성 증가
- 15~30 psi: 즉각적인 폐 손상 및 내부 출혈
- 30 psi 이상: 사망 확률 급격히 증가

3) 폭풍압에 의한 2차 피해

- 폭풍압으로 인해 **파편이 고속으로 비산하여 추가적인 부상** 유발
- 공중으로 날리면서 **낙하 충격 및 골절** 발생 가능
- 폭발 후 형성된 **강한 후폭풍이 연기를 확산시키며 질식 위험** 증가

2. 폭발압력과 충격파가 구조물에 미치는 영향

1) 폭발압력 강도에 따른 건축물 손상 정도

폭발압력은 구조물에 강한 충격을 가하며, 그 강도에 따라 피해 범위가 달라진다.

- 1~5 psi: 창문 파손, 문과 지붕의 경미한 변형
- 5~20 psi: 벽면 균열, 내부 기둥 손상, 문과 지붕 붕괴 가능
- 20~50 psi: 철근 콘크리트 구조물도 붕괴 가능, 전면적인 건물 붕괴
- 50 psi 이상: 폭발 중심부에서는 거의 모든 구조물이 붕괴

표 4.38 폭발압력 강도에 따른 건축물 피해 비교

폭발압력 (psi)	예상 건축물 피해
1~5 psi	창문 파손, 지붕 변형 발생
5~20 psi	내부 기둥 손상, 지붕 붕괴 가능
20~50 psi	철근 콘크리트 구조물 붕괴 가능
50 psi 이상	전면적인 건물 붕괴

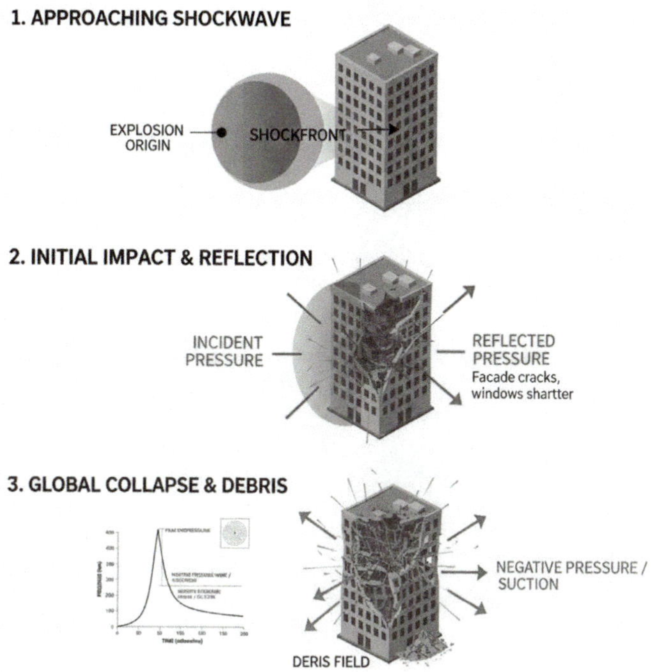

그림 4.44 폭발압력과 구조물 붕괴 과정

2) 충격파의 반사 효과 및 구조물 내 압력 상승

- 밀폐된 건물 내부에서는 충격파가 반사되며 내부 압력이 급격히 상승
- 건물 내부에 갇힌 충격파는 **구조물의 붕괴 속도를 가속화**할 수 있음

3. 폭발이 환경 및 산업시설에 미치는 영향

1) 폭발이 환경에 미치는 영향

- 폭발 후 발생하는 **고온 가스와 화염이 인근 지역의 산불을 유발**할 가능성이 높음

- 공기 중에 연소하지 않은 가스가 남아 **2차 화재 또는 폭발**로 이어질 수 있음
- 화학 물질이 포함된 폭발 시 **독성 가스가 발생하여 대기 오염**을 유발

2) 산업시설에서 피해 사례

- **정유 공장, 화학공장, 가스 저장 시설** 등에서는 폭발압력에 의해 추가적인 폭발이 발생할 가능성이 큼
- 폭발이 배관이나 저장 탱크를 파괴하면 **대규모 화재 및 연쇄 폭발** 발생 가능
- 전기설비 파손으로 **정전 및 대규모 산업 중단** 가능성

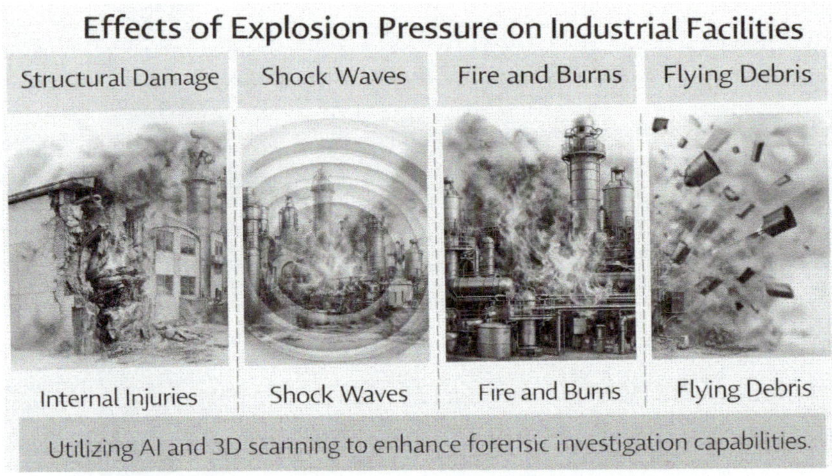

그림 4.45 폭발압력이 산업시설에 미치는 영향

표 4.39 산업시설에서 발생할 수 있는 폭발 피해 유형

피해 유형	주요 피해 예시
정유 공장	저장 탱크 폭발, 대규모 화재 발생
화학공장	독성 가스 누출, 연쇄 폭발 가능성
가스 저장 시설	배관 파손으로 인한 폭발 및 화재

4. 폭발압력과 충격파에 의한 차량 및 교통 시설 피해

1) 차량 손상 정도

- 폭발압력이 10~20 psi에 도달하면 차량의 유리가 파손됨

- **20~40 psi 이상**에서는 차량이 전복될 가능성이 있음
- 강한 폭발압력이 가해지면 **연료 탱크가 파손되며 2차 폭발** 가능성 존재

2) 교통시설 손상

- **교량, 터널, 지하철역** 등은 밀폐된 환경으로 충격파가 증폭되며 피해가 심화됨
- 충격파가 **터널 내부**에서 반사되며 전파 속도가 증가하여 차량과 보행자에게 치명적인 영향을 줄 수 있음

표 4.40 차량 및 교통 시설에서의 폭발 피해 비교

폭발압력 (psi)	차량 피해 수준
10~20 psi	차량 유리 파손
20~40 psi	차량 전복 가능성 증가
40 psi 이상	연료 탱크 파손 및 2차 폭발 가능

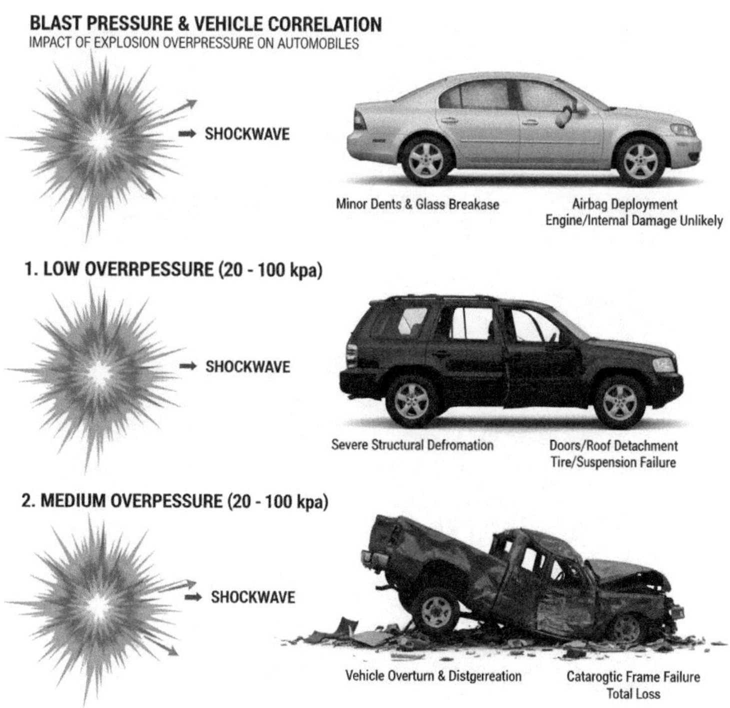

그림 4.46 폭발압력과 차량 피해 관계

5. 폭발압력과 충격파의 장기적인 영향

1) 장기적인 환경 피해

- 대규모 폭발이 발생하면 **토양 및 수질 오염이 지속**될 가능성이 있음
- 폭발 후 화재로 인해 **생태계가 장기간 영향**을 받을 가능성

2) 폭발 후 인프라 및 사회적 영향

- 폭발 사고로 인해 **주거지역 및 산업 지역이 장기간 기능을 상실**
- 대형 폭발 사고가 발생하면 **경제적 피해와 사회적 혼란**을 유발할 가능성

그림 4.47 폭발 후 환경 및 사회적 영향 분석

3.5 폭발압력 및 충격파 방지 및 완화 대책

폭발압력과 충격파는 **대규모 물리적 피해를 유발하는 주요 원인**이며, 이를 방지하고 완화하기 위한 기술적·구조적 대책이 필수적이다. **폭발 예방, 폭발압력 제어, 충격파 완화 기술, 방폭 설계, 개인 보호 대책** 등을 종합적으로 고려해야 하며, 특히 산업 시설과 도시 환경에서는 철저한 대비가 필요하다. 본 절에서는 폭발압력과 충격파를 효과적으로 방지하고 완화하는 다양한 대책을 분석한다.

1. 폭발 예방 및 위험 관리 대책

폭발이 발생하지 않도록 사전에 위험 요소를 관리하는 것이 가장 효과적인 방지 방법이다. 이를 위해 위험 물질의 안전한 저장, 적절한 환기 및 통풍, 정전기 제거, 점화원 통제 등 다양한 전략이 활용된다.

1) 위험 물질의 안전한 저장 및 취급

- 가연성 가스 및 액체 연료는 **지정된 장소에서 엄격한 기준에 따라 보관**해야 함
- 산소 공급을 제한하여 폭발 가능성을 낮추기 위해 **질소 퍼지**(N_2 Purging) 적용
- 고압가스 저장 탱크는 **방폭 설계된 구조물 내에 배치하며, 일정 거리 이상 이격**하여 설치

2) 점화원 제거 및 정전기 방지

- 폭발 가능성이 있는 공간에서는 전기 스파크 발생을 방지하기 위해 **방폭 전기설비**를 사용
- 연료 이송 시 정전기 축적 방지를 위해 **접지**(Earthing) **및 접합**(Bonding) 조치 필수
- 고온 표면, 용접 불꽃, 개방형 불꽃 사용을 제한하는 **점화원 통제 시스템** 운영

표 4.41 주요 연료 및 위험 물질의 안전 저장 기준 비교

연료/물질	안전 저장 기준
휘발유	밀폐 용기에 저장, 환기 필수
LPG	일정 압력 이하에서 압축 저장
수소	질소 퍼지 적용, 방폭 시설 내 저장

2. 폭발압력 방지 및 억제 기술

폭발이 발생하더라도 **최소한의 압력으로 유지하여 피해를 줄이는 기술적 접근법**이 필요하다. 이를 위해 감압 시스템, 자동 소화 시스템, 방폭 구조물 등이 사용된다.

1) 감압 시스템(Pressure Relief System) 적용

- 과압이 형성되기 전에 폭발을 완화하는 **감압 밸브**(Pressure Relief Valve) 설치
- 공정 장비 및 저장 탱크의 과압을 방출하는 **방폭 환기구**(Explosion Venting) 설계
- 가스 누출 감지 시스템과 연계하여 **자동 감압 기능** 활성화

2) 폭발 억제 시스템(Explosion Suppression System) 활용

- 산업 공장 및 가연성 분진 발생 구역에 **폭발 억제 분말 시스템**(Fast-Acting Suppression Powder) 적용
- 화재 감지 센서와 연계된 **자동 소화 시스템**(Aerosol Suppression System) 운영
- 소규모 폭발이 발생하면 즉각적으로 **연소 반응을 차단**하여 폭발압력 상승 방지

그림 4.48 감압 시스템 및 폭발 억제 시스템 개념도

3. 충격파 완화 및 방폭 구조 설계

폭발이 발생했을 때 **충격파가 주변으로 전파되는 것을 최소화**하는 방폭 설계가 중요하다. 방폭 벽, 방폭 창문, 충격파 분산 구조물 등이 이에 해당한다.

1) 방폭 벽(Blast Wall) 및 충격파 차폐 구조물

- 강철 및 내화 콘크리트로 제작된 **방폭 벽을 설치**하여 폭발압력을 분산
- **에너지 흡수 재료**(Shock-Absorbing Material)를 적용하여 충격파 완화
- 산업 시설과 위험 구역에는 **충격파 차폐용 둔덕**(Blast Berm) **및 방호벽** 적용

2) 방폭 창문(Blast-Resistant Window) 및 보호문

- **다층 강화 유리 및 폴리카보네이트** 재질을 활용하여 충격파를 분산
- **방폭 도어**(Blast Door)는 충격파를 흡수하고 2차 폭발 피해를 방지
- 건물 외벽에는 **방폭 패널**(Blast Shielding Panel) 설치하여 피해 최소화

표 4.42 방폭 벽 및 방폭 창문의 충격파 저감 효과 비교

방폭 구조물	충격파 저감 효과
방폭 벽	충격파 반사 및 압력 완화
방폭 창문	충격파 흡수 및 창문 파손 방지

그림 4.49 방폭 구조 설계 사례

4. 폭발압력 및 충격파 저감을 위한 소재 및 기술 개발

폭발 피해를 줄이기 위해 **충격파 흡수 소재 및 최신 방폭 기술이 개발**되고 있으며, 산업 전반에서 활용되고 있다.

1) 충격파 흡수 소재 및 구조물

- **고밀도 폴리머, 에너지 흡수 폼**(Shock-Absorbing Foam) 등 충격파 감쇠 재료 적용
- 전이 금속 기반의 **초고강도 방폭 패널**을 건물 외벽에 적용하여 폭발 저항력 강화

2) 스마트 센서 및 자동 폭발 감지 시스템

- **실시간 가연성 가스 농도 및 압력 변화 감지 시스템** 구축
- AI 기반 폭발 예측 알고리즘 적용하여 **조기 경보 시스템** 운영
- **초고속 폭발 억제 장치**(Fast-Acting Suppression Devices)와 연계하여 자동 대응

표 4.43 충격파 흡수 소재 및 방폭 기술 비교

방폭 기술	주요 적용 분야
고밀도 폴리머	방폭 패널 및 보호 구조물
충격파 흡수 폼	충격파 감쇠 재료 적용

그림 4.50 최신 방폭 기술 및 충격파 저감 기술 개념도

PART 02 화재 및 폭발의 원인과 물리적 특성

5. 인체 보호 및 대피 시스템 구축

폭발 발생 시 **인체 피해를 최소화하기 위한 보호 장비 및 신속한 대피 시스템** 구축이 필수적이다.

1) 개인 보호 장비(Personal Protective Equipment, PPE)

- 폭발 위험 지역에서는 **내열성 및 방폭 특성을 갖춘 보호 장비** 착용 필수
- **방폭 헬멧, 내충격 고글, 고밀도 보호복** 등 착용하여 신체 보호
- 소방관 및 응급 구조요원을 위한 **충격파 차단 방화복**(Blast-Resistant Fire Suit) 개발

2) 폭발 발생 시 대피 경로 및 피난 시스템 구축

- 건물 내부에는 **안전 구역**(Blast Shelter)을 설치하여 피난 장소 확보
- **자동 대피 유도 시스템**(Automated Evacuation System) 적용하여 인명 피해 최소화
- **비상경보 시스템 및 IoT 기반 위치 추적 장치** 활용하여 폭발 사고 시 신속 대응

표 4.44 폭발 시 개인 보호 장비 및 대피 시스템 비교

보호 장비	주요 기능
방폭 헬멧	두부 보호 및 충격 완화
내충격 고글	눈 보호 및 비산 파편 차단
방화복	고온 및 화염 보호

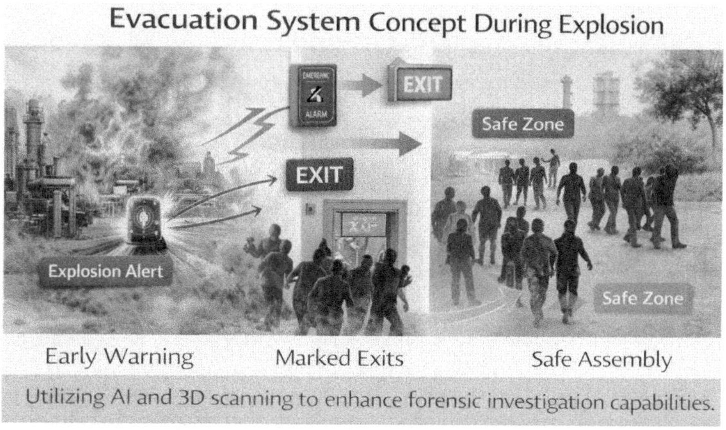

그림 4.51 폭발 발생 시 대피 시스템 개념도

4 화재 및 폭발 모델 개요

4.1 화재 및 폭발 모델의 개념

화재 및 폭발은 복잡한 물리적, 화학적, 유체역학적 과정을 포함하는 현상으로, 이를 정량적으로 분석하고 예측하기 위해 다양한 화재 및 폭발 모델(Fire and Explosion Models)이 개발되었다. 이러한 모델은 **화재 및 폭발의 진행 과정, 영향 범위, 피해 정도** 등을 시뮬레이션하여 **안전 설계, 위험 평가, 대응 전략 수립**에 활용된다.

본 절에서는 화재 및 폭발 모델의 개념, 필요성, 기본 원리, 주요 구성 요소 및 모델링 기법을 다루며, 관련 이론을 정리하고 각 모델의 역할과 적용 분야를 설명한다.

1. 화재 및 폭발 모델의 정의 및 필요성

1) 화재 및 폭발 모델의 정의

- **화재 및 폭발 모델(Fire and Explosion Models)**은 **화재 및 폭발 현상을 수학적 또는 수치상으로 표현하여 예측, 분석 및 평가**하는 도구
- 이러한 모델은 **연소 과정, 열 방출, 유체 흐름, 충격파 전파, 구조물 영향** 등을 정량적으로 분석하는 데 사용됨
- 화재 및 폭발 모델은 **실험적 모델, 경험적 모델, 수치 해석 모델**(Computational Models)로 분류되며, 목적에 따라 다양한 방법이 적용됨

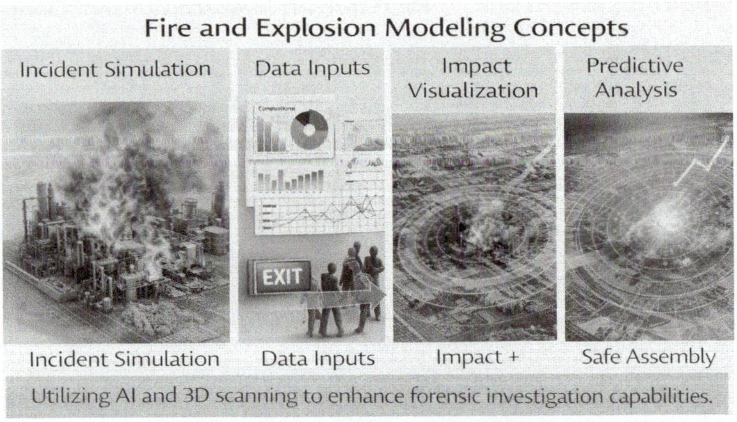

그림 4.52 화재 및 폭발 모델링 개념도

2) 화재 및 폭발 모델이 필요한 이유

(1) 실험의 한계 극복

- 화재 및 폭발 실험은 **비용이 많이 들고, 위험성이 크며, 재현이 어렵기 때문**에 제한적
- 수치 모델은 **비용 절감과 반복 가능성**이 뛰어나며, 다양한 시나리오 분석 가능

(2) 위험 평가 및 사고 예방

- 화재 및 폭발 모델을 통해 **위험 요소를 사전에 평가**하고 적절한 방지 대책 수립 가능
- 공정 안전(Industrial Process Safety) 및 건축 설계(Building Fire Safety)에 필수적

(3) 비상 대응 및 피해 최소화

- 화재 및 폭발 모델을 활용하면 **화재 확산 및 폭발 영향 범위를 예측**하여 피난 계획 수립 가능
- 소방설비 최적화 및 방폭 설계(Explosion-Proof Design)에 적용

표 4.45 화재 및 폭발 모델의 주요 역할 및 활용 분야

주요 역할	설명	활용 분야
위험 예측 및 평가	화재 및 폭발 위험 요소를 분석하고 발생 가능성을 예측	건축물 화재 안전 평가, 산업 시설 폭발 위험 분석
비상 대응 계획 수립	화재 확산 경로 및 폭발 영향 반경을 분석하여 피난 계획 수립	도시 재난 관리, 소방 시스템 최적화
구조물 및 설비 설계	방화 및 방폭 설계를 위한 구조적 안전성 평가	초고층 건물, 지하 시설, 플랜트 설비
소방 및 방폭 기술 개발	효과적인 소방 장비 및 방폭 시스템 설계를 위한 시뮬레이션 수행	소방 장비 개발, 방폭 시설 설계
사고 원인 분석 및 재현	실제 화재 및 폭발 사고를 모델링하여 원인을 규명하고 대응책 도출	법적 조사, 보험 평가, 사고 예방 연구

2. 화재 및 폭발 모델의 기본 원리

화재 및 폭발 모델은 다양한 물리적, 화학적 원리를 기반으로 하며, 주요 원리는 다음과 같다.

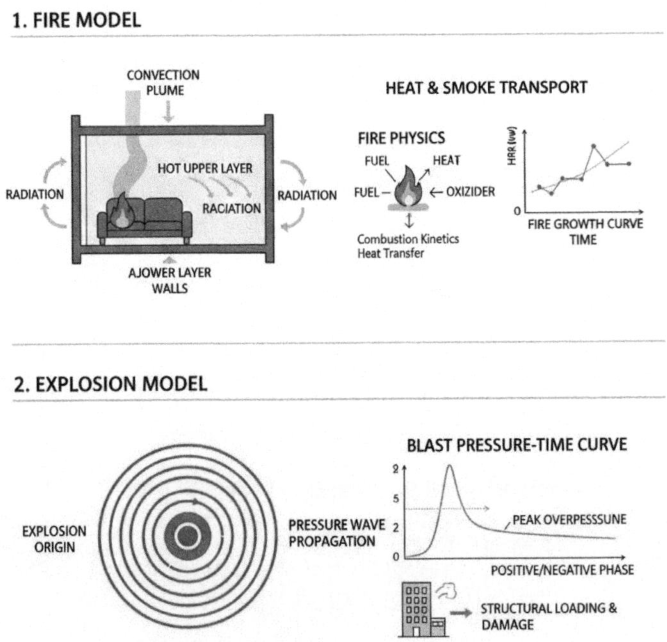

그림 4.53 화재 및 폭발 모델의 기본 원리

1) 연소 및 화염 전파 모델링

- 화재 모델은 **연소 반응**(Kinetics), **열 방출**(Heat Release), **화염 전파**(Flame Propagation) 등을 기반으로 구성됨
- **예혼합 연소**(Premixed Combustion) **및 확산 연소**(Diffusion Combustion)**의 차이점**을 반영하여 모델이 설계됨
- 연료의 화학적 조성, 산소 농도, 기류 조건 등이 **화재 모델의 핵심 변수**로 작용

2) 열전달 및 유체역학 모델링

- 화재 및 폭발 시 발생하는 열은 **전도**(Conduction), **대류**(Convection), **복사**(Radiation) 방식으로 전달됨
- 폭발 모델은 **충격파**(Shock Wave), **폭풍압**(Blast Wave), **유체 유**

동(Fluid Flow)을 반영해야 하며, CFD(Computational Fluid Dynamics, **전산유체역학**) 기법이 활용됨

3) 폭발압력 및 충격파 모델링

- 폭발 모델에서는 **최대 폭발압력**(Peak Explosion Pressure), **충격파 감쇠**(Shock Wave Attenuation) 등을 분석
- 폭발 후 생성되는 **충격파와 폭풍압이 구조물과 인체에 미치는 영향**을 정량적으로 예측

표 4.46 화재 및 폭발 모델의 주요 물리 원리

주요 원리	설명	적용 분야
연소 반응 모델	연료와 산소의 화학 반응을 기반으로 화재 발생을 설명	화재 시뮬레이션, 연소 과정 연구
열전달 모델	화재 시 열이 전도, 대류, 복사를 통해 확산하는 원리 분석	건축물 내 화재 확산 예측, 방화 설계
유체역학 모델	화염과 연기 확산을 유체 흐름으로 해석하는 모델	공기 흐름 분석, 환기 시스템 설계
폭발압력 모델	폭발 시 압력 상승과 감쇠 과정을 분석	산업용 방폭 설계, 폭발 시뮬레이션
충격파 및 폭풍압 모델	폭발 후 생성된 충격파와 압력파의 영향을 분석	구조물 손상 평가, 군사 및 방폭 설계

3. 화재 및 폭발 모델의 주요 구성 요소

화재 및 폭발 모델은 다양한 요소로 구성되며, 각 요소는 상호 연관되어 전체 모델의 정확도를 결정한다.

1) 화재 모델의 구성 요소

- **연소 반응 모델**: 화학 반응 속도 방정식을 기반으로 연료의 연소 과정 표현
- **화염 전파 모델**: 난류 및 기류 조건에 따른 화염의 전파 속도 및 확산 범위 예측
- **열전달 모델**: 화재 발생 시 복사열(Radiative Heat Transfer), 대류열(Convective Heat Transfer) 등의 영향을 반영

2) 폭발 모델의 구성 요소

- **폭발압력 모델**: 폭발 시 발생하는 순간적인 압력 상승을 해석하고, 압력 감쇠 과정을 예측
- **충격파 및 폭풍압 모델**: 폭발 후 발생하는 압력파가 구조물 및 환경에 미치는 영향을 분석
- **구조물 손상 모델**: 폭발력이 건축물, 장비, 인체에 미치는 영향을 예측

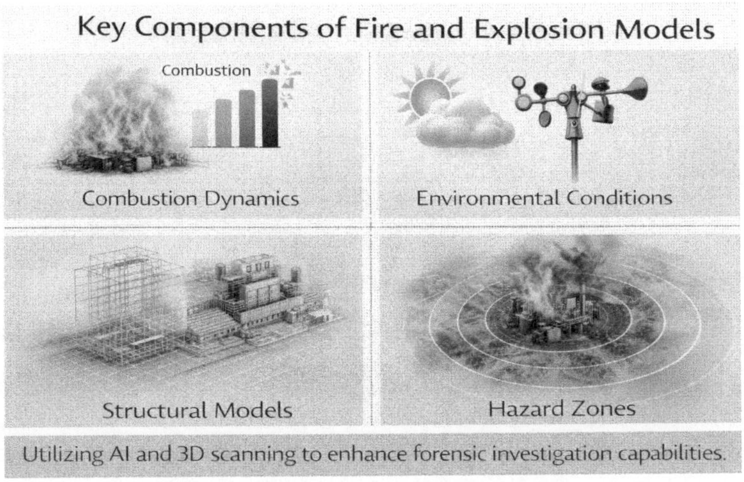

그림 4.54 화재 및 폭발 모델의 주요 구성 요소

표 4.47 화재 및 폭발 모델의 핵심 분석 요소

분석 요소	설명	적용 사례
연소 속도 및 반응 메커니즘	연소 속도와 화학 반응 속도를 분석하여 화재 진행을 예측	화재 확산 분석, 위험 물질 평가
화염 전파 및 연기 확산	화염이 전파되는 방식과 연기가 확산되는 경로를 예측	건물 내 피난 경로 설정, 연기 감지기 최적화
온도 및 열 방출량	화재 발생 시 온도 변화와 방출되는 에너지를 예측	건축 불 견딜성 평가, 소방 시스템 설계
폭발압력 및 충격파 강도	폭발이 발생할 때 형성되는 최대 압력과 충격파 세기를 분석	산업시설 방폭 설계, 폭발 피해 평가

4. 화재 및 폭발 모델링 기법

화재 및 폭발 모델은 크게 **경험적 모델, 수치 해석 모델, 실험 기반 모델**로 나뉜다.

1) 경험적 모델(Empirical Models)

- 실험 데이터를 기반으로 수식화한 모델로, 단순하지만 실용적
- **대표적 모델:** T^2 화재 성장 모델, BLEVE 폭발 모델

2) 수치 해석 모델(Computational Models)

- 전산유체역학(CFD) 및 수치 해석 기법을 활용하여 복잡한 화재 및 폭발 현상을 정밀하게 분석
- **대표적 소프트웨어:** FDS(Fire Dynamics Simulator), FLACS, AUTODYN

3) 실험 기반 모델(Experimental Models)

- 실험 데이터를 기반으로 모델을 구축하고, 시뮬레이션 결과를 보정하는 방식
- 폭발 실험 및 화재 테스트를 통해 정확한 데이터 수집 가능

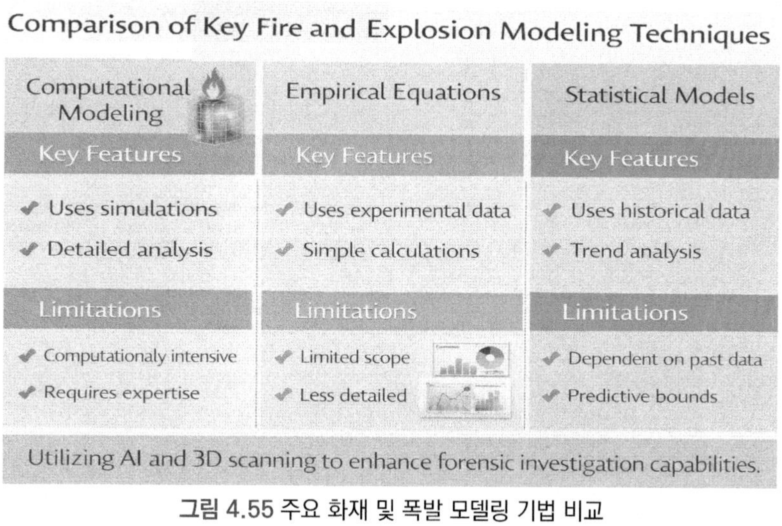

그림 4.55 주요 화재 및 폭발 모델링 기법 비교

표 4.48 경험적 모델과 수치 해석 모델 비교

모델 유형	특징	장점	단점
경험적 모델	실험 데이터를 기반으로 수식화한 모델	계산이 간단하고 빠름	정확성이 제한적이고 특정 상황에서만 유효
수치 해석 모델	물리적 방정식을 기반으로 정밀한 시뮬레이션 수행	높은 정확성과 복잡한 분석 가능	계산 비용이 많이 들고 연산 시간이 오래 걸림

4.2 화재 모델의 주요 유형 및 적용

화재 모델(Fire Models)은 다양한 화재 시나리오를 분석하고 예측하는 데 사용되며, 연소 특성, 열 방출, 화염 전파, 구조물 영향 등을 정량적으로 평가하는 역할을 한다. 화재 모델은 경험적 모델(Empirical Models), 수치 해석 모델(Computational Models), 실험 기반 모델(Experimental Models)로 구분되며, 각각의 모델은 특정 목적과 적용 분야에 따라 활용된다.

본 절에서는 **화재 모델의 주요 유형, 적용 분야, 각 모델의 장점과 한계** 등을 살펴보고, 다양한 화재 모델이 실제 화재 안전 설계 및 위험 평가에 어떻게 활용되는지 분석한다.

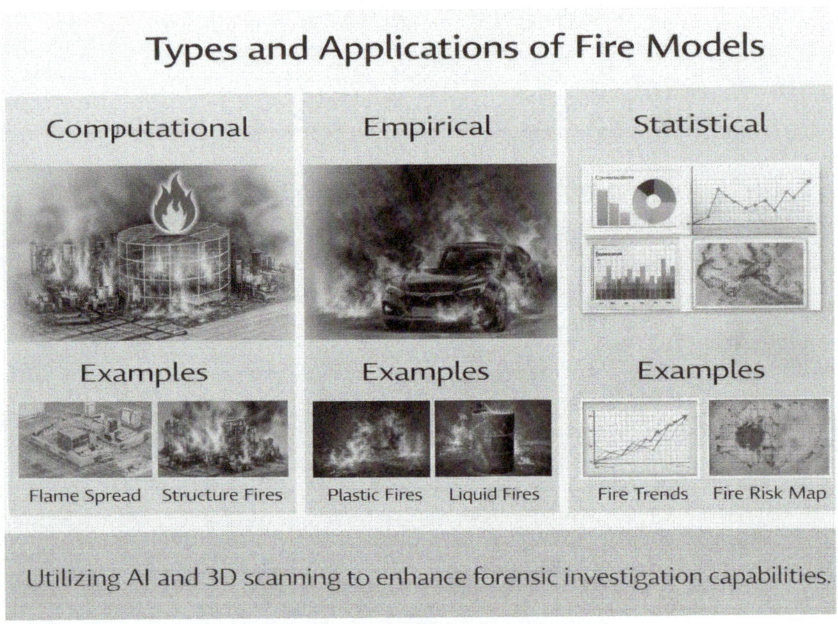

그림 4.56 화재 모델의 유형 및 적용 개념도

1. 화재 모델의 개요

1) 화재 모델의 정의 및 필요성

- 화재 모델은 **화재 발생 및 확산 과정, 연소 생성물 배출, 화재 환경 변화** 등을 시뮬레이션하여 분석하는 도구
- 실험적 방법의 한계를 보완하며, 화재 위험 평가, 방화 설계, 소방 계획

수립 등에 필수적으로 활용됨

- **연소 모델, 열전달 모델, 유체역학 모델, 구조적 손상 모델** 등이 포함됨

2) 화재 모델의 주요 적용 분야

- **건축 화재 안전 설계**: 대형 건물, 터널, 지하 공간 등에서의 화재 위험성 평가
- **산업 화재 예방**: 화학공장, 석유 저장소, 전력 설비 등의 화재 시뮬레이션
- **비상 대응 및 피난 계획**: 화재 발생 시 연기 확산과 피난 경로 분석
- **방재 시스템 최적화**: 스프링클러 및 소방설비의 배치 및 작동 시뮬레이션

표 4.49 화재 모델의 주요 적용 분야 및 활용 예시

적용 분야	설명	활용 사례
건축 화재 안전 설계	건물 내 화재 위험 요소 분석 및 방화 대책 수립	초고층 건물 화재 분석, 터널 화재 모델링
산업시설 화재 예방	공장 및 저장 시설에서의 화재 시나리오 분석	석유화학 플랜트 화재 모델링, 가연성 가스 확산 예측
비상 대응 및 피난 계획	화재 발생 시 피난 경로 및 안전 대책 수립	지하철역 및 대형 상업시설의 피난 시뮬레이션

2. 화재 모델의 주요 유형

화재 모델은 목적과 분석 수준에 따라 크게 **경험적 모델, 수치 해석 모델, 실험 기반 모델**로 구분된다.

1) 경험적 모델(Empirical Models)

- 실험 데이터를 기반으로 한 경험적 방정식을 활용하여 화재 특성을 예측
- 화재의 성장 속도, 열 방출률, 연기 확산 속도를 간단한 수식으로 표현

적용 예시

- **T^2 화재 성장 모델**: 화재 성장 단계를 느림, 중간, 빠름, 초고속으로 구분하여 화재 크기를 예측

- 플래시오버 예측 모델: 실내 화재에서 일정 온도 이상 상승 시 전 공간이 순간적으로 점화되는 현상 예측

2) 수치 해석 모델(Computational Models)

- 전산유체역학(CFD, Computational Fluid Dynamics)을 기반으로 화재 발생 및 확산을 정밀하게 시뮬레이션
- 물리적, 화학적 모델을 포함하여 다양한 화재 변수 분석 가능

적용 예시

- FDS(Fire Dynamics Simulator): 건물 내부의 화재 확산 및 연기 흐름 시뮬레이션
- SOFIE(Simulation of Fires in Enclosures): 실내 화재 시 화재 성장과 구조물 온도 상승 분석

표 4.50 경험적 모델, 수치 해석 모델, 실험 기반 모델의 비교

모델 유형	특징	장점	단점
경험적 모델	실험 결과를 바탕으로 수식화된 모델	빠르고 간단한 예측 가능	복잡한 현상을 정확하게 반영하기 어려움
수치 해석 모델	CFD 등을 활용한 정밀한 시뮬레이션 수행	다양한 환경에서 높은 정확도 제공	연산 비용과 시간이 많이 소요됨
실험 기반 모델	실제 실험 데이터를 활용하여 모델 구축	신뢰성이 높고 실험 조건 반영 가능	대형 실험이 어렵고 비용이 많이 듦

3) 실험 기반 모델(Experimental Models)

- 실험 데이터를 이용하여 모델을 구축하고 검증하는 방식
- 다양한 연료 및 환경 조건에서 실험을 수행하여 신뢰성 높은 데이터를 확보

적용 예시

- 대형 실화재 실험: 실제 건축 공간에서 화재 실험 후 데이터 수집 및 모델 보정
- 가연성 물질 테스트: 특정 재료의 연소 특성 및 화염 전파 속도 실험

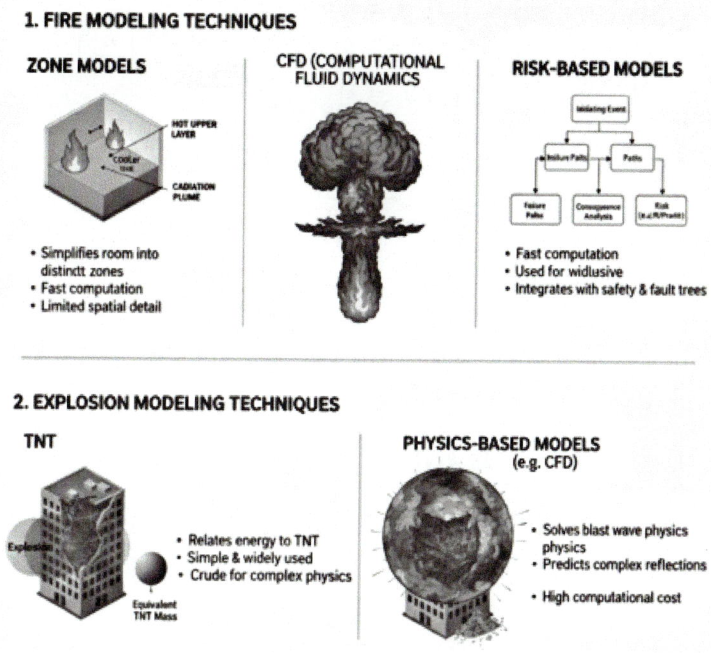

그림 4.57 화재 모델의 주요 유형 비교

3. 주요 화재 모델의 적용 사례

1) 건축 화재 모델 적용 사례

- 초고층 건물 화재 분석
  - 화재 모델을 사용하여 **연기 이동 경로, 열 방출량, 피난 시간 예측**
  - 대형 빌딩에서의 **연기층 형성 및 스프링클러 작동 효과** 평가
- 터널 화재 모델링
  - 터널 내 화재 시 **연기 확산 속도, 환기 시스템 효과** 분석
  - 열 방출 및 구조물 내구성 평가를 위한 **FDS 및 SOFIE 모델** 활용

2) 산업시설에서의 화재 모델 적용

- 석유화학 플랜트 화재 분석
  - 대형 저장 탱크에서 발생하는 화재 및 폭발 시뮬레이션
  - BLEVE(Boiling Liquid Expanding Vapor Explosion) **분석 모델** 활용

- 가연성 가스 누출 및 화재 평가
  - **FLACS 모델**을 활용하여 가연성 가스가 누출될 때 발생 가능한 화재 시나리오 분석

표 4.51 건축 및 산업 현장에서의 화재 모델 적용 사례 비교

적용 사례	모델 유형	분석 내용
초고층 건물 화재	FDS 모델	화재 확산 경로 및 피난 시간 예측
터널 내 화재 모델링	SOFIE 모델	환기 시스템 및 대피 전략 최적화
석유화학 플랜트 화재 분석	FLACS 모델	가연성 가스 확산 및 폭발 위험 평가

3) 대형 화재 사고 분석 및 재현

- **과거 대형 화재 사고를 모델링**하여 원인 분석 및 재현 실험 수행
- 국제적인 화재 모델 연구에서 **실화재 데이터를 활용**하여 모델 정확도 검증

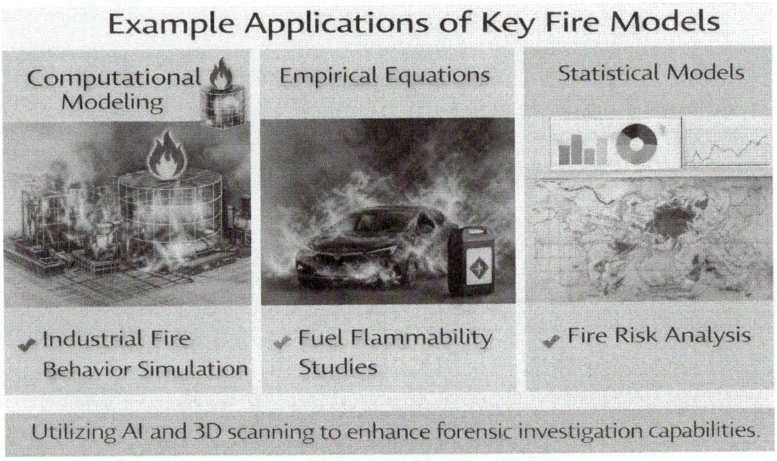

그림 4.58 주요 화재 모델의 적용 사례

4. 화재 모델의 장점 및 한계

표 4.52 화재 모델의 장점과 한계 비교

평가 요소	장점	한계
실제 실험 대비 효율성	다양한 시나리오 분석 가능	실험 검증이 필요함
위험성 평가	화재 위험을 사전에 예측 가능	모델 신뢰성이 입력 데이터에 의존
비용 절감	대형 실험 없이도 분석 가능	높은 연산 비용 및 계산 시간 소요

1) 화재 모델의 주요 장점

- 실제 실험 없이 다양한 화재 시나리오 분석 가능
- 위험성 평가 및 화재 예방 대책 수립에 효과적
- 비용 절감 및 반복 실험 가능
- 소방설비 최적화 및 피난 계획 수립에 활용

2) 화재 모델의 한계

- 입력 데이터(재료 특성, 기류 조건 등)에 따라 결과의 신뢰성이 달라질 수 있음
- 정확한 결과 도출을 위해 실험 데이터와의 보정 과정 필요
- 수치 모델의 경우 계산 시간이 오래 걸릴 수 있음

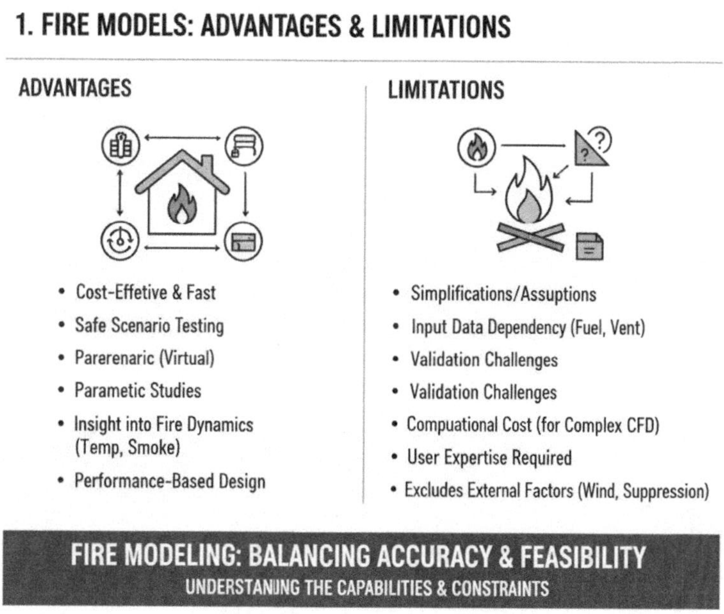

그림 4.59 화재 모델의 장점 및 한계

5. 화재 모델의 발전 방향

1) AI 및 머신러닝 기반 화재 모델 적용

- 인공지능(AI) 및 머신러닝 기술을 적용하여 **데이터 기반 예측 모**델 개발
- 실시간 센서 데이터를 활용하여 **실시간 화재 위험 분석 시스템** 구축

2) 고해상도 시뮬레이션 기술 발전

- GPU 기반 연산 기술을 활용하여 **더 빠르고 정밀한 CFD 모델** 개발
- 증강현실(AR) 및 가상현실(VR) 기술과 결합하여 화재 시뮬레이션 훈련 시스템 구축

표 4.53 최신 화재 모델링 기술과 적용 가능성 비교

기술	적용 가능성	장점
AI 기반 화재 예측 모델	실시간 위험 분석 가능	화재 확산 속도를 자동 학습
GPU 기반 CFD 모델	고해상도 시뮬레이션 가능	계산 시간 단축 및 정밀도 향상
VR/AR 화재 대피 훈련	훈련 및 교육용으로 활용	실제 상황과 유사한 환경 제공

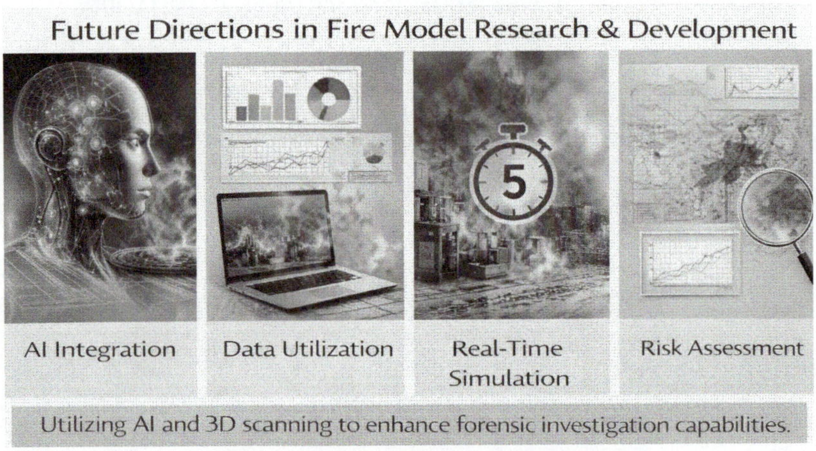

그림 4.60 차세대 화재 모델 연구 개발 방향

4.3 폭발 모델의 주요 유형 및 적용

폭발 모델(Explosion Models)은 다양한 폭발 현상을 분석하고 예측하는 데 사용되며, 폭발압력, 충격파 전파, 폭풍압 영향, 구조물 피해 등을 정량적으로 평가하는 역할을 한다. 폭발 모델은 **경험적 모델**(Empirical Models), **수치 해석 모델**(Computational Models), **실험 기반 모델**(Experimental Models)로 나뉘며, 각 모델은 특정 목적과 분석 수준에 따라 다르게 활용된다.

PART 02 화재 및 폭발의 원인과 물리적 특성

본 절에서는 **폭발 모델의 주요 유형, 적용 분야, 각 모델의 장점과 한계** 등을 살펴보고, 다양한 폭발 모델이 실제 산업시설, 건축 구조물, 군사 방호 설계 등에 어떻게 활용되는지 분석한다.

그림 4.61 폭발 모델의 개념 및 적용

1. 폭발 모델의 개요

1) 폭발 모델의 정의 및 필요성

- 폭발 모델은 **폭발 반응 및 충격파 전파, 폭발압력 변화, 구조물 손상 평가** 등을 시뮬레이션하는 도구
- 폭발의 복잡한 물리적 과정을 정량적으로 분석하고, 방폭 설계 및 재난 대응 전략을 수립하는 데 활용됨
- **가스 폭발, 분진 폭발, 화약 폭발,** BLEVE(Boiling Liquid Expanding Vapor Explosion) 등을 예측 가능

2) 폭발 모델의 주요 적용 분야

- **산업시설의 폭발 안전 평가:** 정유 공장, 화학 플랜트, 가스 저장소 등에서 폭발 가능성을 분석
- **건축 및 인프라 보호:** 방폭 설계, 충격파 완화 구조물 개발, 방폭 건축물 설계에 활용
- **군사 및 보안 분야:** 폭탄 및 무기 폭발 시나리오 분석 및 방호 설계 최적화

- **사고 분석 및 법적 검토**: 폭발 사고 재현 및 원인 분석을 통해 법적 증거 자료 확보

표 4.54 폭발 모델의 주요 적용 분야 및 활용 예시

적용 분야	설명	활용 사례
산업시설 방폭 설계	가연성 가스 및 폭발 위험 평가	정유 공장 및 가스 저장소 모델링
군사 및 보안 분야	폭발 영향 분석 및 방호 설계	폭탄 폭발 시뮬레이션, 방폭 구조물 설계
사고 분석 및 법적 검토	폭발 사고 원인 규명 및 피해 예측	산업 폭발 사고 분석, 법적 증거 확보

2. 폭발 모델의 주요 유형

폭발 모델은 분석 목적과 정밀도에 따라 크게 **경험적 모델, 수치 해석 모델, 실험 기반 모델**로 구분된다.

1) 경험적 모델(Empirical Models)

- 실험 데이터 및 경험적 관계식을 활용하여 폭발 특성을 간단한 수식으로 표현
- 폭발압력, 충격파 강도, 피해 반경 등을 간단한 수학적 모델을 통해 예측

적용 예시

- **TNT 등가량 모델(TNT Equivalent Model)**: 폭발의 위력을 TNT 폭발과 비교하여 피해 반경 예측
- **브리그스 방정식(Briggs Equation)**: 가스 폭발로 인한 폭발압력과 충격파 전파 예측

2) 수치 해석 모델(Computational Models)

- 전산유체역학(CFD, Computational Fluid Dynamics) 및 고체 역학 모델을 사용하여 폭발 시뮬레이션 수행
- 폭발압력 변화, 충격파 전파, 구조물 응력 분석 등을 상세하게 예측 가능

적용 예시

- **AUTODYN 모델**: 군사 및 산업 분야에서 폭발 시뮬레이션 수행
- LS-DYNA 모델: 구조물 및 차량의 폭발 충격 저항력 평가

3) 실험 기반 모델(Experimental Models)

- 실제 폭발 실험을 통해 데이터 수집 및 모델 검증
- 다양한 환경과 연료 조건에서 실험을 수행하여 신뢰성 높은 데이터를 확보

적용 예시

- **충격파 터널 실험**: 폭발 충격파의 전파 특성을 분석하여 모델 보정
- **소형 폭발 테스트**: 특정 물질의 폭발 특성 및 폭발압력 측정

그림 4.62 폭발 모델의 주요 유형 비교

표 4.55 경험적 모델, 수치 해석 모델, 실험 기반 모델의 비교

모델 유형	특징	장점	단점
경험적 모델	실험 데이터 기반 단순 수식	빠르고 간단한 계산	정확성 제한
수치 해석 모델	CFD 및 해석적 접근법	높은 정확도 제공	계산 비용과 시간이 큼
실험 기반 모델	실험 데이터를 활용한 검증	실험 조건을 직접 반영 가능	실험 비용이 많이 들고 대규모 실험이 어려움

3. 주요 폭발 모델의 적용 사례

1) 산업시설에서의 폭발 모델 적용 사례

- 정유 공장 및 가스 저장소 폭발 분석
  - BLEVE(Boling Liquid Expanding Vapor Explosion) **모델**을 활용하여 압력용기 폭발 가능성 평가
- 대형 산업시설의 가연성 가스 폭발 및 구조물 손상 분석
  - 화학공장 내 폭발 위험 평가
  - FLACS **모델**을 활용하여 가연성 가스 누출 및 폭발 시나리오 분석

2) 건축 및 인프라 방폭 설계 적용

그림 4.63 주요 폭발 모델의 적용 사례

- 방폭 건물 및 지하 구조물 보호 설계
  - 고강도 방폭 패널 및 충격파 흡수 설계 평가
  - LS-DYNA 모델을 활용하여 방폭 설계의 충격파 저항력 검토
- 터널 및 교량의 폭발 위험 분석
  - 터널 내 폭발 시 **충격파 반사 및 압력 상승 효과** 분석
  - FDS **모델**을 활용하여 폭발 후 연기 및 가연성 가스 확산 경로 예측

표 4.56 건축 및 산업 현장에서의 폭발 모델 적용 사례 비교

적용 사례	모델 유형	분석 내용
정유 공장 폭발 분석	FLACS 모델	가연성 가스 폭발 위험 분석
군사 방폭 설계	AUTODYN 모델	폭탄 충격파 저감 설계
터널 내 폭발 모델링	FDS 모델	터널 내 충격파 전파 분석

4. 폭발 모델의 장점 및 한계

1) 폭발 모델의 주요 장점

- 실제 실험 없이 다양한 폭발 시나리오 분석 가능

- 폭발 사고 위험 예측 및 방폭 설계 최적화 가능
- 정확한 충격파 및 폭풍압 영향 평가 가능
- 군사, 산업, 건축 등 다양한 분야에서 활용 가능

2) 폭발 모델의 한계

- 실험적 검증 없이는 모델 신뢰성이 제한될 수 있음
- 충격파 반사 및 구조물 손상 메커니즘의 복잡성이 높음
- 정확한 결과 도출을 위해 고해상도 연산이 필요하며, 계산 시간이 오래 걸릴 수 있음

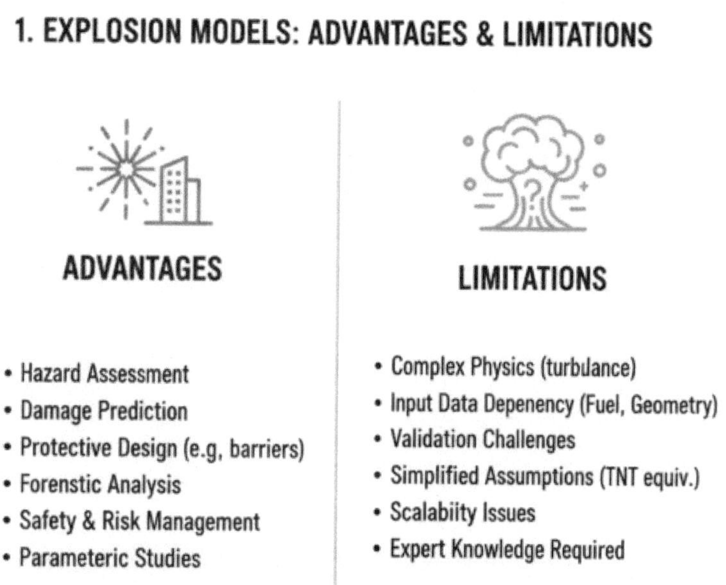

그림 4.64 폭발 모델의 장점 및 한계

표 4.57 폭발 모델의 장점과 한계 비교

평가 요소	장점	한계
위험 평가	폭발 위험을 정밀 분석 가능	입력 데이터 부족 시 정확성 저하
구조물 설계 최적화	방폭 설계를 최적화 가능	높은 연산 비용 필요
정확한 시뮬레이션 가능	다양한 폭발 조건 분석 가능	충격파 반사 및 다중 파동 효과 반영 어려움

5. 폭발 모델의 발전 방향

1) AI 및 머신러닝 기반 폭발 모델 적용

- 인공지능(AI) 및 머신러닝 기술을 적용하여 **데이터 기반 폭발 예측 모델** 개발
- 실시간 센서 데이터를 활용하여 **폭발 위험 예측 시스템** 구축

2) 고해상도 시뮬레이션 기술 발전

- GPU 기반 연산 기술을 활용하여 **더 빠르고 정밀한 CFD 기반 폭발 모델** 개발
- 증강현실(AR) 및 가상현실(VR) 기술과 결합하여 **폭발 시뮬레이션 훈련 시스템** 구축

표 4.58 최신 폭발 모델링 기술과 적용 가능성 비교

기술	적용 가능성	장점
AI 기반 폭발 예측 모델	실시간 폭발 위험 분석 가능	폭발 가능성 조기 탐지 및 대응
GPU 기반 CFD 모델	고해상도 폭발 시뮬레이션 가능	연산 속도 향상 및 정밀도 개선
VR/AR 기반 폭발 대응 훈련	군사 및 산업 안전 훈련 활용	실제 상황과 유사한 환경 제공

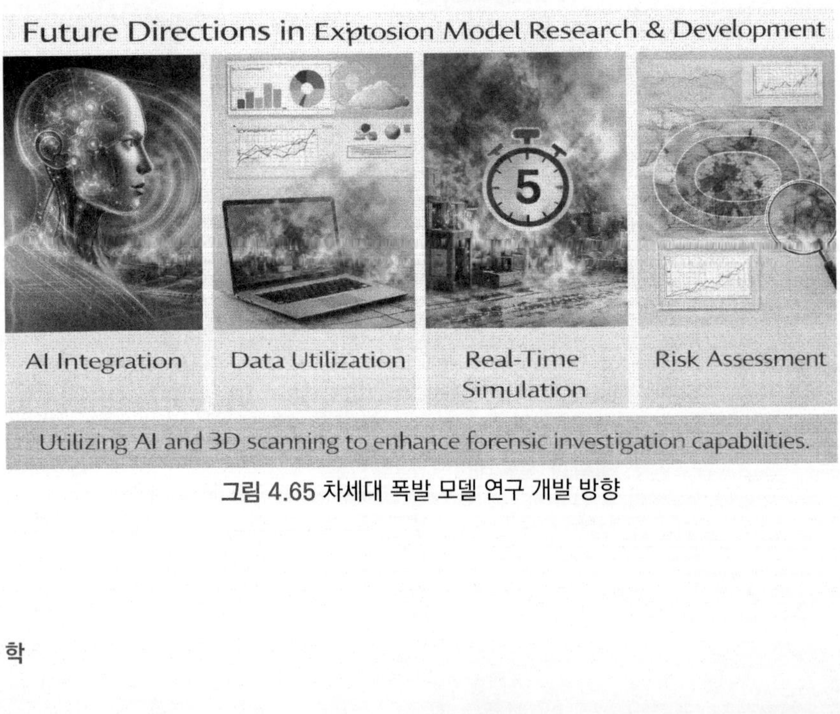

그림 4.65 차세대 폭발 모델 연구 개발 방향

4.4 화재 및 폭발 모델링 기법

화재 및 폭발 모델링(Fire and Explosion Modeling)은 **화재 확산 및 폭발 과정의 물리적 현상을 시뮬레이션하여 예측하고 분석**하는 기법을 의미한다. 이러한 모델링 기법은 **화재 안전 설계, 방폭 설계, 산업 재해 분석, 군사 방호 전략 수립** 등에 필수적으로 활용되며, 다양한 수치 해석 및 경험적 기법이 존재한다.

본 절에서는 **화재 및 폭발 모델링의 기본 원리, 주요 기법, 적용 사례 및 발전 방향**을 살펴본다.

그림 4.66 화재 및 폭발 모델링 개념

1. 화재 및 폭발 모델링 개요

1) 화재 및 폭발 모델링의 필요성

- 화재 및 폭발 모델링은 **실제 실험 없이 다양한 조건에서 화재 및 폭발의 영향을 분석**할 수 있는 강력한 도구
- **화재 확산 속도, 연료 소비율, 연소 생성물 분포, 폭발압력 및 충격파 전파** 등을 정량적으로 예측 가능
- 건축 설계, 산업 안전, 방폭 설계, 군사 방어 전략 등에 필수적인 분석 기법

2) 화재 및 폭발 모델링의 주요 목표

- **화재 및 폭발의 진행 과정 예측**: 화재가 특정 환경에서 어떻게 확산하는지, 폭발 시 압력파가 어떻게 전달되는지 시뮬레이션
- **방화 및 방폭 설계 최적화**: 구조물이 화재 및 폭발에 대해 얼마나 저항력을 가지는지 분석
- **위험 평가 및 사고 분석**: 화재 및 폭발 사고 후 원인을 분석하고, 미래사고를 방지하기 위한 예방 조치 개발

표 4.59 화재 및 폭발 모델링의 주요 목표 및 활용 분야

목표	설명	활용 분야
화재 및 폭발 진행 과정 예측	화재 확산 및 폭발압력 변화를 분석	건축 설계, 산업 안전 관리
방화 및 방폭 설계 최적화	건물 및 산업시설의 내화·방폭 성능 개선	방폭 구조물 설계, 군사 방호 시스템
위험 평가 및 사고 분석	사고 원인을 규명하고 향후 사고 방지 대책 수립	법적 검토, 재난 대응 훈련

2. 주요 화재 및 폭발 모델링 기법

화재 및 폭발 모델링 기법은 **경험적 모델**(Empirical Models), **수치해석 모델**(Computational Models), **실험 기반 모델**(Experimental Models)로 구분된다.

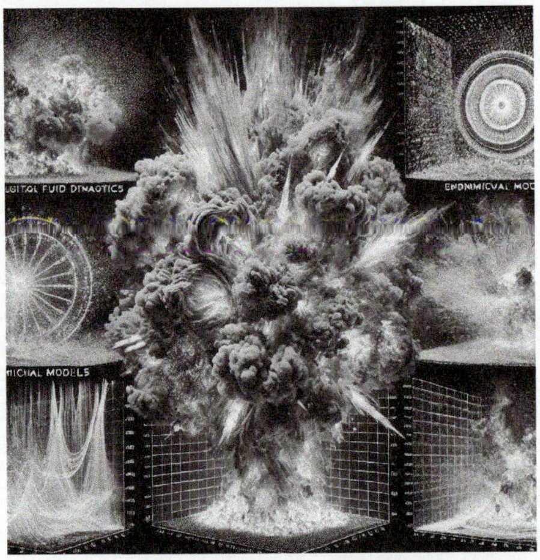

그림 4.67 화재 및 폭발 모델링 기법 비교

1) 경험적 모델(Empirical Models)

- 실험 데이터를 기반으로 한 수식 모델로, 빠르고 간단한 예측 가능
- 화재 및 폭발의 기본적인 특성을 평가하는 데 유용하지만, 복잡한 물리적 현상을 정밀하게 설명하는 데는 한계가 있음

적용 예시

- TNT 등가 모델(TNT Equivalent Model): 폭발의 위력을 TNT 폭발량과 비교하여 피해 반경 예측
- 플래시오버 예측 모델(Flashover Prediction Model): 특정 공간에서 화재가 급격히 확산할 가능성을 평가

2) 수치 해석 모델(Computational Models)

- 유체역학, 열역학, 화학 반응 등을 수학적으로 해석하는 모델로 정밀한 분석이 가능
- 전산유체역학(CFD, Computational Fluid Dynamics) 기법을 활용하여 화재 및 폭발의 3차원 시뮬레이션 수행

적용 예시

- FDS(Fire Dynamics Simulator): 건물 내 화재 확산 및 연기 전파 예측
- AUTODYN, LS-DYNA: 폭발 시뮬레이션 및 충격파 전파 분석
- FLACS: 가스 폭발 및 분진 폭발 시뮬레이션

3) 실험 기반 모델(Experimental Models)

- 실험 데이터를 바탕으로 모델을 검증하거나 보완하는 방식
- 실제 화재 및 폭발 실험을 통해 데이터를 수집하고, 이를 활용하여 경험적 또는 수치 모델을 보정

적용 예시

- 충격파 터널 실험(Shock Tube Test): 충격파 전파 특성 분석
- 소형 실내 화재 실험(Small-Scale Fire Test): 연소 특성 및 플래시오버 발생 조건 연구

표 4.60 경험적 모델, 수치 해석 모델, 실험 기반 모델의 차이점

모델 유형	특징	장점	단점
경험적 모델	실험 데이터를 기반으로 한 수식 모델	간단하고 빠른 예측 가능	특정 조건에서만 유효
수치 해석 모델	CFD 및 수학적 해석을 기반으로 정밀 분석	다양한 환경에서 높은 정확도 제공	연산 비용 및 시간이 많이 소요됨
실험 기반 모델	실제 실험 데이터를 활용하여 모델 구축	실험 조건 반영 가능	실험 비용이 많이 들고 대규모 실험이 어려움

3. 주요 화재 및 폭발 모델링 사례

1) 건축 및 산업 안전 분야에서의 적용

- 건물 내 화재 확산 분석
  - FDS **모델**을 이용하여 건축물 내부에서의 화재 및 연기 확산 예측
  - 스프링클러 시스템이 작동할 때 화재 확산 속도가 어떻게 변화하는지 평가
- 산업시설 폭발 위험 분석
  - FLACS **모델**을 이용하여 가연성 가스 누출 및 폭발 시뮬레이션 수행
  - 폭발압력이 구조물에 미치는 영향을 평가하여 방폭 설계 최적화

2) 교통 및 인프라 보호 분야에서의 적용

그림 4.68 주요 화재 및 폭발 모델링 적용 사례

- 터널 내 화재 모델링
  - 터널 내 차량 화재 발생 시 **연기 및 유독가스의 전파 속도** 분석
  - 피난구 위치 및 배연 시스템 설계를 최적화하는 데 활용
- 지하철 및 항공기 화재 모델링
  - **고속 열전달 모델**(High-Speed Heat Transfer Models)을 이용하여 화재가 항공기 및 열차 내에서 확산되는 속도 예측
  - 구조 내 사용된 소재의 화재 저항성을 평가하고 개선 방안 제시

표 4.61 건축 및 산업 안전 분야에서의 화재 및 폭발 모델링 적용 사례

적용 사례	모델 유형	분석 내용
고층 건물 화재 분석	FDS 모델	연기 확산 경로 및 피난 시간 예측
터널 내 화재 모델링	SOFIE 모델	화재 발생 시 공기 흐름 및 환기 효과 분석
산업시설 폭발 위험 평가	FLACS 모델	가연성 가스 확산 및 폭발압력 예측

4. 화재 및 폭발 모델링의 장점과 한계

1) 화재 및 폭발 모델링의 주요 장점

- 실제 실험 없이 다양한 환경에서 화재 및 폭발 예측 가능
- 화재 및 폭발 사고 위험을 사전에 분석하여 예방 조치 수립 가능
- **비용 절감 효과**: 대형 실험 없이도 수치 해석을 통해 방화 및 방폭 설계 검토 가능

2) 화재 및 폭발 모델링의 한계

- 실제 환경의 복잡한 변수 반영이 어려울 수 있음
- 고해상도 시뮬레이션의 경우 높은 연산 비용 및 시간이 요구됨
- 실제 폭발 실험과의 비교 검증이 필요

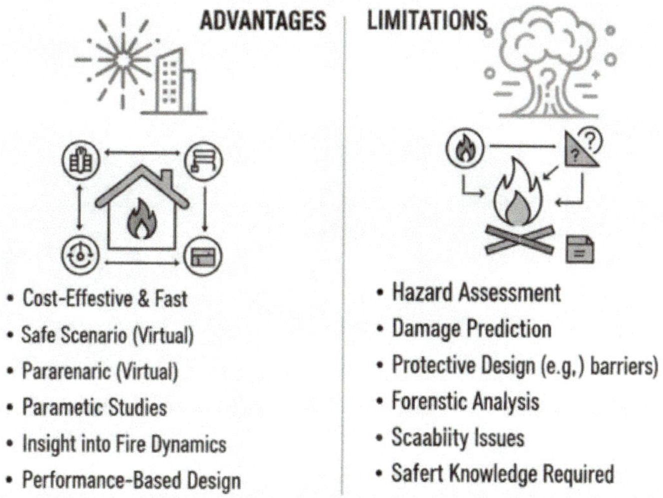

그림 4.69 화재 및 폭발 모델링의 장점과 한계

표 4.62 화재 및 폭발 모델링의 장점 및 한계 비교

평가 요소	장점	한계
실험 대비 경제성	대형 실험 없이 다양한 시나리오 분석 가능	실험적 검증 필요
정확한 위험성 평가	화재 및 폭발의 진행 과정을 예측 가능	입력 데이터의 신뢰성에 따라 결과가 변동됨
비용 절감 효과	연산을 통해 방화·방폭 설계를 최적화 가능	고해상도 모델링 시 연산 시간이 길어질 수 있음

5. 화재 및 폭발 모델링의 미래 전망

1) AI 및 머신러닝을 활용한 모델링 고도화

- 실시간 센서 데이터를 기반으로 **화재 및 폭발 모델 자동 업데이트**
- 딥러닝 기반 예측 모델을 적용하여 **화재 및 폭발 위험 조기 탐지 시스템** 구축

2) VR/AR 기반 화재 및 폭발 시뮬레이션 기술 개발

- 증강현실(AR) 및 가상현실(VR)을 활용하여 **화재 대피 훈련 및 폭발 대응 시뮬레이션 시스템** 구축
- 산업시설, 건축물, 군사 시설 등의 **방폭 설계 평가**에 활용

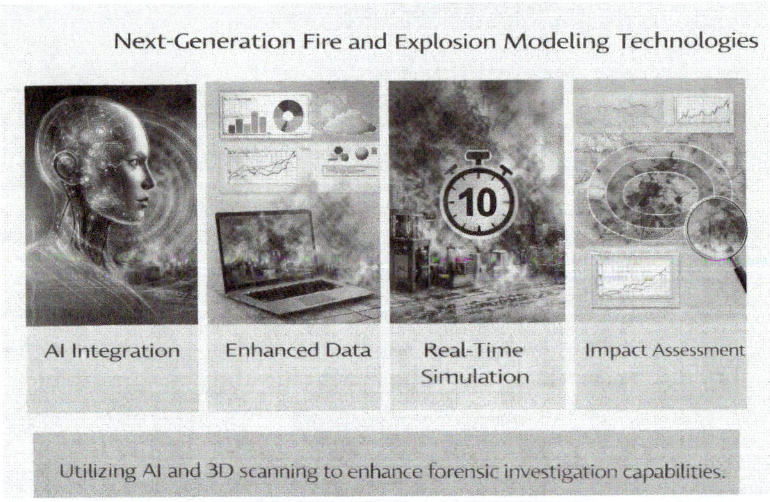

그림 4.70 차세대 화재 및 폭발 모델링 기술

표 4.63 최신 화재 및 폭발 모델링 기술과 적용 가능성 비교

기술	적용 가능성	장점
AI 기반 예측 모델	실시간 위험 분석 가능	데이터 학습을 통해 지속적인 성능 향상
GPU 기반 CFD 모델	대규모 화재 및 폭발 분석 가능	연산 속도 향상 및 고해상도 시뮬레이션 가능
디지털 트윈 모델	실시간 위험 요소 감지 가능	센서 데이터를 기반으로 화재 및 폭발 상황 예측

4.5 화재 및 폭발 모델의 한계점 및 최신 연구 동향

그림 4.71 화재 및 폭발 모델의 적용과 한계

화재 및 폭발 모델은 다양한 시뮬레이션 기법을 활용하여 화재 확산 및 폭발압력의 전파를 분석하고 예측하는 강력한 도구이다. 그러나 현재 사용되는 모델은 복잡한 현실을 완벽하게 반영하지 못하는 한계를 가지고 있으며, 새로운 연구 및 기술 개발이 지속적으로 요구되고 있다. 본 절에서는 **화재 및 폭발 모델의 주요 한계점과 최신 연구 동향**을 분석하고, 향후 발전 방향을 탐색한다.

1. 화재 및 폭발 모델의 주요 한계점

화재 및 폭발 모델은 다양한 물리적, 화학적 현상을 고려하여 설계되지만, 실제 화재 및 폭발 사고와 완벽히 일치하는 결과를 제공하기 어렵다. 이는 모델의 단순화된 가정, 계산 비용, 실험적 검증 한계 등 여러 요인 때문이며, 이를 해결하기 위한 연구가 지속되고 있다.

1) 실제 환경의 복잡성을 완벽히 반영하기 어려움

- 화재 및 폭발 모델은 주어진 조건에서 시뮬레이션을 수행하지만, **실제 환경에서는 예상치 못한 변수(기류 변화, 구조물 붕괴, 연료 분포 변화 등)가 존재**
- **실제 화재 및 폭발은 비정상적인 조건(**예 급격한 산소 공급 변화, 화학적 불균형 상태)에서 발생할 가능성이 높아 예측이 어려움

2) 화학 반응 및 연소 모델의 한계

그림 4.72 화학 반응 모델의 한계

- 연소 과정은 **수많은 화학 반응이 복합적으로 이루어지는 비선형적 과정**이므로 모든 반응을 정확하게 모델링하는 것이 불가능
- 기존 모델은 일반적으로 **대표적인 연소 반응만을 포함**하며, 특정 조건에서 발생할 수 있는 희귀 반응은 반영되지 않는 경우가 많음
- 고온 및 고압 환경에서 발생하는 **비정상 연소 현상**(예 불완전 연소, 폭발성 화염 전파 등)을 정밀하게 예측하기 어려움

3) 폭발압력 및 충격파 전파 모델의 제한

- 폭발 시 충격파의 전파 및 반사 과정은 환경에 따라 크게 달라지며, **건물 구조물, 지형 특성, 주변 공기의 밀도 변화** 등이 영향을 미침
- 대부분의 폭발 모델은 **개방 공간(Open Field) 또는 단순한 밀폐 공간**(Enclosed Space)에 대한 분석만을 제공
- 실제 환경에서는 **반사 충격파 및 다중 충격파 상호작용이 복잡하게 발생**하며, 이를 완벽하게 반영하기 어려움

표 4.64 폭발 모델에서 반사 충격파의 고려 여부

환경 유형	반사 충격파 고려 여부	영향
개방 공간 (Open Field)	부분 고려	충격파가 자유롭게 확산하며 비교적 빠르게 감쇠
밀폐 공간 (Enclosed Space)	필수 고려	충격파가 반사되어 폭발압력이 증가
도심 건물 밀집 지역	필수 고려	충격파 반사로 인한 추가 피해 발생 가능

4) 대규모 시뮬레이션의 높은 연산 비용

- 전산유체역학(CFD) 기반 화재 및 폭발 모델링은 3차원 시뮬레이션을

수행해야 하므로 **높은 연산 자원**이 필요

- 시간 해상도를 높일 경우, **계산 시간이 기하급수적으로 증가**하며, 실시간 시뮬레이션 적용이 어려움
- **슈퍼컴퓨터 또는 고성능 병렬 연산 기법**이 필요하지만, 이를 활용할 수 있는 연구 환경이 제한적

표 4.65 전산유체역학(CFD) 모델의 연산 시간 비교

모델 유형	연산 시간	주요 특징
2D 모델	상대적으로 짧음	간단한 폭발 및 화재 분석 가능
3D 모델	중간 수준	환경 조건을 정밀하게 반영 가능
고해상도 CFD 모델	매우 김	높은 연산 자원 필요, 정밀한 예측 가능

5) 실험 데이터 부족 및 검증 한계

- 화재 및 폭발 모델의 신뢰성을 확보하려면 실제 실험 데이터를 활용한 검증이 필수적이지만, **대형 화재 및 폭발 실험은 수행하기 어려움**
- 대규모 산업시설, 원유 저장소, 핵발전소 등의 폭발 실험은 현실적으로 불가능하여, **실험 데이터가 제한적**임
- 기존의 소규모 실험 데이터를 기반으로 한 모델은 **대형 사고에 대한 예측력이 부족**할 가능성이 높음

그림 4.73 실험 데이터 확보의 어려움

2. 최신 연구 동향 및 발전 방향

화재 및 폭발 모델의 한계를 극복하기 위해 **AI, 머신러닝, 고성능 컴퓨팅, 실시간 센서 네트워크** 등을 활용한 새로운 연구가 활발하게 진행되고 있다.

1) AI 및 머신러닝을 활용한 화재 및 폭발 예측 모델 개발

- 기존의 CFD 기반 모델과 머신러닝(ML) 모델을 결합하여 **빠르고 정밀한 화재 및 폭발 예측** 가능
- 딥러닝 기반 화재 확산 예측 모델은 과거 사고 데이터를 학습하여 **실시간으로 화재 확산 속도를 예측**
- 폭발 사고 예측을 위한 빅데이터 분석 기법이 개발되고 있으며, 산업현장에서 **사고 예방에 활용** 중

표 4.66 AI 기반 화재 및 폭발 모델링 기법 비교

기법	특징	장점
머신러닝 기반 예측 모델	과거 데이터를 학습하여 화재·폭발 위험을 예측	예측 정확도 향상, 실시간 분석 가능
딥러닝 기반 화염 전파 모델	화염 확산 경로 및 연료 소비량 예측	고해상도 데이터 분석 가능
AI 보정 CFD 모델	CFD 결과를 보정하여 계산 시간 단축	시뮬레이션 속도 향상 및 정확도 증가

2) 고성능 병렬 연산을 활용한 CFD 모델 최적화

- 기존의 CFD 모델은 높은 연산 비용이 문제였으나, 최신 GPU 병렬 연산 기법을 활용하여 **시뮬레이션 속도를 대폭 개선**
- FDS(Fire Dynamics Simulator), FLACS, AUTODYN 등의 최신 버전에서는 병렬 연산을 지원하여 **복잡한 모델도 실시간 분석** 가능

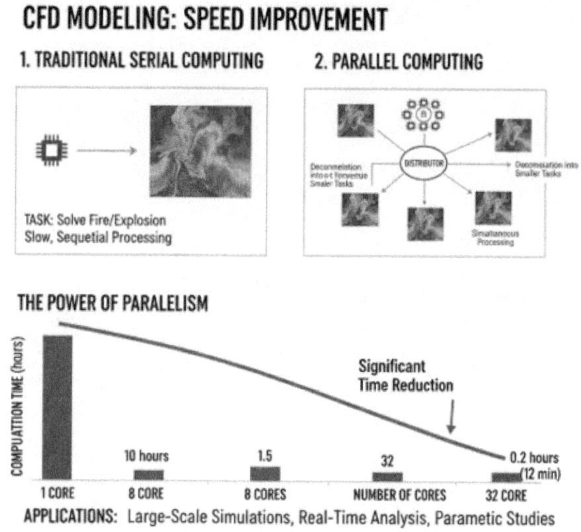

그림 4.74 병렬 연산을 활용한 CFD 모델링 속도 개선

3) 실시간 화재 및 폭발 시뮬레이션을 위한 디지털 트윈(Digital Twin) 기술 도입

- 디지털 트윈(Digital Twin)은 실제 건물, 산업시설 등의 환경을 3D 모델로 변환하고, 실시간 데이터를 반영하여 화재 및 폭발 예측 가능
- 산업시설의 경우, 실제 센서 데이터를 기반으로 **실시간 위험 요소를 분석하고 즉각적인 대응**이 가능하도록 설계됨
- **군사 및 방폭 설계 분야**에서도 활용되며, 전장 환경에서의 폭발 시뮬레이션을 실시간으로 제공

그림 4.75 디지털 트윈을 활용한 실시간 화재 및 폭발 모델링

4) 차세대 방폭 설계를 위한 화재 및 폭발 모델 개발

- 기존 건축 설계에서는 화재 및 폭발을 방지하기 위한 기준이 적용되었지만, 최근에는 충격파 저감 및 방폭 소재 설계를 위한 모델이 연구 중
- 에너지 흡수 구조 및 신소재 개발을 위해 CFD 및 AI 기반의 **폭발압력 해석 모델**이 활용됨

표 4.67 최신 방폭 설계 적용 모델 비교

모델 유형	적용 분야	특징
방폭 건축 모델	산업시설 및 건축물	폭발압력 저감 구조 설계
충격파 저감 모델	군사 및 보안 시설	반사 충격파 완화 기술 적용
방폭 소재 개발 모델	신소재 연구	충격파 흡수 및 에너지 분산 성능 분석

3. 향후 연구 방향 및 전망

화재 및 폭발 모델은 건축 설계, 산업 안전, 방폭 설계, 군사 전략, 재난 대응 등 **다양한 분야에서 핵심적인 역**할을 하고 있다. 그러나 여전히 실제 환경을 완벽하게 반영하지 못하는 **한계가 존재**하며, 이를 극복하기 위한 연구가 활발하게 진행되고 있다.

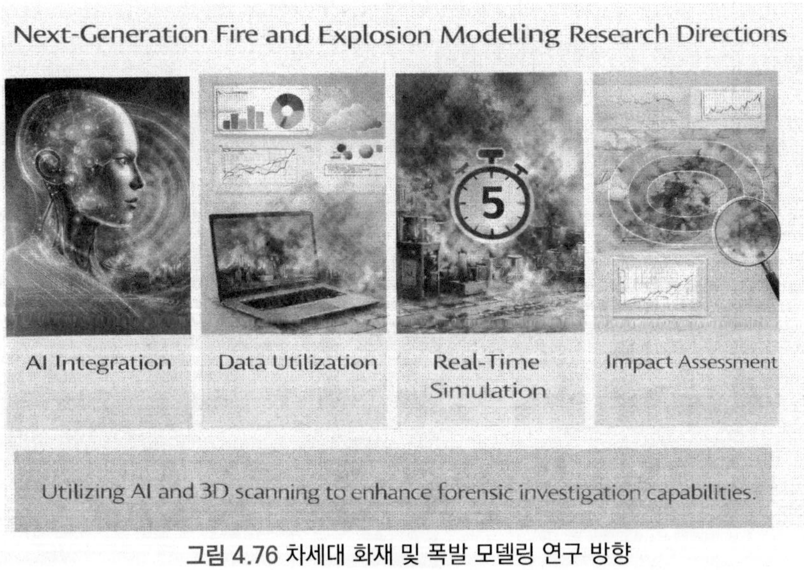

그림 4.76 차세대 화재 및 폭발 모델링 연구 방향

표 4.68 최신 화재 및 폭발 모델 연구 동향 비교

연구 동향	특징	적용 가능성
AI 및 머신러닝 기반 예측	실시간 위험 분석 및 자동 경보	스마트 산업, 건축 화재 예방
디지털 트윈 기술 적용	실제 데이터를 반영하여 모델 보정	실시간 화재 및 폭발 대응
고해상도 CFD 및 GPU 연산 기술	복잡한 환경에서도 빠른 연산 가능	대형 건축물 및 산업시설의 화재 및 폭발 분석

특히 **AI, 머신러닝, 실시간 시뮬레이션 기술, 디지털 트윈** 등의 최신 기술이 접목되면서, 기존 모델의 한계를 극복할 가능성이 높아지고 있다. 앞으로도 더욱 정밀한 모델 개발과 실험 데이터 확보가 이루어질 경우, **화재 및 폭발 모델링의 신뢰성이 더욱 향상**될 것으로 기대된다.

핵심 개념 요약 및 키워드 정리

- 화재 및 폭발 모델(Fire and Explosion Models): 화재와 폭발의 진행 과정, 영향 범위, 피해 정도 등을 예측하고 분석하기 위한 수학적·수치적 모델
- 연소 반응(Combustion Reaction): 연료와 산소의 화학적 반응을 통해 열과 빛을 방출하는 과정으로, 화재 모델에서 중요한 변수
- 화재 확산(Fire Spread): 화재가 공간 내에서 확산되는 과정으로, 연소 재료, 기류, 열전달 방식(전도, 대류, 복사)에 따라 다르게 나타남
- 폭발압력(Explosion Pressure): 폭발 시 발생하는 순간적인 압력 상승으로, 폭발 유형과 환경에 따라 압력의 크기와 지속 시간이 달라짐
- 충격파(Shock Wave): 폭발로 인해 생성되는 급격한 압력파로, 초음속으로 전파되며 구조물 및 인체에 심각한 피해를 초래
- 폭풍압(Blast Wave): 폭발 이후 발생하는 공기의 급격한 팽창과 이동 때문에 형성되는 압력파로, 충격파보다 느리지만 광범위한 피해를 유발
- 전산유체역학(CFD, Computational Fluid Dynamics): 화재 및 폭발 모델링에서 유체 흐름, 열전달, 연소 반응 등을 해석하는 수치 해석 기법
- 경험적 모델(Empirical Models): 실험 데이터를 기반으로 한 수학적 모델로, 간

단한 계산을 통해 화재 및 폭발 특성을 예측

- **수치 해석 모델(Computational Models)**: 전산유체역학(CFD) 등을 활용하여 화재와 폭발 현상을 정밀하게 시뮬레이션하는 모델
- **실험 기반 모델(Experimental Models)**: 실제 화재 및 폭발 실험을 수행하여 데이터를 수집하고, 이를 바탕으로 모델을 구축하는 방식
- **BLEVE(Boiling Liquid Expanding Vapor Explosion)**: 가압된 액체가 급격히 기화하면서 발생하는 폭발 현상으로, 화학공장 및 저장 탱크에서 주요 위험 요소
- **T^2 화재 성장 모델(T^2 Fire Growth Model)**: 화재의 성장 단계를 느림(Slow), 중간(Medium), 빠름(Fast), 초고속(Ultrafast)으로 분류하여 열 방출률을 예측하는 경험적 모델
- **FDS(Fire Dynamics Simulator)**: 건축물 내 화재 확산과 연기 흐름을 분석하는 대표적인 화재 시뮬레이션 소프트웨어
- **FLACS(FLame ACceleration Simulator)**: 가연성 가스 및 분진 폭발을 시뮬레이션하는 수치 해석 모델로, 산업 안전 평가에 활용
- **LS-DYNA**: 폭발 및 충격파가 구조물에 미치는 영향을 분석하는 고성능 동역학 시뮬레이션 프로그램
- **방폭 설계(Explosion-Proof Design)**: 폭발압력과 충격파의 영향을 최소화하기 위해 건축물 및 산업시설에 적용되는 설계 기법
- **디지털 트윈(Digital Twin)**: 실제 환경을 3D 모델로 구현하여 실시간 화재 및 폭발 시뮬레이션을 수행하는 기술
- **병렬 연산(Parallel Computing)**: 고해상도 화재 및 폭발 시뮬레이션을 위해 여러 개의 프로세서를 동시에 활용하는 계산 방식
- **AI 기반 화재 및 폭발 예측(AI-based Fire and Explosion Prediction)**: 인공지능과 머신러닝을 활용하여 화재 및 폭발 사고를 실시간으로 예측하고 대응하는 최신 기술

연습문제

객관식 문제 (총 10문항)

01 화재 및 폭발 모델의 주요 목적은 무엇인가?

① 화재 및 폭발 현상의 진행 과정을 분석하고 예측하기 위해
② 실험 없이 모든 화재 및 폭발 상황을 완벽하게 재현하기 위해
③ 화재 발생 시 소방관의 개입 없이 자동으로 진압하기 위해
④ 화재 및 폭발 사고의 법적 책임을 결정하기 위해

02 화재 모델에서 연소 반응(Combustion Reaction)을 고려하는 가장 중요한 이유는 무엇인가?

① 연소 반응 없이도 화재가 확산할 수 있기 때문에
② 연소 과정의 열 방출과 연료 소비 속도를 예측하기 위해
③ 연소 반응은 화재 시뮬레이션과 무관하기 때문에
④ 연소 반응이 빠를수록 화재의 위험성이 낮아지기 때문에

03 폭발 모델에서 충격파(Shock Wave)와 폭풍압(Blast Wave)의 차이로 가장 적절한 것은?

① 충격파는 순간적인 고압력 파동이고, 폭풍압은 상대적으로 천천히 확산되는 압력파이다.
② 폭풍압은 초음속으로 이동하지만, 충격파는 음속 이하로 이동한다.
③ 충격파와 폭풍압은 같은 개념이므로 차이가 없다.
④ 폭풍압은 국소적인 영향만 미치지만, 충격파는 구조물을 보호한다.

04 다음 중 전산유체역학(CFD)이 화재 및 폭발 모델링에 사용되는 주요 이유는 무엇인가?

① 화재 및 폭발 현상의 유체 흐름과 열전달 과정을 정밀하게 분석하기 위해
② 실험 없이도 모든 폭발 시나리오를 100% 예측할 수 있기 때문에
③ 수치 모델 없이도 간단한 실험만으로 모든 폭발 현상을 설명할 수 있기 때문에
④ CFD는 화재 모델링보다 법적 감식에 더 유용하기 때문에

05 경험적 모델(Empirical Model)의 가장 큰 장점은 무엇인가?

① 간단한 수식을 통해 신속하게 화재 및 폭발 현상을 예측할 수 있다.
② 모든 물리적 현상을 정밀하게 고려하여 실험보다 높은 정확도를 보인다.
③ 물리적 실험 없이도 현실의 모든 화재 및 폭발 사고를 재현할 수 있다.
④ 전산 해석이 필요하므로 계산 속도가 매우 느리다.

06 다음 중 폭발 모델에서 TNT 등가량 모델(TNT Equivalent Model)의 주요 특징은?

① 가연성 가스 폭발과 화학 반응 속도를 정밀하게 예측하는 모델이다.
② 특정 폭발의 위력을 TNT 폭발과 비교하여 피해 반경을 분석하는 모델이다.
③ 열 방출률과 연소 생성물 이동 경로를 예측하는 모델이다.
④ 구조물의 내화성능을 평가하는 모델이다.

07 화재 모델링에서 FDS(Fire Dynamics Simulator)가 가장 많이 사용되는 이유는?

① 화재 확산과 연기 흐름을 시뮬레이션할 수 있기 때문
② 폭발압력과 충격파 전파를 분석하는 것이 주된 목적이기 때문
③ 전산 해석 없이도 간단한 실험으로 화재 위험성을 예측할 수 있기 때문
④ 대기 중 유해 물질의 화학 반응을 평가하는 것이 주요 목적이기 때문

08 다음 중 방폭 설계(Explosion-Proof Design)에 가장 적절한 접근 방식은?

① 충격파를 최대한 증폭시켜 구조물의 저항성을 시험하는 설계 방식
② 폭발이 발생해도 구조물이 무너지지 않도록 충격파를 완화하는 구조 설계
③ 폭발 발생 시 모든 구조물을 완전히 제거하는 방식
④ 충격파의 영향을 줄이기 위해 밀폐 공간 내 산소 농도를 증가시키는 방식

09 AI 및 머신러닝이 화재 및 폭발 모델링에 활용되는 주요 이유는?

① 기존 모델보다 빠르고 정확한 예측이 가능하기 때문
② 실시간 센서 데이터를 활용하여 화재 확산을 자동으로 제어할 수 있기 때문
③ 실험 없이도 모든 화재 및 폭발 사고를 100% 예측할 수 있기 때문
④ AI 기반 모델은 기존 모델보다 계산 속도가 느리지만 신뢰성이 높기 때문

10 디지털 트윈(Digital Twin) 기술이 화재 및 폭발 모델링에 적용되는 가장 중요한 이유는?

① 실제 환경과 동일한 조건을 가상 공간에서 재현하여 실시간 분석이 가능하기 때문
② 모델링 과정에서 모든 변수의 영향을 제거할 수 있기 때문
③ 화재 및 폭발 사고를 사전에 예방할 수 있기 때문
④ 디지털 트윈을 활용하면 물리적 실험 없이 모든 환경에서 검증이 가능하기 때문

주관식 문제 (총 5문항)

01 화재 및 폭발 모델에서 경험적 모델, 수치 해석 모델, 실험 기반 모델의 차이를 설명하시오.

02 전산유체역학(CFD) 기법이 화재 및 폭발 모델링에 중요한 이유를 설명하고, 주요 활용 사례를 제시하시오.

03 폭발 모델에서 충격파(Shock Wave)와 폭풍압(Blast Wave)의 차이를 설명하고, 구조물 피해에 미치는 영향을 비교하시오.

04 FDS(Fire Dynamics Simulator)와 FLACS(FLame ACceleration Simulator)의 차이점을 설명하고, 각각의 대표적인 적용 사례를 제시하시오.

05 AI 기반 화재 및 폭발 모델이 기존 모델과 비교하여 가지는 주요 장점과 한계를 설명하시오.

객관식 문제 정답 및 해설

01 정답: ①

해설 화재 및 폭발 모델의 주요 목적은 화재 및 폭발의 진행 과정을 분석하고 예측하는 것이다. 이를 통해 안전 설계 및 대응 전략을 수립할 수 있다.

02 정답: ②

해설 연소 반응은 열 방출과 연료 소비 속도를 결정하는 중요한 요소이며, 이를 정확히 반영해야 화재 확산을 예측할 수 있다.

03 정답: ①

해설 충격파는 순간적인 고압력 파동이고, 폭풍압은 상대적으로 천천히 확산되는 압력파이다.

04 정답: ①

해설 전산유체역학(CFD)은 화재 및 폭발의 유체 흐름과 열전달 과정을 정밀하게 분석하는 데 사용된다.

05 정답: ①

해설 경험적 모델은 실험 데이터를 기반으로 신속하게 계산할 수 있는 장점이 있다.

06 정답: ②

해설 TNT 등가량 모델은 폭발 위력을 TNT와 비교하여 피해 반경을 예측하는 데 사용된다.

07 정답: ①

해설 FDS는 화재 확산 및 연기 흐름 시뮬레이션에 사용되는 대표적인 프로그램이다.

08 정답: ②

해설 방폭 설계는 폭발 시 구조물이 무너지지 않도록 충격파를 완화하는 방식으로 설계된다.

09 정답: ①

해설 AI 및 머신러닝 기술을 활용하면 기존 모델보다 더 빠르고 정확한 예측이 가능하다.

10 정답: ①

해설 디지털 트윈 기술은 실제 환경을 가상 공간에서 재현하여 실시간 분석이 가능하게 해준다.

주관식 문제 정답 및 해설

01 화재 및 폭발 모델에서 경험적 모델, 수치 해석 모델, 실험 기반 모델의 차이를 설명하시오.

- 경험적 모델: 실험 데이터를 기반으로 단순한 수식으로 화재 및 폭발 현상을 예측하는 모델
- 수치 해석 모델: CFD와 같은 전산 해석 기법을 활용하여 정밀한 시뮬레이션을 수행하는 모델
- 실험 기반 모델: 실제 실험을 통해 데이터를 수집하고, 이를 기반으로 모델을 검증하는 방식

02 전산유체역학(CFD) 기법이 화재 및 폭발 모델링에 중요한 이유를 설명하고, 주요 활용 사례를 제시하시오.

- CFD의 중요성: 화재 및 폭발 모델링에서 유체 흐름과 열전달 과정을 해석하는 데 사용됨
- 활용 사례: 건축 화재 안전 평가, 산업 폭발 방지 대책 분석, 구조물 내 화염 확산 경로 예측

03 폭발 모델에서 충격파(Shock Wave)와 폭풍압(Blast Wave)의 차이를 설명하고, 구조물 피해에 미치는 영향을 비교하시오.

- 충격파: 순간적인 고압력 파동으로 빠르게 전파되며 강한 피해를 유발
- 폭풍압: 충격파가 지나간 후 발생하는 저압 영역에서 공기가 급격히 이동하며 구조물에 추가적인 손상을 줌

04 FDS(Fire Dynamics Simulator)와 FLACS(FLame ACceleration Simulator)의 차이점을 설명하고, 각각의 대표적인 적용 사례를 제시하시오.

- FDS: 실내 화재 모델링에 특화된 CFD 기반 시뮬레이션 소프트웨어
- FLACS: 가스 및 분진 폭발 분석에 사용되며 산업 폭발 사고 예방에 활용됨

05 AI 기반 화재 및 폭발 모델이 기존 모델과 비교하여 가지는 주요 장점과 한계를 설명하시오.

- AI 기반 모델의 장점: 실시간 분석 가능, 대량의 데이터 학습 가능, 높은 정확도
- 한계: 초기 데이터 학습이 필요하며, 일부 복잡한 환경에서는 예측력이 떨어질 수 있음

관련 법규 요약

1.「화재의 예방 및 안전관리에 관한 법률」

- 제4조(관계인의 책무)

  건축물·시설의 소유자·관리자·점유자는 화재 예방 및 안전관리에 필요한 조치를 이행할 책임을 부담함
- 제9조(화재 예방 조치)

  가연물 정리, 점화원 관리, 방화구획 유지 등 화재 발생 및 연소 확대를 방지하기 위한 예방 조치를 의무화함
- 제15조(화재안전관리)

  일정 규모 이상의 대상물은 화재안전관리자를 선임하고 화재 발생 시 대응·대피를 포함한 안전관리를 수행해야 하며, 화재안전관리자는 대피경로 확보, 피난 유도 방법, 초기 대응 절차를 포함한 화재 시 대피 및 피난 계획을 수립·교육·훈련해야함

2.「건축법」

- 제49조(방화구획의 설치 및 기준)

  건축물의 용도 및 규모에 따라 화재 확산 방지를 위한 방화구획을 설치해야 하며, 방화문과 방화셔터를 적용하여 화재 시 인접 구역으로의 확산을 차단해야 함
- 제50조(내화 구조 및 내화성능 기준)

  건축물의 주요 구조부는 화재 발생 시 일정 시간 동안 구조적 안정성을 유지할 수 있도록 내화성능을 갖춘 재료로 시공해야 함

3. 「산업안전보건법」

- 제38조(위험 물질의 취급 및 보관 기준)
  폭발 및 화재 위험이 있는 물질을 취급하는 사업장은 위험 물질의 안전한 저장, 이동, 처리 방법을 준수해야 하며, 관련 지침을 철저히 따를 것
- 제45조(위험 작업 시 안전 조치)
  폭발 위험성이 있는 작업장은 작업 전 안전 점검을 실시해야 하며, 필요시 폭발 방지 장비 및 대피 계획을 사전에 마련해야 함

4. 「위험물안전관리법」

- 제5조(위험물의 저장 및 취급 기준)
  위험물 저장소는 해당 물질의 인화점, 폭발 한계 등을 고려하여 적절한 장소에 설치되어야 하며, 저장 시 일정한 간격을 두고 보관해야 함
- 제21조(폭발 방지 대책 및 시설 기준)
  가연성 가스 및 인화성 액체를 사용하는 사업장은 폭발 위험을 방지하기 위해 환기시설 및 자동 폭발 억제 시스템을 설치해야 함

5. 「소방시설 설치 및 관리에 관한 법률」

- 제10조(소방시설의 설치 기준)
  소방시설의 종류·설치 위치·성능 기준 등 구체적인 설치 기준은 하위 기준에서 정하도록 규정함
- 제25조(특정소방대상물의 관계인의 의무)
  관계인은 설치된 소방시설을 적정하게 유지·관리하고 항상 정상 작동 상태를 유지할 의무를 부담함
- 제26조(소방시설의 점검)
  소방시설에 대해 자체점검 및 종합정밀점검을 정기적으로 실시하고, 그 결과를 관계 행정기관에 보고하여야 함

6. 「재난 및 안전관리 기본법」

- 제25조(재난 예방 조치 및 안전 관리 계획 수립)
  정부 및 지자체는 재난 예방 및 대응을 위한 계획을 수립하고, 폭발 및 화재 위

험성이 높은 시설에 대한 모니터링을 수행해야 함

- 제30조(긴급 대응 및 복구 지원 체계 구축)

  폭발 및 대형 화재 발생 시 신속한 대응이 가능하도록 비상 대응 조직을 구성하고, 피해 복구를 위한 지원 체계를 마련해야 함

사고 사례 데이터베이스

표 4.69 주요 화재 및 폭발 사고 데이터베이스

사고 명	발생 연도	사고 개요	피해 규모	사고 원인	재발 방지 대책
텍사스 BP 정유 공장 폭발 사고	2005년 (미국)	정유 공장의 증류탑 가동 중 과압 발생 후 폭발	사망 15명, 부상 180명, 5억 달러 재산 피해	과압 방지 밸브 고장 및 안전 점검 미흡	과압 방지 시스템 개선, 긴급 차단 밸브 추가 설치
TWA 800편 항공기 폭발 사고	1996년 (미국)	항공기 연료탱크 내부의 전기 스파크로 인한 폭발	탑승객 230명 전원 사망	연료탱크 내 증기 폭발	연료탱크 폭발 방지 시스템 도입
Buncefield 연료 저장소 폭발	2005년 (영국)	연료 저장소에서 증기운 폭발 발생	광범위한 시설 파괴, 대기 오염	저장 탱크 내 연료 과충전 및 안전밸브 오작동	저장소 관리 시스템 강화 및 자동 감지 시스템 도입
천안함 폭발 사고	2010년 (대한민국)	해군 함정이 해저 폭발로 인해 반파됨	사망 46명	외부 충격(어뢰 공격)	군사적 대비 강화 및 선체 내구성 보강
제우스 케미칼 플랜트 폭발 사고	2013년 (스페인)	화학 물질 저장소에서 대형 폭발 발생	사망 3명, 다수 부상	화학 물질 저장 기준 미준수	저장 시설 안전 강화 및 화학 물질 취급 절차 개선
티안진 항구 화학 물질 폭발	2015년 (중국)	대량의 질산암모늄이 보관 중 폭발	사망 173명, 부상 700여 명, 광범위한 도시 피해	화학 물질 불법 저장 및 안전 규정 위반	화학 물질 관리 규정 강화, 저장 시설의 안전 기준 강화
베이루트 질산암모늄 폭발 사고	2020년 (레바논)	항구 창고에 저장된 2,750톤의 질산암모늄이 폭발	사망 218명, 부상 7,000명, 경제적 피해 150억 달러	장기 보관된 질산암모늄 관리 소홀	위험 화학 물질 저장 규정 강화 및 관리 시스템 개선

참고문헌

1. 서적 및 논문

- Drysdale, D. (2011). An Introduction to Fire Dynamics (3rd ed.). Wiley.
- Karlsson, B., & Quintiere, J. G. (2000). Enclosure Fire Dynamics. CRC Press.
- Lees, F. P. (2012). Loss Prevention in the Process Industries: Hazard Identification, Assessment and Control (3rd ed.). Butterworth-Heinemann.
- Babrauskas, V. (2003). Ignition Handbook. Fire Science Publishers.
- Glassman, I. (1996). Combustion (3rd ed.). Academic Press.

2. 법규 및 보고서

- National Institute of Standards and Technology (NIST). (2018). Fire Dynamics Simulator (FDS) Technical Reference Guide. NIST Special Publication 1018.
- 소방청. (2022). 화재 확산 및 폭발 모델링 적용 가이드라인.
- 산업안전보건공단 (KOSHA). (2021). 산업시설 폭발 위험성 평가 매뉴얼.
- U.S. Chemical Safety Board (CSB). (2015). Investigation Report: West Fertilizer Explosion and Fire.

3. 온라인 자료

- 한국소방안전원. (2023). "화재 모델링 및 위험성 평가 기준". Retrieved from www.kfsi.or.kr
- National Fire Protection Association (NFPA). (2023). "NFPA 921: Guide for Fire and Explosion Investigations". Retrieved from www.nfpa.org
- U.S. Occupational Safety and Health Administration (OSHA). (2023). "Process Safety Management of Highly Hazardous Chemicals". Retrieved from www.osha.gov
- Center for Chemical Process Safety (CCPS). (2022). "Guidelines for Risk Based Process Safety". Retrieved from www.aiche.org/ccps

추가 참고 자료

1. 소방 및 방화방폭 기술 보고서

- 한국소방산업기술원 (KFI). (2023). 화재 및 폭발 방지 기술 가이드라인.
- 한국산업안전보건공단 (KOSHA). (2022). 위험물 저장 및 취급시설 화재·폭발 안전기준.
- 미국화재조사협회 (IAAI). (2021). Fire and Explosion Investigations: Best Practices.
- U.S. Chemical Safety Board (CSB). (2020). Case Studies in Fire and Explosion Incidents.
- Center for Chemical Process Safety (CCPS). (2022). Fire and Explosion Risk Analysis in Process Industries.

2. 국제 가이드라인 및 기술 문서

- NFPA 68 (2023). Standard on Explosion Protection by Deflagration Venting.
- NFPA 69 (2023). Standard on Explosion Prevention Systems.
- IEC 60079 (2022). Explosive Atmospheres – Electrical Equipment Classification and Protection.
- ATEX Directive 2014/34/EU (2023). Equipment for Use in Potentially Explosive Atmospheres.
- API RP 2216 (2021). Ignition Risk of Hydrocarbon Releases for Offshore Operations.

3. 온라인 강의 및 오픈 리소스

- NFPA 온라인 강좌: www.nfpa.org/training
- OSHA Process Safety Management Resources: www.osha.gov/psm
- AIChE CCPS Webinars on Fire and Explosion Safety: www.aiche.org/ccps
- NIST Fire Dynamics Simulator (FDS) Tutorial: www.nist.gov/fds
- Fire Protection Research Foundation Reports: www.nfpa.org/research

CHAPTER

05 방화 및 방폭의 기본 개념

학습목표

- 방화구획 및 내화성능의 개념을 이해한다.
- 산업시설에서 방폭 구역을 설정하는 원칙을 설명할 수 있다.
- 배기 및 환기 설비의 기본 원리를 이해한다.
- 기본적인 방화 및 방폭 설비의 종류와 역할을 파악한다.

1 건축물의 방화구획 및 내화성능 개요

1.1 방화구획의 개념과 목적

1. 방화구획의 개념

그림 5.1 방화구획의 기본 개념

- 방화구획은 **화재가 확산되는 것을 방지하기 위해 일정한 구역을 나누어 설계하는 구조적 개념**임
- 건축물 내부를 일정한 크기의 방화 단위로 분리하여 화재 발생 시 피해를 최소화하는 역할을 수행
- 방화구획은 건축물의 용도, 규모, 법적 요구사항에 따라 **수직·수평적으로 구획**되며, 이에 따라 구조적 안전성과 피난 계획이 결정됨

1) 방화구획의 주요 기능

- 화재 확산 속도 저감: 불이 빠르게 번지는 것을 막아 초기 진압이 가능하게 함
- 피난 시간 확보: 건물 내부의 사람들이 안전하게 대피할 시간을 확보
- 건축물의 구조적 안전성 유지: 주요 구조부가 화재로 인해 손상되지 않도록 보호

- **소방 활동 시간 확보**: 화재 진압을 위한 시간을 벌어 피해를 최소화

2. 화재 확산을 방지하기 위한 건축적 설계

화재 확산은 **전도, 대류, 복사 등의 열전달 방식**으로 이루어지며, 이를 방지하기 위해 방화구획을 설정

1) 방화구획의 주요 설계 원칙

- **구획의 연속성 유지**: 방화벽과 방화문이 개방되거나 손상되지 않도록 관리
- **내화성능 확보**: 내화벽, 내화 바닥 등 필수 구성 요소의 내화성능 충족
- **자동 방화 시스템 연동**: 자동 방화문, 방화셔터, 스프링클러 시스템과 연계

2) 방화구획의 유형

- **수평 방화구획**: 층간 슬래브, 방화문, 방화셔터 등
- **수직 방화구획**: 계단실, 엘리베이터 샤프트, 피트 공간 등
- **특수 방화구획**: 전기실, 기계실, 위험물 저장소 등

그림 5.2 수직 및 수평 방화구획 예시

3. 방화벽, 방화문, 방화셔터의 역할

1) 방화벽

- 방화벽은 **화재 확산을 방지하기 위해 일정 시간 이상 내화성능을 갖춘 벽체**
- 주요 특성
  - **불연재료**(콘크리트, 내화벽돌, 방화 패널 등)로 제작
  - 화재 시 **구조적 안전성 유**지 필수
  - 연소 확산을 막기 위해 건물 상부까지 연장 설치

그림 5.3 방화벽 구조 및 적용 예시

그림 5.4 방화문의 종류 및 구조

2) 방화문

- 방화문은 **화재 발생 시 방화구획을 유지하고 연기의 확산을 방**지하는 문
- 주요 특징
  - 자동 폐쇄 기능: 평상시 개방 상태로 유지되다가 화재 발생 시 닫힘
  - 내화성능: 일정 시간 동안 화염 및 고온을 차단
  - 연기 차단 성능: 연기의 확산을 방지하기 위한 기밀성 유지

3) 방화셔터

- 방화셔터는 **대형 개구부(예: 주차장 출입구, 공장 내부 통로 등)에 적**

용되는 방화구획 요소

- 주요 특징
  - 철판 및 내화 재료로 제작
  - 일정 온도 이상 상승 시 자동으로 작동하여 개구부 차단
  - 화재 초기 연기 확산을 방지하는 역할 수행

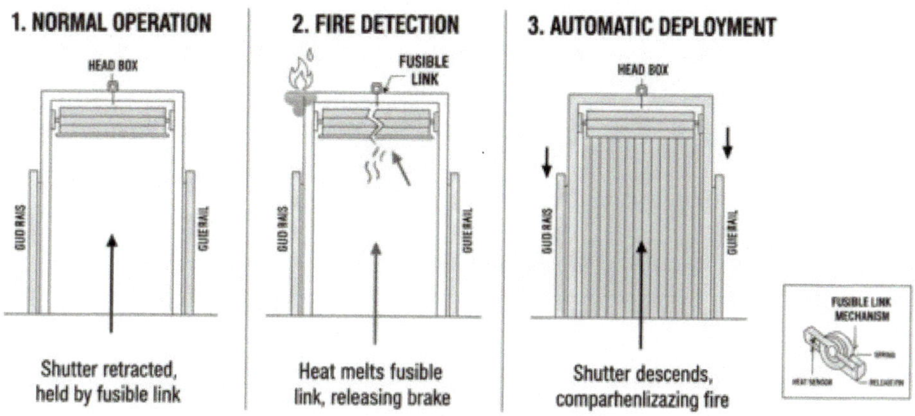

그림 5.5 방화셔터의 작동 원리

1.2 내화성능 개요

1. 내화 구조의 정의 및 등급

- 내화 구조는 **화재 시 일정 시간 이상 화염과 열을 견딜 수 있는 건축물 구조**를 의미
- 내화 구조의 성능 등급은 **30분, 1시간, 2시간, 3시간 이상** 등으로 구분되며, 이는 국가별 기준에 따라 차이가 있음

표 5.1 내화성능 평가 기준

내화성능 등급	기준 시간	주요 적용 대상
30분	30분 이상	일반 주거용 건물 내부 벽체
1시간	60분 이상	사무실, 상업용 건물
2시간	120분 이상	공장, 물류 창고, 대형 상업시설
3시간	180분 이상	발전소, 위험물 저장 시설, 대형 병원

2. 주요 구조물(벽체, 기둥, 바닥 등)의 내화성능 요구사항

- 벽체
  - 주요 내화 재료: 콘크리트, 석고보드, 방화 패널 등
  - **요구 성능**: 1시간 이상 내화 등급 적용
- 기둥
  - **주요 내화 재료**: 철골+내화 피복(스프레이, 시멘트 모르타르 등)
  - **요구 성능**: 최소 2시간 이상 내화 등급 적용
- 바닥 및 슬래브
  - **주요 내화 재료**: 철근 콘크리트
  - **요구 성능**: 2시간 이상 내화 등급 적용

표 5.2 주요 구조물의 내화성능 기준

구조물 유형	주요 내화 재료	최소 내화성능 기준
벽체	콘크리트, 석고보드, 방화 패널	1시간 이상
기둥	철골 + 내화 피복 (스프레이, 시멘트 모르타르 등)	2시간 이상
바닥 및 슬래브	철근 콘크리트	2시간 이상

1.3 국내외 방화구획 및 내화 기준

표 5.3 국내외 방화구획 기준 비교

기준	국내 (건축법)	미국 (NFPA)	유럽 (EN 13501)
방화벽 내화성능	2~3시간	최소 3시간	최소 3시간
방화구획 설치 대상	일정 규모 이상의 병원, 호텔, 학교 등	다중이용시설, 산업시설	고위험 시설 및 공공건물
방화문 성능 기준	자동 폐쇄 기능 필수	20초 이내 닫힘	차염·차열 성능 등급 구분

1. 국내 방화구획 및 내화 기준

- **건축법 시행령 및 화재예방 관련 기준에 의해 방화구획의 설치 기준** 이 정해짐

- 주요 내용
  - 일정 규모 이상의 건축물(예: 병원, 호텔, 학교 등)에 방화구획 필수 적용
  - 주요 구조물은 **최소 1~3시간 이상의 내화성능**을 갖추어야 함

2. 해외 방화구획 및 내화 기준 비교

1) 미국(NFPA 기준)

- NFPA 101(생명 안전 코드), NFPA 5000(건축 및 방화 기준) 등에 방화구획 및 내화성능 요구사항 명시
- 방화벽은 **최소 3시간 이상 내화성능을** 갖추어야 함

2) 유럽(EN 기준)

- EN 13501(건축 내화성능 시험 기준) 및 EN 1634(방화문 시험 기준) 적용
- 건축물의 내화성능 등급을 **EI(E=차염, I=차열)**로 구분

2 산업시설의 방폭 구역 설정 원칙

2.1 방폭 구역 설정의 개념과 필요성

1. 방폭 구역의 개념

그림 5.6 방폭 구역 설정의 개념

- **방폭 구역**(Explosion Hazardous Area)이란 **산업시설에서 폭발 위험성이 존재하는 구역을 지정하여 관리하는 공간**을 의미함
- 방폭 구역 설정은 **가연성 가스, 분진, 증기 등의 존재 가능성과 폭발 위험성**을 고려하여 정의됨
- 산업시설에서는 **점화원(열, 불꽃, 정전기 등)과 폭발성 물질(가연성 가스, 분진 등)이 함께 존재하는 경우 폭발 사고**로 이어질 가능성이 높음

- 방폭 구역을 설정함으로써 **적절한 방폭 설비와 안전 조치를 통해 폭발 사고를 예방**하는 것이 핵심 목적

2. 방폭 구역 설정의 필요성

1) 산업시설 내 폭발 위험 방지

- 방폭 구역을 적절하게 설정하면 **위험 물질이 존재하는 장소를 구분하여 관리**할 수 있음
- 이는 불필요한 점화원 제거 및 안전 설비 배치를 통해 **폭발 사고 가능성을 낮추는 데 이바지**함

2) 법적 규제 및 기준 준수

- 방폭 구역 설정은 **국제 및 국가별 산업 안전 기준에 따라 의무적으로 수행**되어야 함
- 대표적인 방폭 기준
  - IEC 60079(**국제전기기술위원회 방폭 규격**)
  - NFPA 497(**미국 방폭 구역 분류 기준**)
  - ATEX(**유럽 방폭 규격**)

3) 인적·물적 피해 최소화

그림 5.7 방폭 구역 설정이 적용된 산업시설 사례

- 방폭 구역 설정은 산업시설에서 폭발 사고로 인한 **인명 피해 및 설비 손실을 줄이는 핵심적인 역할**을 수행함
- 예방적 안전 조치를 통해 **근로자의 인진 확보 및 공정 연속성 유지**가 가능함

2.2 위험 장소의 분류 기준

1. 가연성 가스를 고려한 방폭 구역 분류

1) Zone 0 (가스 폭발 위험이 가장 큰 구역)

가연성 가스가 지속적으로 존재하거나 장기간 축적될 가능성이 있는 구역

예시 연료 저장 탱크 내부, 폐쇄형 반응기 내부

2) Zone 1 (가스 폭발 위험이 큰 구역)

평상시에는 가연성 가스가 존재하지 않지만, 운전 중 가스 누출이 발생할 가능성이 높은 구역

예시 펌프 주변, 가스 배관 연결부, 밸브 인근

3) Zone 2 (가스 폭발 위험이 상대적으로 낮은 구역)

비정상적인 운전 상태에서 일시적으로 가연성 가스가 존재할 가능성이 있는 구역

예시 공정 설비 주변, 환기 시스템이 작동하는 개방형 공간

표 5.4 가연성 가스를 고려한 방폭 구역 분류

구역	정의	주요 적용 사례
Zone 0	지속적으로 가연성 가스가 존재하는 구역	연료 저장 탱크 내부
Zone 1	정상 운전 시 가연성 가스가 존재할 가능성이 높은 구역	펌프 주변, 가스 배관 연결부
Zone 2	비정상적인 상황에서 일시적으로 가연성 가스가 존재할 가능성이 있는 구역	공정 설비 주변, 환기 시스템 인근

2. 가연성 분진을 고려한 방폭 구역 분류

1) Zone 20 (분진 폭발 위험이 가장 큰 구역)

가연성 분진이 지속적으로 존재하거나 다량 축적되는 구역

예시 밀가루 가공 공장의 분진 저장소, 화학 분말 저장고

2) Zone 21 (분진 폭발 위험이 큰 구역)

일반적인 운전 조건에서 분진이 존재할 가능성이 있는 구역

예시 사일로 내부, 분체 이송 장비 근처

3) Zone 22 (분진 폭발 위험이 상대적으로 낮은 구역)

비정상적인 운전 상태에서 일시적으로 가연성 분진이 존재할 가능성이 있는 구역

예시 포장 라인, 환기 시스템이 있는 생산 공장 내 개방 공간

표 5.5 가연성 분진을 고려한 방폭 구역 분류

구역	정의	주요 적용 사례
Zone 20	지속적으로 가연성 분진이 존재하는 구역	밀가루 가공 공장, 화학 분말 저장고
Zone 21	정상 운전 시 분진이 존재할 가능성이 높은 구역	사일로 내부, 분체 이송 장비 근처
Zone 22	비정상적인 상황에서 일시적으로 가연성 분진이 존재할 가능성이 있는 구역	포장 라인, 환기 시스템이 있는 공간

2.3 방폭 구역 설정 시 고려해야 할 요소

1. 폭발 가능성 평가

그림 5.8 방폭 구역 설정 시 위험 요소 분석 과정

1) 위험 물질의 물리·화학적 특성 분석

가연성 가스 및 분진의 인화점, 폭발 한계, 최소 점화 에너지 분석 필요

2) 폭발 환경의 지속 시간 분석

가연성 물질이 존재하는 시간과 공간적 분포를 평가하여 적절한 방폭 구역을 설정해야 함

2. 점화원의 존재 가능성

1) 일반적인 점화원

산업시설에서 폭발을 유발할 수 있는 주요 점화원은 다음과 같음

- **정전기 방전**
- **고온 표면**
- **불꽃 및 전기 스파크**

2) 점화원 제거 방안

점화원 제거는 방폭 구역 내 안전을 보장하는 핵심 요소

- 전기 설비 방폭형 적용
- 정전기 방지 대책 마련
- 온도 관리 및 차단 시스템 구축

3. 방폭 장비 등급 및 적용 기준

1) 방폭 장비의 분류

방폭 구역 내 설치되는 장비는 해당 구역의 위험성을 고려하여 설계됨

- Ex d (내압 방폭형): 내부 폭발을 견딜 수 있도록 설계됨
- Ex i (본질 안전형): 전기적 점화 에너지를 낮춰 폭발 방지

2) 국제 방폭 규격 비교

방폭 구역 설정 시 적용되는 주요 국제 기준은 다음과 같음

- IEC 60079 (국제 전기 방폭 기준)
- ATEX (유럽 방폭 인증 기준)
- NFPA 497 (미국 방폭 구역 기준)

표 5.6 주요 방폭 장비 등급 비교

방폭 장비 등급	설명	적용 대상
Ex d (내압 방폭형)	내부 폭발을 견딜 수 있도록 설계됨	폭발 위험이 큰 가스 구역
Ex e (안전증 방폭형)	점화원이 발생하지 않도록 보호	전기제어 패널, 모터
Ex i (본질 안전형)	전기적 점화 에너지를 낮춰 폭발 방지	계장기기, 센서

3 배기 및 환기 설비의 기본 개념

3.1 배기 및 환기의 개요

1. 배기 및 환기의 개념

그림 5.9 배기 및 환기 시스템의 개념

- **배기**(Exhaust) **및 환기**(Ventilation)란 공간 내 공기의 질을 개선하기 위해 **오염된 공기를 제거하고 신선한 공기를 공급하는 시스템**을 의미함
- 산업시설 및 건축물에서 배기 및 환기 설비는 **유해 가스, 연기, 분진 등의 제거** 및 공기 순환을 통해 **화재 및 폭발 위험을 줄이는 역할**을 수행
- 배기 및 환기는 **화재 시 연기 배출, 산업 환경 내 유해 물질 확산 방지, 공기 품질 유지** 등 다양한 기능을 수행

2. 배기 및 환기의 필요성

1) 화재 및 폭발 예방

- 산업시설 및 건축물 내부에서 발생하는 **가연성 가스와 분진이 축적되면 폭발 위험이 증가**하므로, 이를 효과적으로 제거할 수 있는 배기 시스템이 필요함
- 또한, 공기 중 산소 농도를 조절하여 **불완전 연소 및 폭발 가능성을 낮출 수 있음**

2) 유해 가스 및 미세먼지 제거

- 배기 및 환기 시스템은 유해 화합물(CO, NOx, SO2 등) 및 미세먼지를 실내에서 제거하여 **근로자의 건강을 보호**하는 역할을 수행
- 특히 밀폐된 공간에서 유독가스 축적 시 중독 및 질식 사고의 위험이 커지므로 **지속적인 환기가 필수**적임

그림 5.10 산업시설 내 배기 및 환기 설비 적용 사례

3) 열기 제거 및 작업 환경 개선

- 대형 산업시설에서는 기계 및 공정 과정에서 발생하는 **열기를 배출하여 작업 환경을 최적화**하는 것이 중요함
- 온도가 급격히 상승하면 화재 위험이 증가하며, 고온 환경에서 작업자의 피로도가 높아지므로 **냉각 효과를 위한 환기 설비가 필요**함

3.2 배기 및 환기의 주요 방식

1. 자연 환기와 기계 환기 비교

1) 자연 환기(Natural Ventilation)

- 공기 흐름을 활용하여 **자연적으로 실내 공기를 배출하고 신선한 공기를 유입**하는 방식
- 개방형 구조 및 창문, 루버, 통풍구를 활용하여 작동
- 에너지를 사용하지 않으며, 기본적인 공기 순환을 유도하지만 **기류 제어가 어려움**

2) 기계 환기(Mechanical Ventilation)

- 팬, 덕트, 공조 시스템 등을 활용하여 **강제적으로 공기를 배출 및 유입**하는 방식
- 자연 환기보다 정확한 **공기 흐름을 제어**할 수 있으며, 산업시설에서는 필수적으로 사용됨

표 5.7 자연 환기와 기계 환기의 비교

환기 방식	장점	단점
자연 환기	에너지 절약, 단순한 구조	기류 제어 어려움, 오염물질 완전 제거 어려움
기계 환기	일정한 공기 흐름 유지, 효율적인 오염물질 제거	전력 소비 증가, 유지보수 필요

2. 배기 방식의 분류

1) 국소 배기(Local Exhaust)

- 특정 오염원이 발생하는 위치에서 **즉각적으로 유해 물질을 제거**하는 방식
- 주로 실험실, 화학공장, 용접 작업장 등에서 사용됨
- 배기 후처리 장치를 적용하여 **대기 오염을 최소화**하는 것이 중요함

2) 전체 환기(General Ventilation)

- **공간 전체에서 공기를 순환**시키는 방식으로, 일반적인 건물 및 산업시설에서 적용됨
- 공기 정화 시스템과 결합하여 환경을 쾌적하게 유지함
- 단점: 특정 오염원이 존재할 경우, **완벽한 제거가 어렵고 국소 배기보다 효율이 낮을 수 있음**

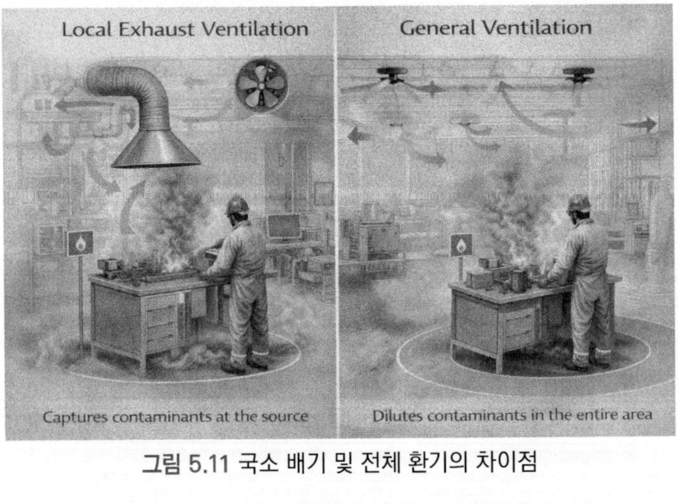

그림 5.11 국소 배기 및 전체 환기의 차이점

3.3 배기 및 환기 설비의 주요 구성 요소

1. 배기 덕트 시스템

1) 덕트(Duct)의 역할

- 오염된 공기를 안전하게 외부로 배출하기 위해 설치하는 **공기 통로**
- 배기 시스템의 효율을 높이기 위해 **공기 흐름의 원활성을 고려**한 설계가 필수적임

2) 덕트 재질 및 종류

- 일반적으로 강**철, 알루미늄, 플렉서블 덕트** 등이 사용됨
- 고온 및 부식성이 강한 환경에서는 **특수 내화 덕트**가 적용됨

표 5.8 배기 덕트의 주요 재질 및 특징

덕트 재질	특징	주요 적용 장소
강철	내구성이 강하고 내열성이 우수함	대형 산업시설, 공장
알루미늄	경량이며 부식 저항성이 높음	실험실, 화학 공정
플렉서블 덕트	유연하여 설치가 쉬움	협소한 공간, 이동형 설비

2. 환기 팬 및 배기 팬

그림 5.12 환기 팬 및 배기 팬의 구조

1) 환기 팬(Ventilation Fan)

- **신선한 공기를 공급**하는 역할을 수행하며, **공기 흐름을 일정하게 유지**하는 기능이 있음
- 일반적으로 천장형, 벽면형, 바닥형으로 설치됨

2) 배기 팬(Exhaust Fan)

- 실내의 **오염된 공기를 외부로 배출**하는 기능을 수행
- 산업 현장에서는 고성능 배기 팬을 적용하여 신속한 공기 교환을 유도함

3.4 방폭 구역 내 환기 설비 적용 시 고려 사항

1. 방폭 구역에서의 환기 설비 설계 원칙

1) 환기 속도 및 공기 교환율 고려

- 방폭 구역에서는 가연성 가스 및 분진의 축적을 방지하기 위해 **공기 교환율을 높이는 것이 중요**함
- 일반적으로 **1시간당 6~12회 공기 교체**가 필요함

2) 방폭형 환기 장비 적용

- 방폭 구역 내 환기 설비는 **방폭 인증을 받은 장비**를 사용해야 함
- 방폭 등급(Ex d, Ex e, Ex i)에 따라 **적절한 팬 및 덕트를 선정**해야 함

표 5.9 방폭 구역에서의 환기 설비 요구사항

방폭 구역 등급	환기 설비 요구사항	적용 예시
Zone 0	연속적인 환기 시스템 필수	폐쇄형 반응기, 가스탱크
Zone 1	국소 배기 및 강제 환기 필수	화학공장, 가스 이송 설비
Zone 2	기본적인 환기 시스템 권장	일반 공정 설비 주변

2. 화재 발생 시 환기 시스템의 작동 방식

그림 5.13 비상 배기 시스템 및 차압 유지 원리

1) 연기 배출을 위한 비상 배기 시스템

- 화재 시 연기를 신속히 배출하기 위해 **비상 배기 설비**가 작동해야 함
- 주로 자동 감지 시스템과 연동되어 **연기 농도 증가 시 배기 팬이 활성화**됨

2) 차압 유지 및 피난 경로 확보

- 건물 내부의 연기 확산을 방지하기 위해 **피난 경로에는 양압 유지 시스템**을 적용
- 이는 계단실 및 엘리베이터 샤프트의 압력을 높여 **연기의 유입을 방지**하는 역할을 수행

4 기본적인 방화 및 방폭 설비 소개

4.1 방화 및 방폭 설비의 개요

1. 방화 및 방폭 설비의 개념

- **방화 설비**(Fire Protection System)와 **방폭 설비**(Explosion Protection System)는 **화재 및 폭발 사고를 예방**하고 **피해를 최소화**하기 위한 필수적인 안전장치
- 방화 설비는 **화재 발생 시 조기 감지, 진압 및 확산 방지**를 목적으로 하며, 주요 설비에는 소화기, 스프링클러, 화재감지기 등이 포함됨
- 방폭 설비는 산업 현장에서 **가연성 가스 및 분진의 폭발을 방지**하기 위해 적용되며, 주요 설비에는 방폭형 전기 설비, 정전기 방지 시스템, 폭발 방지 밸브 등이 포함됨

그림 5.14 방화 및 방폭 설비 개념도

2. 방화 및 방폭 설비의 중요성

1) 화재 및 폭발 사고 예방

- 방화 설비는 **화재 발생 시 신속한 대응**이 가능하도록 설계되며, 방폭 설비는 **점화원 제거 및 폭발 억제**를 통해 사고 발생을 방지함
- 특히, 밀폐된 공간이나 위험 물질을 취급하는 산업 현장에서는 방화 및 방폭 설비의 적절한 적용이 필수적임

2) 법적 규제 및 안전 기준 준수

- 건축법, 화재의 예방 및 안전관리에 관한 법률, 소방시설 설치 및 관리에 관한 법률, 산업안전보건법 등에서 방화 및 방폭 설비의 설치 기준을 규정하고 있으며, 국제 기준(NFPA, IEC, ATEX 등)도 적용됨
- 방화 및 방폭 설비를 적절히 적용하지 않으면 법적 처벌 및 안전사고 발생 위험이 커짐

3) 인명 및 시설 보호

- 방화 및 방폭 설비는 화재 및 폭발 발생 시 **인명 피해를 줄이고 시설을 보호**하는 중요한 역할을 수행
- 적절한 설비 적용을 통해 **생산 공정의 연속성을 유지**하고 **경제적 손실을 최소화**할 수 있음

그림 5.15 산업시설 내 방화 및 방폭 설비 배치 사례

4.2 주요 방화 설비

1. 소화기 및 소화 시스템

1) 소화기의 종류 및 특징

- 소화기는 초기 화재를 신속하게 진압하는 용도로 사용되며, 화재 유형에 따라 적절한 소화제를 선택해야 함

- 대표적인 소화기 유형
  - **분말 소화기:** 일반적인 A, B, C급 화재에 대응
  - **이산화탄소(CO_2) 소화기:** 전기화재 및 가연성 액체 화재에 적합
  - **할로젠 화합물 소화기:** 민감한 전자장비 보호용

표 5.10 주요 소화기 종류 및 사용 용도

소화기 유형	사용할 수 있는 화재 유형	특징
분말 소화기	A, B, C급 화재	다목적 사용 가능
이산화탄소(CO_2) 소화기	전기화재, 가연성 액체 화재	잔여물이 남지 않음
할로젠 화합물 소화기	민감한 전자장비	전기·전자기기 보호용

그림 5.16 스프링클러 시스템의 작동 원리

2) 자동 소화 시스템

- 산업시설에서는 **스프링클러 시스템, 고정식 소화 시스템, 가스 소화 시스템** 등이 설치됨
- 스프링클러 시스템
  - 온도 감지 후 자동으로 작동하여 화재를 진압
  - 물을 이용한 냉각 및 질식 효과로 화재 확산 방지

2. 화재 감지 및 경보 시스템

1) 화재감지기(Fire Detector)

- 화재감지기는 **온도, 연기, 불꽃 등을 감지하여 조기에 경보**를 발하는 장치
- 주요 감지기 유형
  - **연기 감지기:** 화재 시 발생하는 연기를 감지하여 경보
  - **열 감지기:** 온도 상승을 감지하여 작동
  - **불꽃 감지기:** 적외선 및 자외선을 감지하여 불꽃을 탐지

2) 화재 경보 시스템(Fire Alarm System)

- 경보 시스템은 화재 감지 후 신속하게 경고음을 울려 인명 대피를 유도
- 일부 시스템은 **자동으로 소방서 및 관리센터에 신고**하는 기능을 포함

그림 5.17 화재 감지 및 경보 시스템 구성도

4.3 주요 방폭 설비

1. 방폭형 전기 설비

1) 방폭형 장비의 개념

방폭형 전기 설비(Explosion-Proof Electrical Equipment)는 폭발 위험 구역에서 **점화원을 차단하여 사고를 방지**하는 역할을 함

2) 방폭형 전기 설비의 종류

- Ex d (내압 방폭형): 내부 폭발을 견딜 수 있도록 설계
- Ex e (안전증 방폭형): 점화원이 발생하지 않도록 보호

표 5.11 방폭형 전기 설비 등급 비교

방폭 등급	특징	주요 사용 장소
Ex d (내압 방폭형)	내부 폭발을 견딜 수 있음	석유화학 공장, 정유 시설
Ex e (안전증 방폭형)	전기 장치의 안전성 강화	모터, 전기제어 패널
Ex i (본질 안전형)	저전력 설계로 점화 방지	계기 제어 시스템, 센서

그림 5.18 방폭형 전기 설비의 적용 사례

2. 정전기 방지 시스템

그림 5.19 정전기 방지 시스템의 개념

1) 정전기 발생의 위험성

- 산업시설에서는 정전기가 축적되면 **불꽃 방전으로 인해 폭발 위험이 증가**함
- 특히, 휘발성 액체 및 가연성 분진이 존재하는 환경에서는 정전기 방지가 필수적임

2) 정전기 방지 대책

- **접지 및 접합**(grounding & bonding)을 활용하여 정전기 축적을 방지
- **정전기 방지 매트 및 코팅**을 활용하여 표면 저항을 감소

4.4 방화 및 방폭 설비 적용 시 고려 사항

1. 법규 및 기준 준수

1) 국내 방화 및 방폭 관련 법규

건축법, 화재의 예방 및 안전관리에 관한 법률, 소방시설 설치 및 관리에 관한 법률, 산업안전보건법에 따라 설비의 설치 및 유지보수 기준이 규정됨

2) 국제 방폭 기준

방폭 설비는 IEC 60079(국제전기기술위원회 기준), ATEX(유럽 방폭 인증), NFPA 497(미국 방폭 기준) 등을 준수해야 함

표 5.12 국내외 방화 및 방폭 설비 기준 비교

기준	국내 (건축법, 화재의 예방 및 안전관리에 관한 법률, 소방시설 설치 및 관리에 관한 법률)	미국 (NFPA)	유럽 (ATEX)
방화 설비 기준	특정 건물 필수 적용	스프링클러·화재 감지 필수	방화 설비 연동 시스템 필요
방폭 설비 기준	위험물 저장 시설 방폭 조치 의무	방폭 구역 내 전기 설비 규제	방폭 인증(ATEX) 필요

2. 유지보수 및 점검 계획

- 방화 및 방폭 설비는 **정기적인 유지보수 및 점검**이 필요하며, 비상시 신속하게 작동할 수 있도록 관리되어야 함
- 연간 점검 일정 및 유지보수 계획을 수립하여 **설비의 신뢰성을 확보**하는 것이 중요함

그림 5.20 방화 및 방폭 설비 점검 절차

핵심 개념 요약 및 키워드 정리

- **방화구획(Fire Compartmentation)**: 건축물 내부를 일정한 크기의 방화 단위로 나누어 화재 확산을 방지하는 구조적 개념. 주요 요소로 방화벽, 방화문, 방화셔터 등이 포함됨
- **내화 성능(Fire Resistance Performance)**: 건축물의 주요 구조부가 화재 시 일정 시간 동안 화염과 열을 견딜 수 있는 능력. 30분, 1시간, 2시간 등으로 등급이 구분됨
- **방화벽(Fire Wall)**: 화재 확산을 막기 위해 내화 성능을 갖춘 벽체. 건물 상부까지 연장 설치되며, 불연재료로 제작됨
- **방화문(Fire Door)**: 화재 발생 시 방화구획을 유지하고 연기의 확산을 방지하는 문. 자동 폐쇄 기능을 갖추며 일정한 내화 성능 요구됨
- **방화셔터(Fire Shutter)**: 대형 개구부(예: 주차장, 공장 출입구 등)에 설치되는 화재 차단 장치. 일정 온도 이상 상승 시 자동으로 닫힘
- **방폭 구역(Explosion Hazardous Area)**: 산업시설에서 폭발 위험성이 존재하는 구역을 지정하여 관리하는 공간. 가연성 가스 및 분진의 농도를 고려하여 Zone 0, Zone 1, Zone 2 등으로 구분됨
- **방폭 구역 분류(Explosion Zone Classification)**: 가연성 가스 및 분진의 존재 가능성과 지속 시간을 고려하여 방폭 구역을 정의하는 기준
- **국소 배기(Local Exhaust System)**: 특정 오염원이 발생하는 위치에서 즉각적으로 유해 물질을 제거하는 환기 방식. 실험실, 화학 공장 등에서 사용됨
- **전체 환기(General Ventilation System)**: 공간 전체에서 공기를 순환시키는 방식으로, 일반적인 건물 및 산업시설에서 사용됨
- **배기 덕트(Exhaust Duct)**: 오염된 공기를 안전하게 외부로 배출하기 위한 공기 통로. 강철, 알루미늄, 플렉서블 덕트 등 다양한 재질이 사용됨
- **방폭형 전기설비(Explosion-Proof Electrical Equipment)**: 폭발 위험 구역에서 점화원을 차단하여 사고를 방지하는 전기설비. Ex d(내압 방폭형), Ex e(안전증 방폭형) 등으로 분류됨
- **정전기 방지 시스템(Electrostatic Discharge Prevention System)**: 산업 현장에서 정전기로 인한 폭발 위험을 방지하기 위한 시스템. 접지 및 접합, 정전기

방지 매트 등이 포함됨

- 스프링클러 시스템(Sprinkler System): 화재 발생 시 자동으로 작동하여 물을 분사하는 소화 설비. 온도 감지 후 자동 작동하여 화재 확산을 방지함
- 화재 감지기(Fire Detector): 연기, 열, 불꽃 등을 감지하여 화재를 조기에 경보하는 장치. 연기 감지기, 열 감지기, 불꽃 감지기 등이 포함됨
- 방화 및 방폭 설비 점검(Fire and Explosion Protection System Maintenance): 방화 및 방폭 설비의 정상 작동 여부를 확인하고 유지·보수하는 절차. 정기적인 점검이 필요함

연습문제

객관식 문제 (총 10문항)

01 방화구획의 주요 역할이 아닌 것은?

① 화재 확산 속도를 저감한다.
② 피난 시간을 확보한다.
③ 건축물의 구조적 안전성을 유지한다.
④ 연료의 연소 속도를 증가시킨다.

02 방화벽이 갖추어야 할 기본적인 요건은?

① 가연성 재료로 제작될 것
② 일정 시간 이상의 내화 성능을 가질 것
③ 건물의 중앙에만 설치될 것
④ 화재 발생 시 자동으로 녹아내릴 것

03 방화문이 수행하는 역할로 옳지 않은 것은?

① 화재 발생 시 연기의 확산을 방지한다.
② 일정 시간 동안 화염과 고온을 차단한다.
③ 항상 개방된 상태로 유지해야 한다.
④ 자동 폐쇄 기능을 갖춘다.

04 방폭 구역 설정의 주요 목적은?

① 산업시설에서 폭발 가능성을 높이기 위해
② 폭발이 발생해도 시설 피해를 최소화하기 위해
③ 가연성 물질의 양을 증가시키기 위해
④ 전기설비의 성능을 향상시키기 위해

05 방폭 구역의 분류 기준 중 Zone 0에 해당하는 지역은?

① 가연성 가스가 지속적으로 존재하는 지역
② 일시적으로 가연성 가스가 존재할 수 있는 지역
③ 가연성 가스가 거의 존재하지 않는 지역
④ 화재가 발생한 지역

06 배기 및 환기 시스템의 주된 목적이 아닌 것은?

① 유해 가스를 제거하여 작업환경을 개선한다.
② 화재 및 폭발 위험을 감소시킨다.
③ 실내 온도를 조절하여 쾌적한 환경을 만든다.
④ 가연성 가스의 농도를 증가시킨다.

08 국소 배기 시스템의 특징으로 적절하지 않은 것은?

① 특정 오염원이 발생하는 위치에서 제거한다.
② 전체 공기질을 균일하게 개선한다.
③ 실험실이나 화학 공장에서 많이 사용된다.
④ 대기 오염을 최소화하는 후처리 장치가 필요할 수 있다.

08 방폭형 전기설비가 필요한 이유는?

① 전기설비의 에너지를 높이기 위해
② 폭발성 환경에서 점화원이 되는 것을 방지하기 위해
③ 내구성을 낮추어 교체 주기를 단축하기 위해
④ 실내 공기의 흐름을 원활하게 만들기 위해

09 스프링클러 시스템이 화재 진압을 수행하는 기본 원리는?

① 공기를 분사하여 화염을 냉각한다.
② 물을 분사하여 화재 확산을 방지하고 냉각 효과를 제공한다.
③ 연료 공급을 차단하여 연소를 중단한다.
④ 연기를 흡입하여 화재를 제거한다.

10 정전기 방지 시스템의 주요 기능이 아닌 것은?

① 폭발성 환경에서 정전기에 의한 점화를 방지한다.
② 접지 및 접합을 활용하여 정전기 축적을 최소화한다.
③ 전기설비의 출력을 증가시켜 효율을 높인다.
④ 정전기 방지 매트를 사용하여 표면 저항을 감소시킨다.

주관식 문제 (총 5문항)

01 방화구획의 역할과 주요 요소(방화벽, 방화문, 방화셔터)에 대해 설명하시오.

02 내화 성능의 정의와 주요 내화구조(벽체, 기둥, 바닥)의 내화 성능 기준을 설명하시오.

03 방폭 구역의 설정 원칙과 Zone 0, Zone 1, Zone 2의 차이점을 설명하시오.

04 국소 배기와 전체 환기의 차이점을 비교하고, 각 방식이 적용되는 산업 현장의 예를 제시하시오.

05 방화 및 방폭 설비의 정기 점검이 중요한 이유와 유지보수 방법에 관해 설명하시오.

객관식 문제 정답 및 해설

01 정답: ④

해설 방화구획은 화재 확산을 방지하는 역할을 하며, 연소 속도를 증가시키지 않음

02 정답: ②

해설 방화벽은 내화 성능을 유지하여 일정 시간 동안 화염을 차단해야 함

03 정답: ③

해설 방화문은 항상 개방 상태로 유지되는 것이 아니라, 화재 발생 시 자동 폐쇄되어야 함

04 정답: ②

해설 방폭 구역 설정은 폭발이 발생하더라도 시설 피해를 최소화하기 위한 안전 조치임

05 정답: ①

해설 Zone 0은 가연성 가스가 지속적으로 존재하는 구역을 의미함

06 정답: ④

해설 배기 및 환기 시스템은 가연성 가스를 제거하여 폭발 위험을 줄이는 역할을 하며, 농도를 증가시키지 않음

07 정답: ②

해설 국소 배기 시스템은 특정 오염원을 집중적으로 제거하는 것이 목적이며, 전체적인 공기질 개선보다는 특정 지역에 적용됨

08 정답: ②

해설 방폭형 전기설비는 폭발 위험 지역에서 점화원을 방지하기 위해 사용됨

09 정답: ②

해설 스프링클러 시스템은 물을 분사하여 화재를 진압하고 냉각 효과를 제공함

10 정답: ③

해설 정전기 방지 시스템은 점화를 방지하는 것이 목적이며, 전기설비 출력을 증가시키는 역할을 하지 않음

주관식 문제 정답 및 해설

01 방화구획의 역할과 주요 요소

- 방화구획은 화재 확산을 방지하고 피난 시간을 확보하며, 건축물의 구조적 안전성을 유지하는 역할을 함
- 주요 구성 요소: 방화벽(화재 확산 방지), 방화문(연기 및 불꽃 차단), 방화셔터(대형 개구부 보호)

02 내화 성능 및 주요 구조물의 내화 성능 기준

- 내화 성능은 화재 발생 시 일정 시간 동안 건축 구조가 화염을 견디는 능력을 의미함
- 주요 구조물 내화 기준:
  - 벽체: 최소 1시간 이상
  - 기둥: 최소 2시간 이상
  - 바닥 및 슬래브: 최소 2시간 이상

03 방폭 구역 설정 원칙과 Zone 0, 1, 2의 차이점

- 방폭 구역 설정은 가연성 가스 및 분진의 존재 가능성과 지속 시간을 고려하여 수행됨
- Zone 0: 지속적으로 가연성 가스가 존재하는 구역
- Zone 1: 가연성 가스가 정상 운전 시 일시적으로 존재할 가능성이 높은 구역
- Zone 2: 비정상적인 운전 상태에서 가연성 가스가 존재할 가능성이 있는 구역

04 국소 배기와 전체 환기의 차이점 및 적용 예

- 국소 배기: 특정 오염원을 즉시 제거하는 방식 (예: 실험실, 용접 작업장)
- 전체 환기: 건물 전체의 공기 순환을 위한 방식 (예: 대형 공장, 사무실 공간)

05 방화 및 방폭 설비 점검의 중요성 및 유지보수 방법

- 점검이 중요한 이유: 화재 및 폭발 사고 예방, 장비 성능 유지, 법적 규제 준수
- 유지보수 방법: 정기 검사, 부품 교체, 소방 훈련 실시, 기록 보관

관련 법규 요약

1.「건축법」

- **제49조(방화구획의 설치)**
  건축물의 화재 확산 방지를 위해 일정한 면적마다 방화구획을 설치해야 하며, 방화벽, 방화문, 방화셔터 등의 방화시설을 갖추어야 함
- **제50조(내화구조 및 방화구조의 기준)**
  특정 용도의 건축물(예: 다중이용시설, 산업시설 등)은 내화구조를 적용해야

하며, 주요 구조부(기둥, 벽, 바닥 등)는 화재 발생 시 일정 시간 이상 내화 성능을 유지해야 함

2.「화재의 예방 및 안전관리에 관한 법률」

- 제9조(화재 예방 조치)

가연물 정리, 점화원 관리, 방화구획 유지 등 화재 발생 및 연소 확대를 방지하기 위한 예방 조치를 의무화

3.「소방시설 설치 및 관리에 관한 법률」

- 제9조(소방시설 설치)

특정소방대상물에 대해 피난·방화 관련 설비를 설치하도록 하고, 세부 기준은 하위 기준에서 정함

4.「산업안전보건법」

- 제23조(산업시설의 폭발 위험 예방 조치)
  사업주는 폭발 위험이 있는 작업장에서 방폭 구역을 설정하고, 해당 구역에 적합한 방폭 설비(방폭형 전기설비, 정전기 방지 시스템 등)를 설치해야 함
- 제29조(위험물 취급 및 저장 관리)
  산업시설 내 위험물 저장소는 방폭 구획을 적용해야 하며, 인화성 물질 취급 구역에는 국소 배기 및 전체 환기 시스템을 설치해야 함

5.「전기설비기술기준 및 판단기준」

- 제10조(방폭 전기설비의 설치 기준)
  폭발성 가스 및 분진이 존재하는 구역에서는 방폭형 전기설비(Ex d, Ex e, Ex i 등)를 사용해야 하며, 해당 설비는 국제 방폭 규격(IEC 60079, ATEX 등)을 준수해야 함

6.「소방시설법」

- 제22조(소방시설의 점검 및 유지보수)
  소방시설(스프링클러, 화재 감지기 등)은 주기적으로 점검해야 하며, 정상 작동 여부를 확인하고 필요한 경우 즉시 보수해야 함

- 제28조(소화 설비의 설치 기준)

  공공시설 및 다중이용시설에는 스프링클러 시스템을 설치해야 하며, 화재 발생 시 자동으로 작동하여 화재 확산을 방지해야 함

사고 사례 데이터베이스

표 5.13 주요 화재 및 폭발 사고 데이터베이스

사고 명	발생 연도	사고 개요	피해 규모	사고 원인	재발 방지 대책
텍사스 BP 정유 공장 폭발 사고	2005년 (미국)	정유 공장의 증류탑 가동 중 과압 발생 후 폭발	사망 15명, 부상 180명, 5억 달러 재산 피해	과압 방지 밸브 고장 및 안전 점검 미흡	과압 방지 시스템 개선, 긴급 차단 밸브 추가 설치
브리티시 페트롤리엄(BP) 딥워터 호라이즌 폭발 사고	2010년 (미국)	원유 시추 작업 중 고압의 가스가 분출되며 폭발 및 화재 발생	사망 11명, 원유 유출로 인한 환경 피해	시추 장비의 블로우아웃 방지 장치(BOP) 작동 실패	BOP 점검 및 유지보수 강화, 원격 차단 시스템 도입
Bhopal 화학 공장 가스 누출 사고	1984년 (인도)	메틸아이소시아네이트(MIC) 가스가 누출되어 대규모 사망 및 부상 발생	사망 15,000명 이상, 부상 500,000명 이상	저장 탱크 압력 초과, 안전밸브 고장	화학 물질 저장소의 압력 모니터링 시스템 강화, 안전밸브 정기 점검
천진항 폭발 사고	2015년 (중국)	화학 물질 저장소에서 위험물 저장 및 취급 부주의로 대형 폭발 발생	사망 173명, 부상 798명, 막대한 재산 피해	위험물 저장소의 부적절한 관리, 안전 규정 미준수	위험물 저장 구역의 안전 규정 강화, 화학 물질 취급 교육 강화
류저우 화학 공장 폭발 사고	2022년 (중국)	공장 내 가연성 가스 누출 후 점화원과 반응하여 폭발 발생	사망 7명, 부상 18명, 공장 설비 심각한 손상	가연성 가스 감지기 작동 불량, 안전 점검 미흡	가연성 가스 감지 시스템 개선, 방폭 설비 강화

참고문헌

1. 서적 및 논문
- Babrauskas, V. (2003). Ignition Handbook. Fire Science Publishers.
- Drysdale, D. (2011). An Introduction to Fire Dynamics (3rd ed.). Wiley.
- Lees, F. P. (2012). Loss Prevention in the Process Industries: Hazard Identification, Assessment and Control (3rd ed.). Butterworth-Heinemann.
- Karlsson, B., & Quintiere, J. G. (2000). Enclosure Fire Dynamics. CRC Press.
- Eckhoff, R. K. (2016). Dust Explosions in the Process Industries (3rd ed.). Elsevier.

2. 법규 및 보고서
- 소방청. (2022). 화재 및 폭발 방호 시스템 가이드라인.
- 산업안전보건공단 (KOSHA). (2021). 산업시설 폭발 위험성 평가 매뉴얼.
- U.S. Chemical Safety Board (CSB). (2015). Investigation Report: West Fertilizer Explosion and Fire.
- National Institute of Standards and Technology (NIST). (2018). Fire Dynamics Simulator (FDS) Technical Reference Guide. NIST Special Publication 1018.
- European Committee for Standardization (CEN). (2021). ATEX 2014/34/EU: Equipment for Use in Explosive Atmospheres.

3. 온라인 자료
- 한국소방안전원. (2023). "방화 및 방폭 설비의 설계 및 적용 기준". Retrieved from www.kfsi.or.kr
- National Fire Protection Association (NFPA). (2023). "NFPA 921: Guide for Fire and Explosion Investigations". Retrieved from www.nfpa.org
- U.S. Occupational Safety and Health Administration (OSHA). (2023). "Process Safety Management of Highly Hazardous Chemicals". Retrieved from www.osha.gov
- Center for Chemical Process Safety (CCPS). (2022). "Guidelines for Risk Based Process Safety". Retrieved from www.aiche.org/ccps

추가 참고 자료

1. 소방 및 방화방폭 기술 보고서
- 한국소방산업기술원 (KFI). (2023). 화재 및 폭발 방지 기술 가이드라인.
- 한국산업안전보건공단 (KOSHA). (2022). 위험물 저장 및 취급시설 화재·폭발 안전기준.
- 미국화재조사협회 (IAAI). (2021). Fire and Explosion Investigations: Best Practices.
- U.S. Chemical Safety Board (CSB). (2020). Case Studies in Fire and Explosion Incidents.
- Center for Chemical Process Safety (CCPS). (2022). Fire and Explosion Risk Analysis in Process Industries.

2. 국제 가이드라인 및 기술 문서
- NFPA 68 (2023). Standard on Explosion Protection by Deflagration Venting.
- NFPA 69 (2023). Standard on Explosion Prevention Systems.
- IEC 60079 (2022). Explosive Atmospheres – Electrical Equipment Classification and Protection.
- ATEX Directive 2014/34/EU (2023). Equipment for Use in Potentially Explosive Atmospheres.
- API RP 2216 (2021). Ignition Risk of Hydrocarbon Releases for Offshore Operations.

3. 온라인 강의 및 오픈 리소스
- NFPA 온라인 강좌: www.nfpa.org/training
- OSHA Process Safety Management Training: www.osha.gov
- CCPS Safety Training Webinars: www.aiche.org/ccps

CHAPTER

06 소화 및 방폭 기술 개요

학습목표

- 소화 메커니즘과 소화약제의 종류를 이해한다.
- 자동화 소화 시스템의 종류와 원리를 설명할 수 있다.
- 폭발 억제 및 완화 기술의 주요 개념과 적용 방법을 익힌다.
- 안전거리와 보호장치의 개념 및 설계 기준을 이해한다.

1 소화 및 방폭 기술 개요

1.1 소화 메커니즘

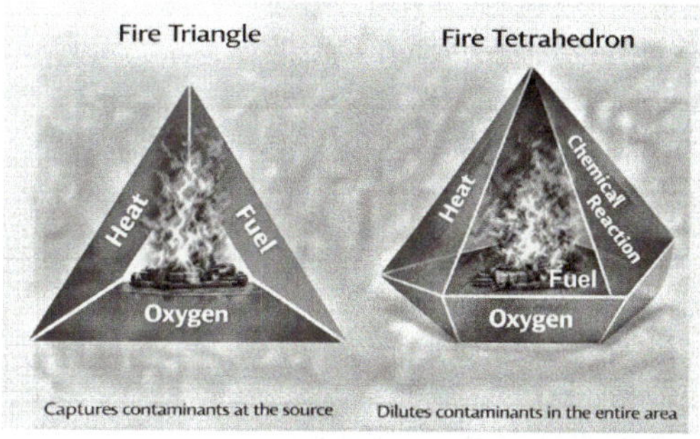

그림 6.1 화재 삼각형과 소화 사각형

화재가 발생하고 유지되기 위해서는 **가연물**(Fuel), **산소**(Oxygen), **점화원**(Ignition Source) 세 가지 요소가 필요하며, 이를 **화재 삼각형**(Fire Triangle)이라 한다. 그러나 연소 과정에서는 화학적 연쇄반응이 지속되면서 화염이 유지되므로, 이를 포함한 **소화 사각형**(Fire Tetrahedron) 개념이 더 정확하다.

소화는 이 네 가지 요소 중 하나 이상을 제거하여 연소를 중단시키는 과정이며, 주요 소화 방법은 **냉각, 질식, 연쇄반응 억제, 차단**으로 구분된다. **화재 삼각형과 소화 사각형은 화재의 본질과 소화 원리를 이해하는 데 필수**적인 개념이다. 화재 삼각형은 가연물, 산소, 점화원의 조합이 화재를 발생시킨다는 기본 원리를 설명하며, 소화 사각형은 여기에 화학적 연쇄반응(Chain Reaction)의 중요성을 추가하여 보다 정교한 개념을 제공한다. 연소를 지속하는 동안 활성 라디칼(OH, H, O)이 생성되며, 이는 연소 반응을 가속하는 역할을 한다. 소화는 이들 라디칼을 제거하거나 반응을 억제함으로써 진행된다.

1. 냉각(Cooling) 효과

그림 6.2 물의 냉각 효과

가연물 또는 연소 구역의 온도를 발화점 이하로 낮추어 연소 반응을 중단시키는 방식이다. **물(Water)**을 이용한 소화가 대표적이며, 물은 기화 과정에서 다량의 열을 흡수하는 특성을 가진다.

- 물 1g이 100℃에서 증기로 변화할 때 약 **2,260J(줄)의 열을 흡수**한다.
- 연소 표면에 직접 적용될 경우, 빠르게 온도를 낮춰 가연물이 추가로 분해되지 않도록 한다.
- 고온에서 생성된 수증기는 산소 농도를 희석해 **질식 효과**를 추가로 유발할 수 있다.

특히 미분무(Water Mist) 시스템은 물을 극도로 작은 입자로 분사하여 **냉각 효과를 극대화**하고, 열복사 차단 효과를 제공하여 화재 확산을 방지한다.

2. 질식(Smothering) 효과

산소 공급을 차단하거나 산소 농도를 일정 수준 이하로 낮추어 연소를 억제하는 방식이다. 연소가 지속되기 위해서는 일반적으로 **16% 이상의 산소가 필요**하며, 질식소화 방식은 이를 15% 이하로 감소시키는 것을 목표로 한다.

- 이산화탄소(CO_2) 소화 방식: 공기보다 무거운 CO_2 가스를 연소 구역에 방출하여 산소를 희석하고 화재를 진압하는 방법이다.
- 불활성 가스(IG-541, IG-55 등) 소화 방식: 산소 농도를 12~14% 수준으로 낮추어 연소 반응이 유지되지 않도록 한다.

그림 6.3 질식소화 메커니즘

밀폐된 공간에서는 질식 효과가 더 효과적이지만, 개방된 공간에서는 소화약제가 빠르게 확산하여 소화 효과가 저하될 수 있다.

3. 연쇄반응 억제(Chain Reaction Inhibition) 효과

연소를 지속하는 라디칼(OH, H, O)의 생성을 차단하거나 반응성을 감소시켜 연소를 멈추게 한다.

- **분말 소화약제**: 연소 반응을 직접 방해하는 화합물을 포함하며, 특히 **ABC 분말(인산암모늄 계열)**은 다양한 유형의 화재를 진압하는 데 효과적이다.
- **할로젠 화합물**(Halon, HFC, FK-5-1-12 등): 활성 라디칼을 화학적으로 중화하여 연쇄반응을 차단한다.

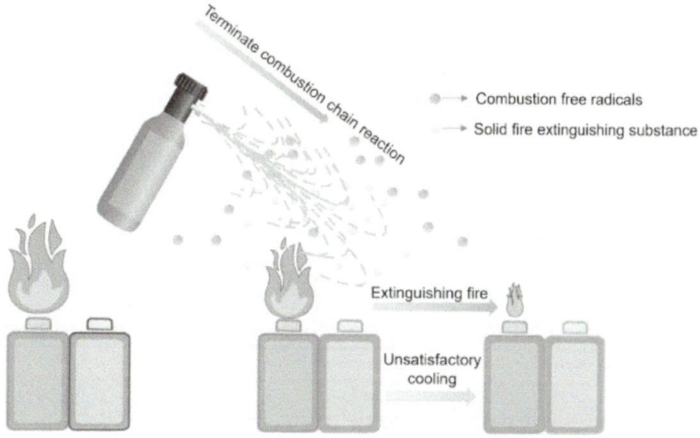

그림 6.4 연쇄반응 억제 소화 메커니즘

4. 차단(Blanketing) 효과

가연물 표면을 덮어 산소와의 접촉을 차단하는 방식이다. 폼(Foam) 소화약제는 대표적인 예이며, 액체 화재에서 특히 효과적이다.

- **유류 화재(B급)에서 거품 막 형성**: 연료 표면을 덮어 산소 공급을 차단하고, 기름과의 혼합을 방지한다.
- **방사 후 표면 안정화**: 화재 진압 후에도 일정 시간 동안 거품층이 유지되어 재발화를 방지한다.

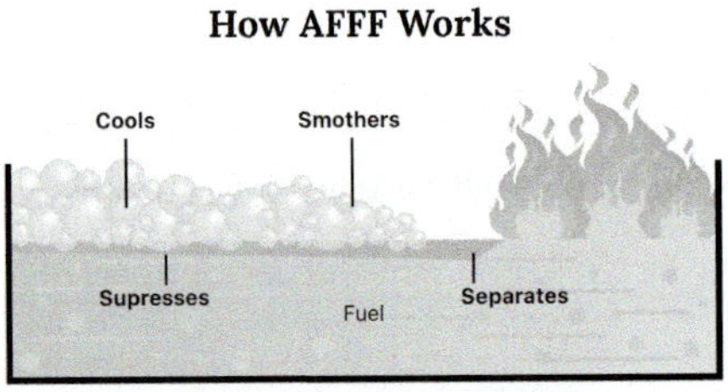

그림 6.5 폼 소화제의 차단 효과

1.2 소화약제 종류

표 6.1 소화약제별 주요 특성

소화약제	소화 원리	적용 대상	장점	주의 사항
물(Water)	냉각 효과로 온도를 낮추어 소화	일반 가연물 (A급 화재)	경제적이며 냉각 효과가 강력함	전기 및 유류 화재에는 사용 제한
폼(Foam)	거품층을 형성하여 산소 공급 차단	유류(B급), 화학 물질 저장 시설	재발화 방지 효과가 뛰어남	물과 반응하면 효과 저하 가능
이산화탄소 (CO_2)	질식 효과로 산소 농도를 낮춤	전기(C급), 밀폐 공간	잔류물이 없어 장비 보호에 적합	개방 공간에서는 효과 감소, 질식 위험
분말(Powder)	연쇄반응 억제 및 산소 차단	A급, B급, C급 화재	화재 유형별 다양한 약제 사용 가능	잔류물로 인한 2차 피해 가능성
할로젠 화합물 (Halon 대체제)	화학적 반응을 통해 연쇄반응 억제	데이터센터, 전산실	빠르게 기화하며 장비 오염 없음	일부 약제는 환경 규제 대상
불활성 가스 (Inert Gas)	산소 농도를 낮추어 연소 억제	전산실, 화재 발생 시 물 피해 우려 시설	인체 안전성이 높으며 환경친화적	고압가스 사용 시 설계 고려 필요

소화약제는 화재의 유형과 적용 대상에 따라 다양한 형태로 분류되며, 각 약제는 특정 화재 유형에 효과적이다.

1. 물(Water)

- **소화 원리**: 냉각 효과를 통해 가연물 온도를 낮추고, 기화 과정에서 열을 흡수하여 연소를 중단시킨다.
- **적용 대상**: 일반 가연물(A급 화재)
- **주의 사항**: 전기 화재 및 유류 화재에는 직접 사용이 제한적이다.

2. 폼(Foam)

- **소화 원리**: 액체 연료 화재의 표면을 덮어 산소 공급을 차단하고, 냉각 효과를 제공한다.
- **적용 대상**: 유류 화재(B급 화재), 화학 물질 저장 시설
- **장점**: 유류 화재에서 탁월한 효과를 보이며, 재발화를 방지한다.
- **주의 사항**: 물과 반응하여 폼층이 손상될 수 있는 화재 환경에서는 효과가 제한적이다.

3. 이산화탄소(CO_2)

- **소화 원리**: 공기 중 산소 농도를 낮추어 질식 효과를 유발하고, 기화 과정에서 냉각 효과도 함께 제공한다.
- **적용 대상**: 전기 화재(C급 화재), 밀폐된 공간에서의 화재 진압
- **장점**: 잔류물이 남지 않아 전산실, 서버실 등의 정밀 장비 보호에 적합하다.
- **주의 사항**: 밀폐되지 않은 공간에서는 효과가 제한적이며, 인체 질식 위험이 존재한다.

4. 할로젠 화합물 대체 소화약제

- **소화 원리**: 연쇄반응 억제를 통해 화염을 진압하며, 빠르게 기화하여 소화 후 잔류물이 남지 않는다.
- **적용 대상**: 전산실, 박물관, 중요 데이터 저장소 등
- **환경적 고려**: 기존 할론(Halon)은 오존층 파괴 문제가 있어 사용이 규제되었으며, 현재는 HFC, FK-5-1-12 등의 대체 약제가 사용된다.

2 자동화 소화 시스템 개요 (스프링클러, 미분무 시스템 등)

2.1 자동화 소화 시스템의 개념

자동화 소화 시스템은 **화재 감지, 소화약제 방출, 화재 확산 방지의 기능**을 갖춘 시스템으로, 일정 조건에서 자동으로 작동하여 화재를 진압한다. 이는 소방설비 중에서도 가장 중요한 역할을 하며, 화재 발생 시 신속한 대응이 가능하도록 설계된다.

자동화 소화 시스템은 크게 **스프링클러 시스템, 미분무 시스템, 가스계 소화 시스템, 특수 소화 시스템**으로 구분된다. 각 시스템은 특정 환경과 화재 유형에 적합하게 설계되며, 화재 발생 시 피해를 최소화하는 역할을 한다.

자동화 소화 시스템의 주요 기능은 다음과 같다.

- **화재 감지**: 온도, 연기, 불꽃 감지 센서를 이용하여 화재를 조기에 인식함
- **소화약제 방출**: 감지 신호를 받아 소화약제를 자동으로 분사하여 화재를 진압함
- **화재 확산 방지**: 화재 초기에 소화가 이루어져 피해를 최소화함
- **비상 연계 시스템**: 경보 및 대피 시스템과 연동하여 신속한 피난이 가능하게 함

그림 6.6 자동화 소화 시스템의 개념

2.2 스프링클러 시스템

스프링클러 시스템은 가장 널리 사용되는 자동화 소화 시스템 중 하나로, 화재 감지 후 **물(Water)**을 방출하여 화재를 진압한다. 건물 내 배관망을 통해 물이 공급되며, 일정 온도 이상에서 개별 헤드가 작동한다.

1. 스프링클러 시스템의 구성 요소

스프링클러 시스템은 **헤드, 배관망, 수원, 펌프, 밸브, 감지 장치** 등으로 구성된다.

- **스프링클러 헤드**: 일정 온도 이상이 되면 열 감응 장치가 작동하여 물을 방출함
- **배관망**: 건물 내에 분포하여 수원을 헤드까지 전달하는 역할을 함
- **수원 및 펌프**: 안정적인 소화수 공급을 위해 저장소 및 펌프 시스템을 갖춤
- **알람 밸브**: 화재 발생 시 경보를 울리고 물의 흐름을 조절하는 역할을 함
- **감지 장치**: 연기, 온도, 화염 등을 감지하여 시스템 작동을 보조함

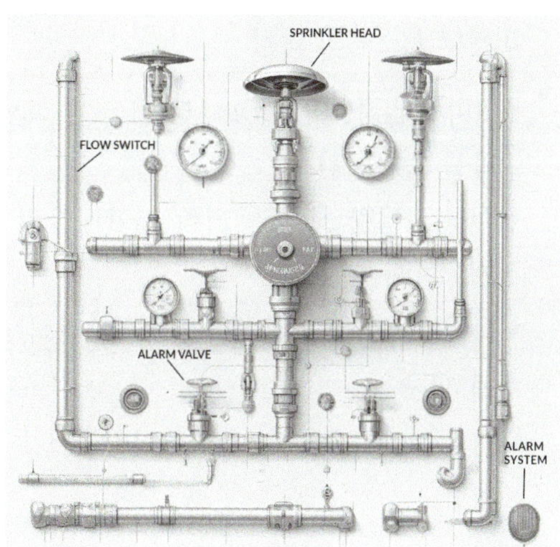

그림 6.7 스프링클러 시스템 구성 요소

2. 스프링클러 시스템의 작동 원리

스프링클러 시스템은 특정 온도에 도달하면 개별 헤드가 개방되어 소화

수를 방출하는 방식으로 작동한다.

- 화재 발생 → 열이 상승하여 스프링클러 헤드의 감응 장치가 작동함
- 헤드 개방 → 배관 내 압력 변화로 알람 밸브가 개방되고 물이 흐르기 시작함
- 소화수 방출 → 물이 직접 화재에 방출되면서 냉각 및 질식소화 효과 발생함
- 시스템 연계 → 화재 감지 신호가 소방시설 및 경보 시스템과 연동되어 대응 조치가 이루어짐
- 스프링클러 시스템은 일정 구역 내에서 한정적으로 작동하기 때문에, 개별 공간별로 효과적인 설계가 필요하다.

2.3 미분무(Water Mist) 시스템

미분무 시스템은 **고압의 물을 미세한 입자로 방출**하여 화재를 진압하는 방식으로, 기존 스프링클러보다 적은 양의 물로 효과적인 소화를 가능하게 한다.

1. 미분무 시스템의 특징

- **초미세 입자(10~200㎛) 방출**: 물의 표면적을 극대화하여 화재 냉각 효과를 증가시킴
- **수분 사용량 최소화**: 기존 스프링클러 대비 적은 양의 물을 사용하여 2차 피해를 줄임
- **다중 소화 메커니즘**: 냉각 효과, 질식 효과, 복사열 차단 효과를 동시에 제공
- **전기 설비 보호**: 전산실, 데이터센터 등에서 물로 인한 장비 손상을 방지함

2. 미분무 시스템의 적용 대상

- 전산실, 데이터센터, 변압기실 등 **전기 화재 위험이 큰 장소**
- 역사적 유적, 박물관, 미술관 등 **물 피해를 최소화해야 하는 공간**
- 항공기 엔진룸, 선박 엔진룸 등 **밀폐된 기계실 내부**

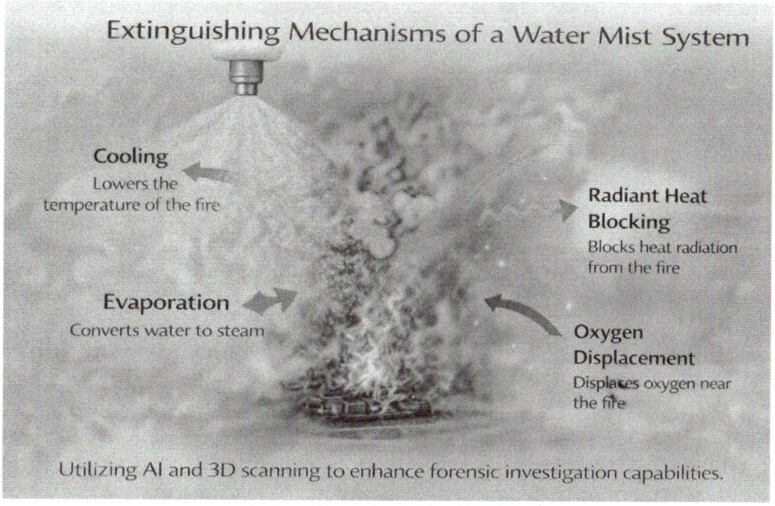

그림 6.8 미분무 시스템의 소화 메커니즘

3. 미분무 시스템의 작동 방식

미분무 시스템은 **고압 시스템**(35200bar)**과 저압 시스템**(512bar)으로 나뉘며, 용도에 따라 적용 방식이 달라진다.

- 고압 미분무 시스템 → 산업시설, 엔진룸 등에 적용됨. 빠른 소화가 가능하며 열 차단 효과가 높음
- 저압 미분무 시스템 → 건물 내부, 데이터센터 등에 적용됨. 기존 배관망과의 호환성이 뛰어남

2.4 가스계 소화 시스템

가스계 소화 시스템은 **소화약제를 기체 상태로 방출하여 화재를 진압**하는 시스템으로, 전산실 및 정밀 장비 보호 구역에서 주로 사용된다.

1. 주요 가스계 소화약제

가스계 소화 시스템에서 사용되는 약제는 크게 **이산화탄소**(CO_2), **할로젠화합물 대체제**(HFC, FK-5-1-12), **불활성 가스**(IG-541, IG-55)로 구분된다.

표 6.2 가스계 소화 시스템별 주요 특성

소화약제	소화 원리	적용 대상	특징
CO_2	산소 농도 감소로 질식소화	전산실, 전기실	높은 소화력, 질식 위험 존재
HFC-227ea	연쇄반응 억제 및 냉각 효과	데이터센터, 박물관	잔여물이 없어 전자장비 보호에 유리함
FK-5-1-12	연쇄반응 억제	민감 장비 보호 구역	환경친화적, 인체 안전성이 높음
IG-541, IG-55	산소 농도 감소	전산실, 화재 발생 시 물 피해 우려 시설	화학 반응 부산물이 없고, 인체에 안전함

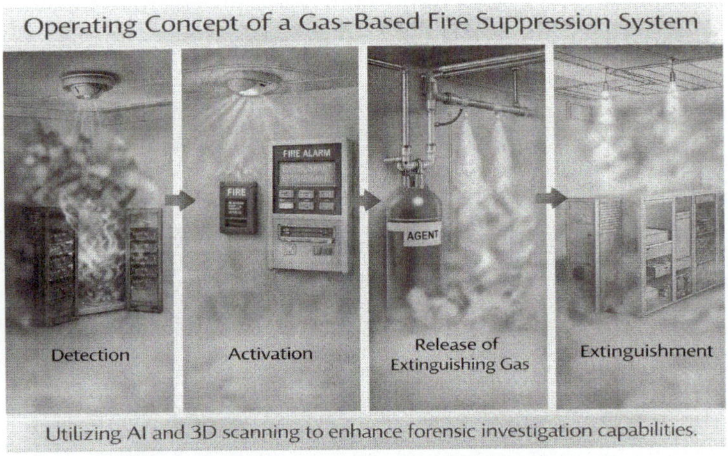

그림 6.9 가스계 소화 시스템 작동 개념

2.5 특수 소화 시스템

특정 환경에서 더 강력한 소화 성능이 요구될 경우, 특수 소화 시스템이 사용된다.

1. 에어로졸(Aerosol) 소화 시스템

- 미세한 화학 입자를 방출하여 연쇄반응을 억제함
- 선박, 군사 시설, 엔진룸 등에서 사용됨

2. 분말 소화 시스템

- 분말 소화약제를 사용하여 빠르게 화재를 진압함
- 주로 산업시설, 위험물 저장소 등에 적용됨

3. 하이브리드 소화 시스템

- 미분무와 가스계 소화 방식을 결합하여 복합적인 소화 효과를 제공함
- 다양한 화재 유형에 대응할 수 있음

그림 6.10 특수 소화 시스템 적용 사례

3 폭발 억제 및 완화 기술 개요

3.1 폭발의 개념과 주요 원인

폭발은 **압력과 온도의 급격한 증가로 인해 물질이 순간적으로 팽창**하는 현상을 의미한다. 이는 **화학적 반응, 물리적 변화, 기계적 요인** 등에 의해 발생하며, 폭발의 유형과 원인을 정확히 이해하는 것이 방폭 설계와 안전관리를 위한 필수 요소이다.

폭발의 주요 유형은 다음과 같다.

- 연소 폭발(Combustion Explosion): 가연성 기체나 분진이 공기 중에서 연소하면서 급격한 압력 상승이 발생하는 현상
- 증기 폭발(Boiling Liquid Expanding Vapor Explosion, BLEVE): 고압 용기에 저장된 액체가 급격히 기화하면서 폭발하는 현상
- 화학 폭발(Chemical Explosion): 폭발성 화합물의 분해 또는 산화 반응으로 인해 강한 폭발력이 방출되는 현상

- 기계적 폭발(Mechanical Explosion): 압력용기 내 과압으로 인해 물리적으로 파열되며 폭발하는 현상

폭발은 일반적으로 **가연성 물질, 산소 또는 산화제, 점화원**의 조합으로 인해 발생하며, 특정 조건에서는 폭발 강도가 급격히 증가할 수 있다. 이러한 폭발을 방지하기 위해 폭발 억제 및 완화 기술이 적용된다.

그림 6.11 폭발의 주요 유형

3.2 폭발 억제(Emergency Suppression) 기술

폭발 억제 기술은 **폭발이 발생하기 전에 또는 초기 단계에서 이를 신속하게 감지하고 억제하는 시스템**을 의미한다. 일반적으로 **감지 시스템, 억제 장치, 차단 장치**로 구성되며, 산업 현장에서 폭발 위험을 최소화하는 데 중요한 역할을 한다.

1. 폭발 감지 시스템

- 압력 감지 센서: 폭발이 발생하기 전 미세한 압력 변화를 감지하여 대응함
- 광학 불꽃 감지기: 폭발 시 발생하는 빛의 스펙트럼을 감지하여 즉각적인 억제 조치를 시행함
- 열 감지 센서: 온도 상승을 실시간으로 모니터링하여 이상 감지 시 경보를 발생함

2. 폭발 억제 시스템

폭발 억제 시스템은 폭발의 초기 단계를 감지한 후 **소화약제 또는 억제 물질**을 신속하게 분사하여 폭발을 차단하는 방식으로 작동한다.

- **고속 소화 시스템(Fast-acting Suppression System)**: 감지 후 밀리초(ms) 단위의 빠른 속도로 억제 약제를 분사하여 폭발을 차단함
- **가스 방출 방식**: 질소(N_2) 또는 이산화탄소(CO_2)를 방출하여 산소 농도를 낮추고 폭발 반응을 억제함
- **분말 소화 시스템**: 화학적 연쇄반응을 차단하는 특수 분말을 분사하여 폭발을 억제함

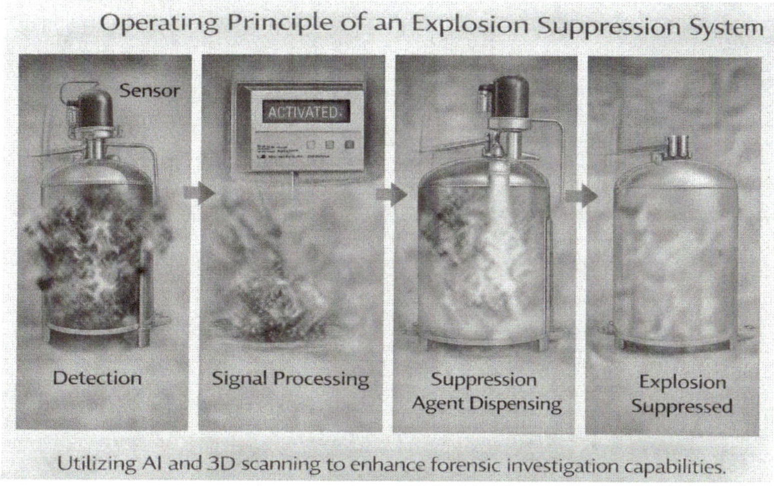

그림 6.12 폭발 억제 시스템의 작동 원리

3. 폭발 차단 장치

폭발 차단 장치는 **폭발압력을 분산시키거나 특정 구역으로 격리**하여 폭발 피해를 줄이는 기술을 포함한다.

- **방폭 밸브(Explosion Isolation Valve)**: 특정 구역에서 발생한 폭발이 다른 구역으로 확산되는 것을 차단함
- **역화 방지기(Flame Arrestor)**: 배관 내부에서 폭발이 발생할 때 화염의 전파를 방지함
- **방폭 도어 및 차단막**: 폭발 시 충격파를 견딜 수 있는 구조물을 활용하여 폭발의 영향을 국한함

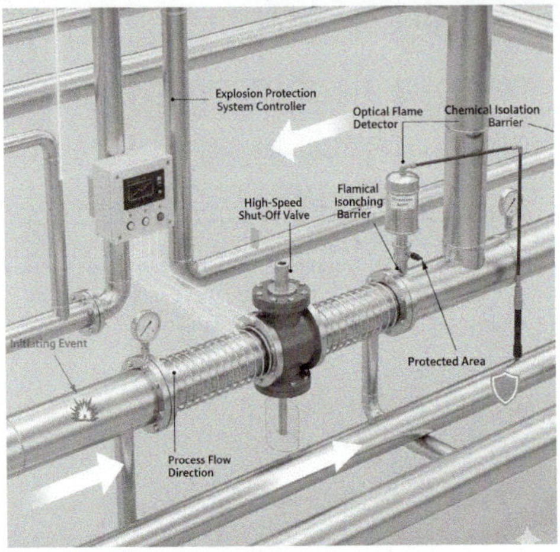

그림 6.13 폭발 차단 장치의 구성

3.3 폭발 완화(Mitigation) 기술

폭발 완화 기술은 폭발이 발생한 후 피해를 최소화하는 방법으로, 주로 물리적 구조 설계 및 안전거리 확보 등을 포함한다.

1. 폭발 방호 구조물

폭발이 발생할 때 충격을 흡수하고 주변 시설을 보호하기 위해 방호 구조물이 활용된다.

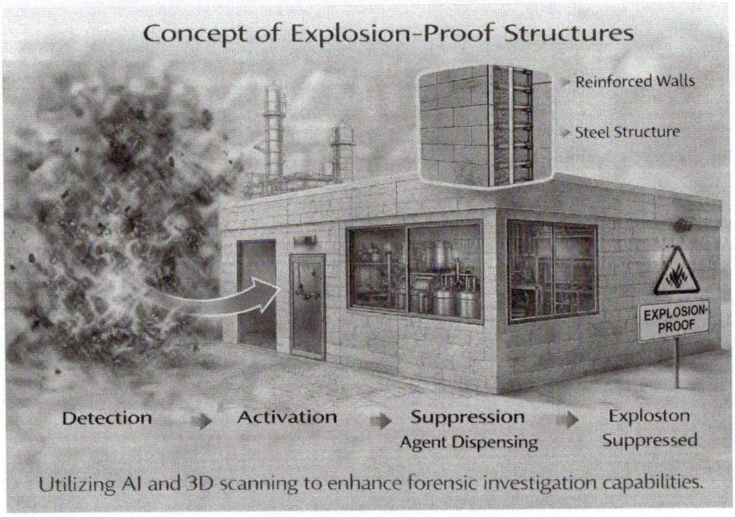

그림 6.14 방폭 구조물의 개념

- **방폭 벽(Blast Wall)**: 고강도 재료를 사용하여 폭발 충격을 흡수하는 역할을 함
- **방폭 셸터(Explosion-Proof Shelter)**: 작업자를 보호하기 위해 방폭 기능을 갖춘 대피소를 설치함
- **방폭 차단막(Blast Curtain)**: 폭발압력을 분산하여 특정 구역의 피해를 줄임

2. 안전거리 확보 및 보호 구역 설정

폭발 위험이 큰 구역에서는 적절한 안전거리를 확보하는 것이 필수적이다.

- **위험물 저장소의 안전거리**: 가연성 물질을 저장하는 구역은 법적 기준에 따라 일정한 안전거리를 유지해야 함
- **산업 현장의 보호 구역**: 폭발 발생 시 인명 피해를 줄이기 위해 대피 구역을 설정하고 접근을 제한함

표 6.3 폭발 위험 시설의 최소 안전 거리 기준

시설 유형	안전거리(m)	비고
가연성 가스 저장소	30~50m	저장 용량에 따라 증가
고압가스 충전소	50~100m	인근 주거지 기준
화학 공장	100m 이상	공장 규모 및 폭발 위험도에 따라 조정

3. 폭발 완화 시스템 적용 사례

산업시설, 가스 저장소, 위험물 취급 구역 등에서 다양한 폭발 완화 기술이 적용된다.

- **공정 위험 분석(Process Hazard Analysis, PHA)**: 폭발 위험성을 사전에 분석하여 방폭 설계를 최적화함
- **긴급 배기 시스템(Emergency Venting System)**: 폭발 발생 시 과압을 신속하게 배출하여 피해를 줄임
- **폭발 시험 및 시뮬레이션**: 폭발 위험 시설에서의 안전성을 검증하고 최적의 방폭 설계를 진행함

그림 6.15 폭발 완화 시스템 적용 사례

3.4 폭발 방지 및 완화 기술의 적용 방안

폭발 방지 및 완화 기술은 **산업 환경, 시설 유형, 위험 물질의 특성**에 따라 적절한 방식으로 적용되어야 한다.

- **가연성 물질 관리**: 폭발 가능성이 높은 물질은 안전 기준에 따라 보관 및 취급해야 함
- **점화원 차단**: 전기 스파크, 정전기, 고온 표면 등 폭발을 유발할 수 있는 요소를 철저히 통제해야 함
- **방폭 설비 적용**: 폭발 가능성이 있는 구역에는 방폭 전기 장비 및 구조물을 설치해야 함
- **비상 대응 시스템 구축**: 폭발 발생 시 즉각적인 대응이 가능하도록 비상 계획을 수립해야 함

폭발은 단순한 화재보다 훨씬 큰 피해를 유발할 수 있기 때문에, **예방적 접근과 적절한 방폭 기술 적용**이 필수적이다. 특히, 산업시설에서는 폭발 가능성을 사전에 분석하고 적절한 억제 및 완화 기술을 적용함으로써 인명과 재산 피해를 최소화할 수 있다.

4 안전거리 및 보호장치 개념

4.1 안전거리의 개념과 중요성

1. 안전거리의 정의와 필요성

안전거리는 **화재, 폭발 및 유해 화학 물질 누출과 같은 위험 요소로부터 인명과 시설을 보호하기 위해 설정된 최소 물리적 거리**를 의미한다. 이는 사고 발생 시 피해 확산을 방지하고, 응급 대응 및 대피 시간을 확보하는 데 중요한 역할을 한다.

산업 현장, 위험물 저장소, 석유화학 시설, 전력 생산 시설 등에서는 폭발과 화재가 발생할 가능성이 높으며, 이에 따라 적절한 안전거리를 확보하는 것이 필수적이다. **안전거리는 단순히 거리를 확보하는 것이 아니라, 사고 발생 시 위험을 최소화할 수 있도록 과학적 근거에 기반하여 설정**해야 한다.

1) 안전거리가 필요한 주요 이유

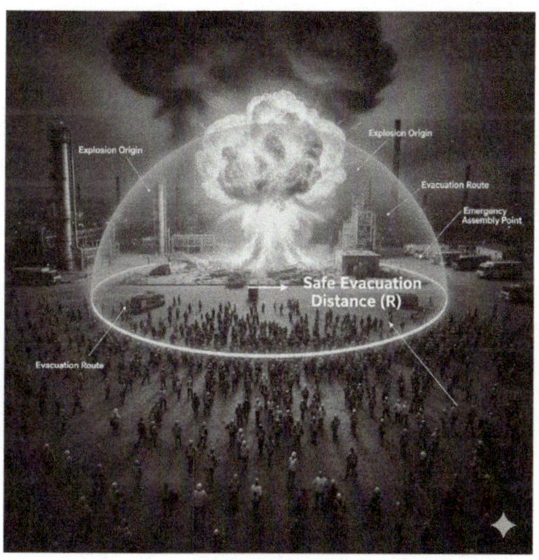

그림 6.16 안전거리 개념 및 적용 사례

- **인명 보호**: 화재 및 폭발 시 발생하는 열, 압력파, 유독가스로부터 사람들을 안전하게 대피시킬 수 있도록 함
- **시설 보호**: 중요 시설과 장비를 폭발 및 화재로부터 보호하여 2차 피해를 방지함
- **법규 및 규제 준수**: 국내외 안전 기준 및 법적 요구사항을 충족하여 기업과 산업시설이 법적 책임을 회피할 수 있도록 함
- **응급 대응 시간 확보**: 사고 발생 후 소방대원과 구조대가 신속하게 대응할 수 있도록 충분한 접근 공간을 제공함
- **피해 확산 방지**: 폭발이나 화재의 영향이 다른 시설로 확산되는 것을 방지하고, 연쇄 폭발의 위험을 줄임

2. 안전거리 설정의 원칙

안전거리는 단순한 거리 제한이 아니라 **물리적, 화학적, 환경적 요인**을 종합적으로 고려하여 결정된다. 주요한 안전거리 설정의 원칙은 다음과 같다.

1) 위험 평가를 기반으로 한 안전거리 설정

안전거리는 단순히 고정된 수치를 적용하는 것이 아니라, **위험 요소를 평가하고 이에 따른 적절한 거리**를 설정해야 한다. 주요 고려 사항은 다음과 같다.

- 화재 발생 가능성 및 강도: 특정 물질이 연소할 때 발생할 수 있는 화염의 온도, 복사열, 연소 속도를 분석하여 거리 설정
- 폭발 위험 평가: 위험물 저장소나 석유화학 플랜트에서 폭발이 발생할 가능성과 그 영향을 평가하여 거리 설정
- 유독가스 확산 범위: 화학 물질 누출 시 유독가스가 퍼지는 범위를 분석하여 인근 주거지 및 시설과의 안전거리 확보

2) 시설 및 환경 조건 고려

- 시설의 규모: 위험 시설이 클수록 폭발 및 화재의 영향 범위가 넓어지므로 안전거리를 증가시켜야 함
- 기후 및 지형: 바람의 방향과 속도, 지형적 특성을 고려하여 유해 물질이 확산할 가능성을 평가해야 함
- 주변 인프라: 산업시설 주변에 주거지, 병원, 학교 등이 있으면, 보다 엄격한 안전거리 기준을 적용해야 함

3. 화재 및 폭발 위험에서의 안전거리 적용 사례

안전거리는 다양한 산업시설에서 적용되며, 각각의 환경에 따라 다르게 설정된다. 다음은 대표적인 적용 사례이다.

1) 위험물 저장소와 주거지역 사이의 안전거리

위험물 저장소는 **가연성 액체, 가스, 유독성 화학 물질을 보관하는 시**

설이므로, 인근 주거지역 및 공공시설과 일정한 거리를 유지해야 한다.

- LPG 저장소와 주거지역 사이의 안전거리: 최소 100m 이상
- 가연성 액체 저장소와 도로 및 주요 인프라 사이의 거리: 30~50m 이상
- 고압가스 저장소와 산업시설 사이의 거리: 50~100m 이상

표 6.4 위험물 저장소의 안전거리 기준

시설 유형	안전거리(m)	비고
가연성 액체 저장소	30~50m	저장 용량에 따라 증가
고압가스 충전소	50~100m	인근 주거지 기준
화학 공장	100m 이상	공장 규모 및 폭발 위험도에 따라 조정

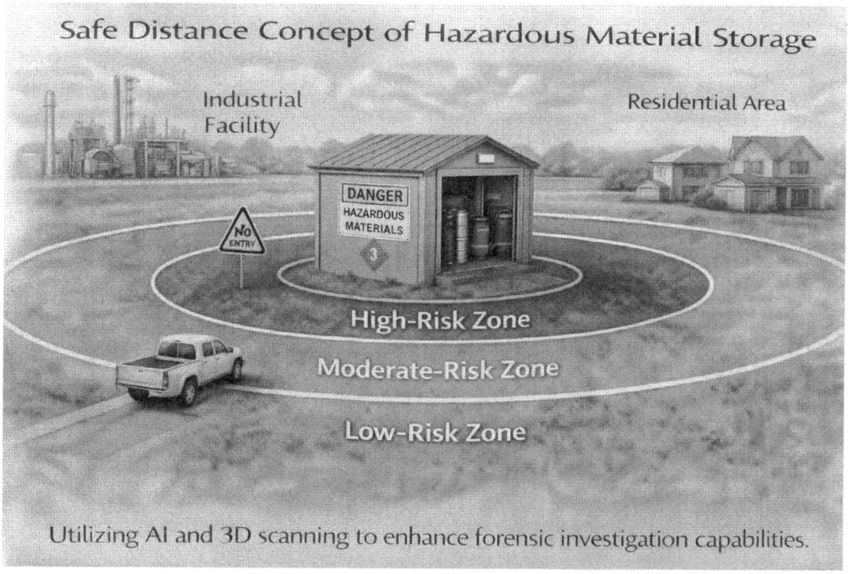

그림 6.17 위험물 저장소의 안전거리 개념

2) 산업 현장의 폭발 위험 시설

폭발 위험이 있는 시설은 폭발 시 발생하는 **압력파, 화염, 파편, 유독가스** 등을 고려하여 충분한 안전거리를 확보해야 한다.

- LPG 저장소와 공장 간의 거리: 100m 이상
- 석유화학 플랜트와 주요 도로 간 거리: 150~200m 이상
- 폭발성 화약 및 탄약 저장 시설과 인근 건물 간 거리: 500m 이상

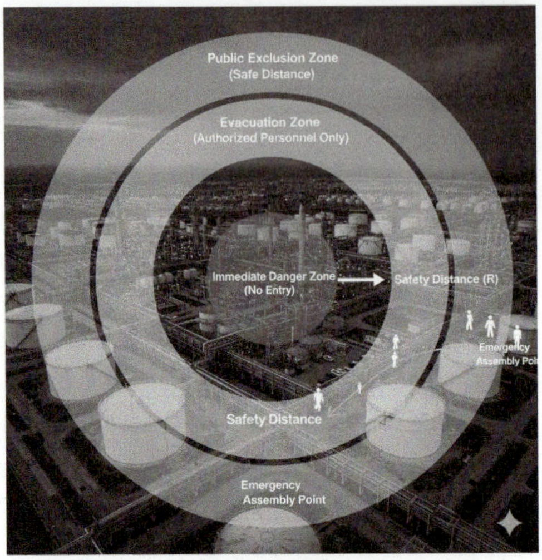

그림 6.18 폭발 위험 시설의 안전거리 개념

3) 실내 공간에서의 안전거리 적용

실내에서도 화재 및 폭발 발생 가능성을 고려하여 최소한의 안전거리를 유지해야 한다.

- **방폭 지역 내 전기기기 설치 시 보호 거리**: 5~10m
- **대형 연료탱크와 실내 보관 구역 사이 거리**: 10m 이상
- **응급 대피로 확보**: 최소 2m 이상의 개방 공간 유지

4. 안전거리 확보를 위한 법규 및 국제 기준

안전거리 확보는 국내외 법규와 안전 기준을 준수해야 하며, 대표적인 관련 규정은 다음과 같다.

1) 국내 법규

- 위험물안전관리법 (화재 및 폭발 예방을 위한 저장소 안전거리 기준 포함)
- 산업안전보건법 (산업 현장에서 위험물 저장 및 취급 시 안전거리 기준 적용)
- 화재의 예방 및 안전관리에 관한 법률, 소방시설 설치 및 관리에 관한 법률 (건물 간 방화 거리 및 대피 경로 확보 기준 포함)

2) 국제 안전 기준

- NFPA (National Fire Protection Association) - 미국 화재 안전 기준
- OSHA (Occupational Safety and Health Administration) - 산업 안전 기준
- ATEX (Atmosphères Explosibles) - 유럽 방폭 설비 기준

각 법규와 국제 기준은 시설의 유형 및 위험 수준에 따라 **안전거리를 다르게 규정**하고 있으며, 이를 준수하지 않으면 법적 처벌이 따를 수 있다.

4.2 폭발 및 화재 위험 시설의 안전거리 기준

1. 폭발 및 화재 위험 시설에서의 안전거리 개념

폭발 및 화재 위험 시설에서는 **발생할 수 있는 열 방출, 압력 상승, 유독가스 확산 등의 영향을 고려하여 충분한 안전거리를 확보**하는 것이 필수적이다. 이러한 시설에서는 사고 발생 시 인명 및 재산 피해가 급격하게 증가할 가능성이 크므로, 시설 간 거리뿐만 아니라 대피 경로, 보호 구역 설정 등 다양한 요소를 고려하여 안전거리를 설정해야 한다.

폭발 및 화재 위험 시설의 안전거리 기준을 설정하는 주요 요소는 다음과 같다.

- **연소 및 폭발 특성**: 저장 및 취급하는 물질의 연소 속도, 폭발압력, 화염 지속 시간 등을 고려해야 함
- **환경 조건**: 시설의 위치, 주변 인프라, 바람 방향 및 기온 등을 종합적으로 분석해야 함
- **시설 간의 관계**: 저장소와 생산 시설, 주요 인프라 및 대피 구역 간의 거리를 설정해야 함
- **법적 요구사항**: 국가 및 국제 기준을 준수하여 법적 책임을 최소화해야 함

안전거리는 단순한 거리 확보가 아니라, 시설의 특성과 환경에 맞는 과학적이고 합리적인 기준을 적용하여 설정하는 것이 중요하다.

그림 6.19 폭발 및 화재 위험 시설의 안전거리 개념

2. 위험물 저장소의 안전거리 기준

위험물 저장소는 가**연성 액체, 가스, 유독 화학 물질 등을 보관하는 장소로, 화재 및 폭발 위험이 큰 시설** 중 하나이다. 따라서 주변 환경과의 안전거리를 철저히 유지해야 한다.

1) 가연성 액체 저장소

가연성 액체(휘발유, 경유, 톨루엔 등)를 저장하는 시설에서는 저장량과 인근 시설의 특성을 고려하여 안전거리를 설정해야 한다.

- 소규모 저장소 (1,000L 이하): 최소 30m 이상의 안전거리 유지
- 중규모 저장소 (1,000L ~ 10,000L): 50m 이상 확보
- 대규모 저장소 (10,000L 이상): 100m 이상의 안전거리 설정 필요

2) 고압가스 저장소

고압가스(산소, 수소, 액화천연가스 등)는 폭발 위험성이 높으며, 저장 압력과 기체의 특성에 따라 안전거리를 다르게 설정해야 한다.

- 산소 저장소: 공업 시설과 최소 50m 이상 거리 확보
- 액화천연가스(LNG) 저장소: 100m 이상의 안전거리 유지
- 고압 수소 저장소: 폭발성이 강하므로 최소 150m 이상 확보

3) 화학 물질 저장소

화학 물질 저장소는 물질의 화학적 반응성과 독성 여부를 고려하여 안전거리를 설정해야 한다.

- **유독성 화학 물질 저장소**: 주거지로부터 최소 200m 이상 유지
- **산화제 및 가연성 화학 물질 저장소**: 인근 산업시설과 100m 이상의 거리 확보

표 6.5 주요 위험물 저장소의 안전거리 기준

시설 유형	저장 용량	안전거리(m)	비고
가연성 액체 저장소	1,000L 이하	30m 이상	소규모 저장소
가연성 액체 저장소	10,000L 이상	100m 이상	대규모 저장소
고압 산소 저장소	-	50m 이상	공업 시설과의 거리
LNG 저장소	-	100m 이상	액화천연가스 저장소 기준
고압 수소 저장소	-	150m 이상	폭발 위험성 고려
유독성 화학 물질 저장소	-	200m 이상	주거지 보호 목적

그림 6.20 위험물 저장소의 안전거리 개념

3. 폭발 위험 시설의 안전거리 기준

폭발 위험성이 높은 시설에서는 **폭발 발생 시 충격파, 파편 비산, 화염 확산 등을 고려하여 충분한 거리를 확보**해야 한다.

1) LPG 및 LNG 저장소

LPG 및 LNG 저장소는 폭발 시 강력한 충격파를 발생시키므로, 저장 용량과 주변 환경을 고려하여 안전거리를 설정해야 한다.

- **소규모 저장소 (10톤 이하)**: 50m 이상의 안전거리 확보
- **중규모 저장소 (10~50톤)**: 100m 이상 유지
- **대규모 저장소 (50톤 이상)**: 200m 이상의 거리 확보 필요

2) 석유화학 공장 및 정유 시설

석유화학 플랜트는 화재와 폭발의 위험이 동시에 존재하며, 특히 화학 반응 과정에서 가연성 가스가 발생할 수 있다.

- **정유 시설과 주거지 간 거리**: 최소 500m 이상 유지
- **석유화학 플랜트 내부 저장소 간 거리**: 50~100m 이상 확보

3) 탄약 및 폭약 저장소

탄약 및 폭약 저장소는 강력한 폭발력을 가진 물질을 보관하는 시설로, 최소 500m 이상의 안전거리를 유지해야 한다.

- **소규모 탄약 저장소**: 500m 이상 거리 유지
- **대규모 군사 탄약고**: 최소 1km 이상의 안전거리 필요

표 6.6 폭발 위험 시설의 안전거리 기준

시설 유형	저장 용량	안전거리(m)	비고
LPG/LNG 저장소	10톤 이하	50m 이상	소규모 저장소
LPG/LNG 저장소	50톤 이상	200m 이상	대규모 저장소
정유 시설	-	500m 이상	주거지와의 거리 기준
석유화학 플랜트	-	50~100m 이상	내부 저장소 간 거리
탄약 저장소	-	500m 이상	소규모 탄약고
군사 탄약고	-	1km 이상	대규모 탄약고

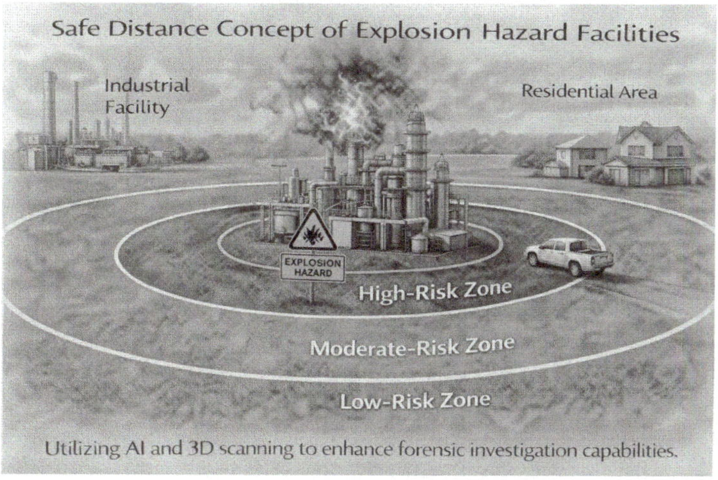

그림 6.21 폭발 위험 시설의 안전거리 개념

4. 실내 및 밀폐 공간에서의 안전거리 기준

밀폐 공간이나 실내 환경에서도 폭발 및 화재 발생 시 대피와 보호를 위한 최소한의 안전거리를 유지해야 한다.

1) 전기 설비 및 방폭 장비 설치 거리

- 방폭형 전기기기와 가연성 물질 간 거리: 최소 5~10m 이상 확보
- 고압 전력 설비와 주요 작업 공간 간 거리: 20m 이상 유지

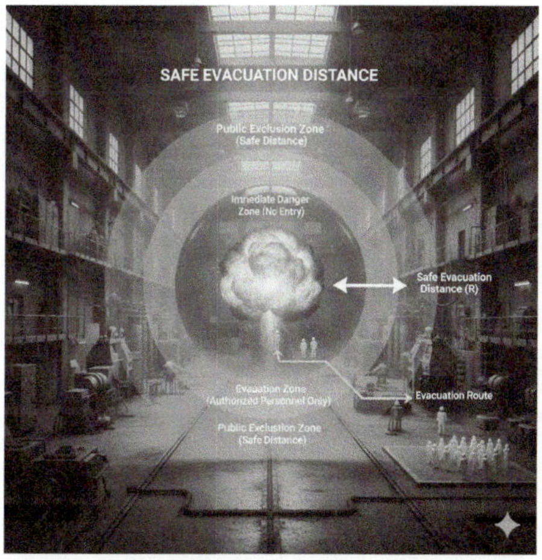

그림 6.22 실내 및 밀폐 공간에서의 안전거리 개념

2) 응급 대피 경로 및 출입구 확보

- 작업 구역과 비상구 간 거리: 10m 이하 유지
- 산업시설 내부 대피 경로: 최소 2m 이상의 개방 통로 확보

폭발 및 화재 위험 시설의 안전거리 설정은 **시설의 위험도, 저장 물질의 특성, 환경 조건** 등을 종합적으로 고려하여 결정해야 한다. 각 산업 현장에서는 법적 기준을 준수하면서도 시설 간 간격을 최적화하여 **인명과 재산 피해를 최소화하는 것이 중요**하다.

4.3 보호장치의 개념과 적용 방식

1. 보호장치의 개념과 필요성

보호장치는 화**재 및 폭발 발생 시 인명과 시설을 보호하고 피해를 최소화하기 위해 설치되는 물리적 및 기술적 장치**를 의미한다. 보호장치는 **차단, 격리, 충격 흡수, 화재 확산 방지** 등의 기능을 수행하며, 산업시설뿐만 아니라 일반 건축물, 위험물 저장소, 발전소, 연구실 등 다양한 환경에서 필수적으로 적용된다.

1) 보호장치의 주요 역할

보호장치는 다음과 같은 역할을 수행한다.

- 화재 확산 방지: 화재가 특정 구역을 초과하여 확산하지! 않도록 차단하는 기능을 수행함
- 폭발 충격 완화: 폭발압력과 충격파를 분산시켜 주변 시설과 인력을 보호함
- 유독가스 차단: 유독성 연기 및 가스의 확산을 막아 대피 시간을 확보함
- 비상 대피 지원: 방화문, 차단막, 배기 시스템 등을 통해 안전한 대피 경로를 확보함

효과적인 보호장치 설치는 사고 발생 시 피해를 최소화하는 가장 중요한 안전관리 요소 중 하나이다.

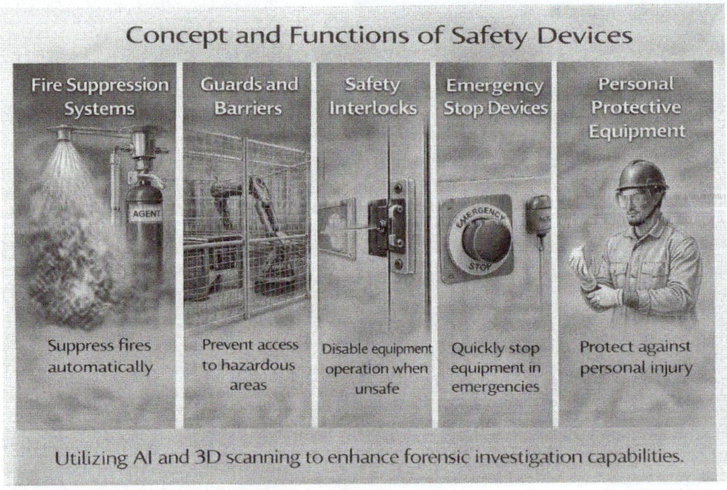

그림 6.23 보호장치 개념 및 기능

2. 차단 및 격리 장치

차단 및 격리 장치는 **화재 및 폭발 발생 시 특정 구역을 보호하거나 위험 요소가 다른 공간으로 확산되는 것을 방지**하는 역할을 한다.

1) 방화문(Fire Doors) 및 방폭 문(Explosion-Proof Doors)

방화문과 방폭 문은 각각 화재와 폭발을 차단하는 역할을 한다.

- **방화문**: 일정 시간 동안 화염 및 연기가 다른 구역으로 확산하지 않도록 차단하는 문으로, 내화성능이 요구됨
- **방폭 문**: 폭발 시 발생하는 충격파를 견딜 수 있도록 설계된 문으로, 고강도 재질과 특수 구조로 제작됨

2) 방화벽(Fire Walls) 및 방폭 벽(Blast Walls)

- **방화벽**: 건물 내부 또는 위험 구역을 분리하여 화재가 확산하지 않도록 차단하는 벽
- **방폭 벽**: 폭발압력을 분산하여 주변 구조물의 피해를 최소화하는 벽

그림 6.24 방화문과 방화벽의 적용 사례

3) 역화 방지기(Flame Arrestor) 및 차단 밸브(Isolation Valve)

- **역화 방지기**: 배관 내부에서 화재 및 폭발이 발생할 때 화염이 역류하는 것을 방지하는 장치

- **차단 밸브**: 폭발 감지 시 유체 흐름을 신속하게 차단하여 화재 확산을 막는 역할을 수행

표 6.7 주요 차단 및 격리 장치의 특성과 적용 사례

장치 유형	기능	적용 분야	특징
방화문	화염 및 연기 차단	건축물, 산업시설	일정 시간 내화성능 보유
방폭 문	폭발압력 견딤	위험물 저장소, 실험실	고강도 재질 사용
방화벽	화재 확산 방지	공장, 창고	내화 재료로 제작
방폭 벽	폭발압력 분산	석유화학 공장	충격 흡수 설계
역화 방지기	배관 내 화염 차단	가스 배관, 화학 시설	점화원 확산 방지
차단 밸브	폭발 시 유체 차단	정유 시설, 고압가스 설비	자동 차단 기능

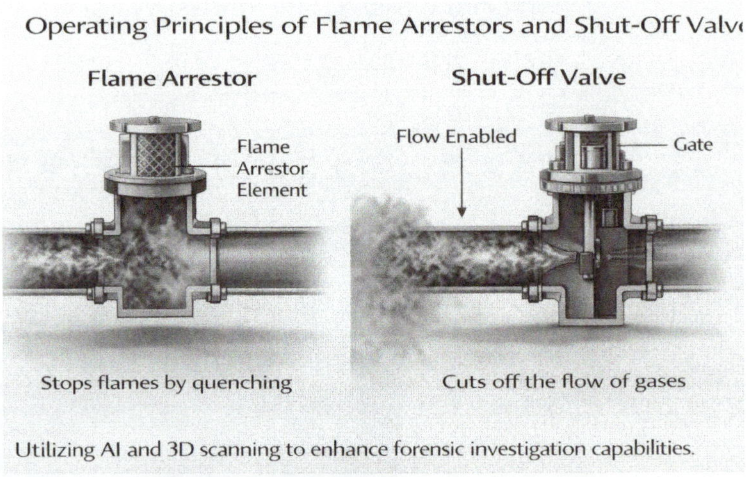

그림 6.25 역화 방지기 및 차단 밸브의 작동 원리

3. 가압 및 배기 시스템

가압 및 배기 시스템은 **화재 및 폭발 발생 시 유해 가스의 확산을 방지하고 안전한 대피 공간을 확보**하는 역할을 한다.

1) 배기 시스템(Ventilation System)

배기 시스템은 **화재 시 발생하는 연기, 열, 유독가스를 신속하게 배출하여 실내 환경을 보호**하는 역할을 한다.

- **자연 배기 시스템**: 외부와 연결된 개구부를 통해 연기가 자연스럽게 배출되도록 설계됨
- **기계 배기 시스템**: 팬과 덕트를 이용하여 강제적으로 연기를 배출하는 시스템

2) 가압 시스템(Pressurization System)

가압 시스템은 특정 구역의 내부 압력을 조절하여 **연기 확산을 차단하고, 안전한 대피 경로를 확보**하는 기능을 수행한다.

- **계단실 가압 시스템**: 대피 계단 내부를 양압으로 유지하여 연기가 유입되지 않도록 함
- **피난 구역 가압 시스템**: 비상 대피 구역의 공기압을 높여 유독가스의 침투를 차단함

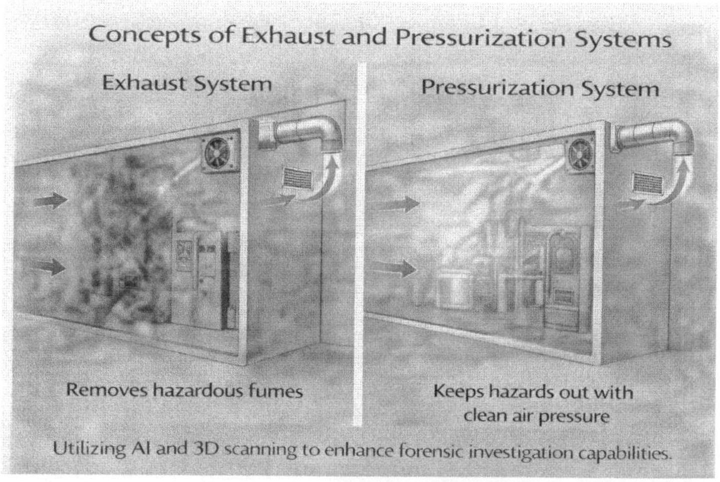

그림 6.26 배기 및 가압 시스템의 개념

표 6.8 배기 및 가압 시스템의 유형과 특징

시스템 유형	기능	적용 대상	특징
자연 배기 시스템	연기 및 열 배출	일반 건축물	구조적으로 개구부 확보 필요
기계 배기 시스템	강제 연기 배출	고층 빌딩, 공장	팬과 덕트를 이용
계단실 가압 시스템	대피 경로 보호	고층 건물	연기 차단 기능
피난 구역 가압 시스템	유독가스 차단	산업시설, 병원	특정 구역 내부 압력 조절

4. 방폭 설비 및 전기기기

방폭 설비 및 전기기기는 **전기적 점화원을 차단하여 폭발 위험을 방지**하는 역할을 한다.

1) 방폭형 전기기기(Explosion-Proof Electrical Equipment)

- **내압 방폭 구조**: 기기 내부에서 발생한 폭발을 외부로 확산하지 않도록 설계
- **본질 안전 방폭**: 전기적 에너지를 제한하여 점화 가능성을 최소화함

2) 정전기 방지 시스템

- **접지 시스템(Grounding System)**: 전자장비 및 산업 설비에서 정전기를 방전하여 불꽃 방전을 방지
- **정전기 방전기**: 작업자가 착용하여 정전기를 안전하게 방전하는 장치

표 6.9 방폭 설비 및 전기기기의 적용 사례

장치 유형	기능	적용 대상	특징
내압 방폭 기기	내부 폭발 확산 차단	석유화학 시설, 가스 저장소	견고한 외부 구조
본질 안전 기기	전기 에너지 제한	위험물 취급 구역	점화원 최소화
접지 시스템	정전기 방전	산업시설, 연구소	전기 충전 방지
정전기 방전기	개인 정전기 방출	위험물 취급 작업자	휴대형 착용 장비

그림 6.27 방폭 전기기기의 적용 사례

보호장치는 **화재 및 폭발 피해를 최소화하고, 인명과 시설을 보호하는 중요한 안전 요소**이다. 차단 및 격리 장치, 배기 및 가압 시스템, 방폭 설비 등 다양한 보호장치를 적절히 조합하여 사용해야 하며, 이를 통해 보다 안전한 산업 환경을 구축할 수 있다.

4.4 안전거리 및 보호장치의 종합 적용 방안

1. 안전거리와 보호장치의 연계 적용 필요성

안전거리와 보호장치는 화재 및 폭발 발생 시 **인명 및 시설을 보호하고 피해를 최소화**하는 중요한 요소이다. 단순히 법적 기준에 맞춰 안전거리를 확보하는 것만으로는 충분하지 않으며, 보호장치와의 연계를 통해 종합적인 안전 대책을 마련해야 한다.

1) 안전거리 설정과 보호장치 설치의 상호 보완적 역할

안전거리는 화재 및 폭발 발생 시 충격파, 화염, 유독가스 등의 영향을 줄이기 위해 설정된다. 그러나 현실적으로 **모든 시설을 안전거리 내에 배치하는 것이 불가능한 경우가 많으므로, 보호장치를 추가로 설치하여 위험을 최소화**하는 것이 필수적이다.

- **보호장치가 없는 경우**: 화재 및 폭발 발생 시 충격파와 화염이 그대로 확산하므로, 매우 넓은 안전거리가 필요함
- **보호장치가 있는 경우**: 방화벽, 방폭 문, 차단 밸브, 가압 시스템 등을 활용하여 위험을 줄일 수 있으므로 안전거리를 일부 조정 가능

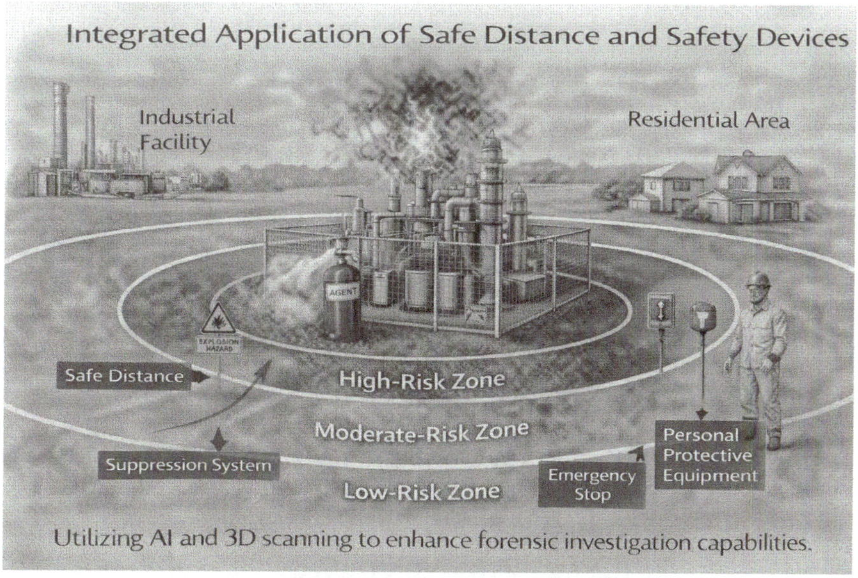

그림 6.28 안전거리와 보호장치의 종합 적용 개념

2) 주요 위험 요소에 따른 안전거리 및 보호장치 적용 전략

위험 요소별로 적절한 보호장치를 적용하면, 제한된 공간에서도 안전한 시설 운영이 가능하다.

표 6.10 위험 요소별 최적의 안전거리 및 보호장치 적용 방안

위험 요소	최소 안전거리	보호장치 적용 사례	보완 조치
가연성 액체 저장소	30~100m	방화벽, 방화문, 배기 시스템	자동 소화 시스템 설치
고압가스 저장소	50~150m	방폭 벽, 차단 밸브, 정전기 방지 시스템	비상 배출구 설치
유독 화학 물질 저장소	100~200m	밀폐형 저장소, 화학 물질 중화 시스템	독성 가스 감지 센서 활용
탄약 및 폭약 저장소	500m 이상	방폭 문, 충격 흡수 벽	원격 모니터링 시스템 구축

그림 6.29 위험 요소별 보호장치 적용 사례

2. 산업시설에서의 안전거리 및 보호장치 통합 적용

산업시설에서는 **공간 제약으로 인해 충분한 안전거리를 확보하기 어려운 경우가 많으며, 이에 따라 보호장치를 적극적으로 활용**해야 한다.

1) 석유화학 공장에서의 적용 사례

석유화학 공장은 가연성 액체 및 기체를 대량으로 취급하므로, 화재 및

폭발 위험이 큰 시설이다. 따라서 **안전거리 확보와 동시에 강력한 보호장치를 적용**해야 한다.

- **안전거리 설정**: 저장 탱크와 주요 설비 간 50~200m 이상 거리 확보
- **보호장치 적용**: 방폭 벽, 배기 시스템, 방폭 전기 설비, 차단 밸브 설치
- **비상 대응 시스템 구축**: 가스 감지 센서 및 자동 소화 시스템 설치

2) 고압가스 저장소에서의 적용 사례

고압가스 저장소에서는 **압력 변화로 인한 폭발 가능성이 있으므로, 안전거리와 함께 보호장치를 결합하여 운영**해야 한다.

안전거리 설정: 저장소와 주요 시설 간 최소 100m 이상 확보

보호장치 적용: 방폭 밸브, 정전기 방지 시스템, 비상 가스 배출구 설치

대피 경로 확보: 밀폐형 대피 공간 및 안전 구역 설정

표 6.11 산업시설에서의 안전거리 및 보호장치 적용 방안

시설 유형	최소 안전거리	주요 보호장치	비상 대응 조치
석유화학 공장	50~200m	방폭 벽, 차단 밸브, 배기 시스템	자동 소화 시스템, 가스 감지 센서
고압가스 저장소	100m 이상	방폭 밸브, 정전기 방지	비상 배출구, 가스 배출 경로 확보
화학 공장	200m 이상	밀폐형 저장소, 독성 가스 중화 시스템	가스 누출 감지 센서, 피난 구역 설정

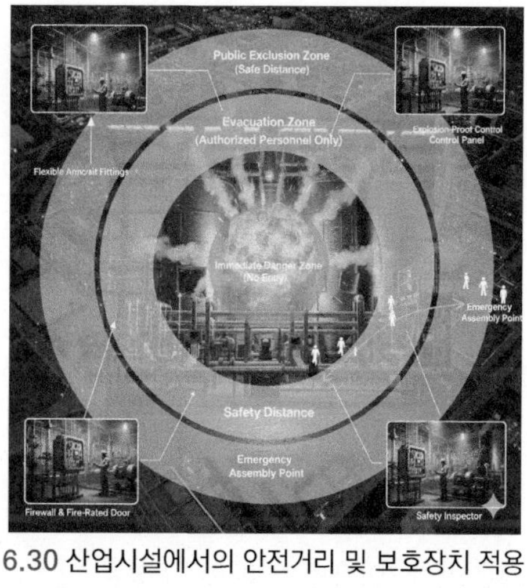

그림 6.30 산업시설에서의 안전거리 및 보호장치 적용 사례

3. 실내 및 밀폐 공간에서의 적용 방안

실내 및 밀폐 공간에서도 화재와 폭발 위험을 줄이기 위해 **안전거리와 보호장치를 적절히 조합**하여 적용해야 한다.

1) 방폭 전기 설비와의 거리 확보

- 방폭형 전기기기와 가연성 물질 간 거리: 최소 5~10m 이상 유지
- 고압 전력 설비와 주요 작업 공간 간 거리: 20m 이상 유지

2) 응급 대피 경로 및 출입구 확보

- 작업 구역과 비상구 간 거리: 10m 이하 유지
- 산업시설 내부 대피 경로: 최소 2m 이상의 개방 통로 확보

표 6.12 실내 및 밀폐 공간에서의 안전거리 및 보호장치 적용 기준

설비 유형	최소 안전거리	적용 보호장치	추가 안전 조치
방폭 전기기기	5~10m	본질 안전 방폭 장비	정전기 방지 시스템
고압 전력 설비	20m 이상	절연 보호장치	경고 시스템 설치
비상 대피로	2m 이상	비상 조명, 방화문	피난 유도 시스템 구축

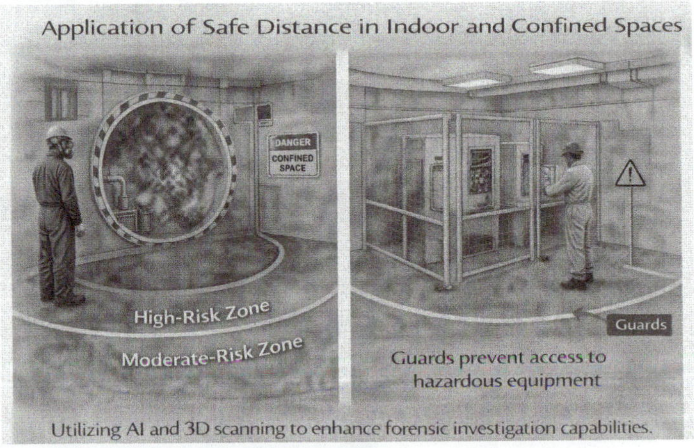

그림 6.31 실내 및 밀폐 공간에서의 안전거리 적용 사례

4. 법규 및 국제 기준을 반영한 적용 방안

안전거리 및 보호장치는 국내외 법규 및 안전 기준을 준수하여 설계되어야 한다. 대표적인 관련 규정은 다음과 같다.

1) 국내 법규

- **산업안전보건법**: 위험물 저장소 및 산업시설의 안전거리 설정 기준
- **화재의 예방 및 안전관리에 관한 법률, 소방시설 설치 및 관리에 관한 법률**: 방화벽, 방화문, 대피 경로 등 보호장치 설치 기준
- **위험물안전관리법**: 가연성 액체, 고압가스, 유독 화학 물질 저장소의 최소 거리 규정

2) 국제 기준

- NFPA (National Fire Protection Association): 미국 화재안전 기준, 폭발 방지 가이드라인 포함
- OSHA (Occupational Safety and Health Administration): 산업 안전 기준 및 보호장치 설치 규정
- ATEX (Atmosphères Explosibles): 유럽의 방폭 설비 및 보호 시스템 설계 기준

표 6.13 주요 국내외 안전 기준 비교

규제 기관	주요 기준 내용	적용 대상
NFPA	화재 및 폭발 보호장치 기준	산업시설, 건축물
OSHA	산업 안전 및 보호장치 규정	공장, 연구실
ATEX	방폭 설비 설계 기준	위험물 저장소

그림 6.32 국내외 안전 기준 적용 사례

5. 종합적인 안전거리 및 보호장치 적용 전략

- 위험 요소별 안전거리 설정과 보호장치 결합 적용
- 산업 현장에 맞는 최적화된 보호장치 구축
- 실내 및 밀폐 공간에서도 거리 확보와 보호장치 병행 적용
- 국내외 법규 및 안전 기준을 철저히 준수하여 설계 및 운영

이러한 접근 방식을 통해 화재 및 폭발 위험을 줄이고, 안전한 산업 환경을 조성할 수 있다.

핵심 개념 요약 및 키워드 정리

- 소화 메커니즘 (Fire Extinguishing Mechanism): 화재를 진압하는 방법으로 연소 과정의 필수 요소(가연물, 산소, 점화원)를 제거하거나 억제하는 과정으로 냉각, 질식, 제거, 억제 등의 방식이 있음
- **소화약제** (Fire Suppression Agents): 화재를 진압하기 위해 사용되는 화학적 또는 물리적 물질로 물 소화약제, 가스계 소화약제, 분말 소화약제, 포 소화약제 등으로 분류됨
- **자동화 소화 시스템** (Automated Fire Suppression System): 화재 감지 후 자동으로 소화약제를 방출하여 초기 화재를 진압하는 시스템으로 스프링클러 시스템, 미분무 시스템, 가스계 소화 시스템 등이 포함됨
- **스프링클러 시스템** (Sprinkler System): 배관 내 압력을 이용하여 화재 발생 시 자동으로 물을 방출하는 대표적인 자동화 소화 시스템으로 감지 방식에 따라 습식, 건식, 준비 작동식, 일제살수식으로 구분됨
- **미분무 시스템** (Water Mist System): 고압 또는 저압을 이용하여 미세한 물 입자를 방출하여 화재를 진압하는 시스템으로 냉각 효과와 산소 차단 효과를 동시에 제공
- 폭발 억제 시스템 (Explosion Suppression System): 폭발을 감지한 후 신속하게 억제 약제를 분사하여 폭발을 방지하는 기술로 고속 감지 시스템과 함께 사용됨
- 폭발 완화 기술 (Explosion Mitigation Technology): 폭발이 발생한 후 피해를 최소화하는 방법으로 방폭 구조물, 폭발 방출 시스템(Blast Venting), 안전거리 확보 등이 포함됨

- 안전거리 (Safety Distance): 화재 및 폭발 발생 시 인명과 시설을 보호하기 위해 확보해야 하는 최소 거리로 위험물 저장소, 폭발 위험 시설 등에서 필수적으로 고려됨
- 보호장치 (Protective Devices): 화재 및 폭발로부터 인명과 시설을 보호하기 위한 장치로 방화문, 방폭 벽, 차단 밸브, 가압 시스템 등이 포함됨
- 방폭 전기기기 (Explosion-Proof Electrical Equipment): 폭발 위험 지역에서 전기적 점화원을 방지하기 위해 설계된 특수 전기기기로 내압 방폭, 본질 안전 방폭 등의 방식으로 분류됨

연습문제

객관식 문제 (총 10문항)

01 다음 중 화재를 진압하는 소화 메커니즘에 해당하지 않는 것은?

① 냉각 효과　② 질식 효과
③ 제거 효과　④ 점화 촉진 효과

02 자동화 소화 시스템에 포함되지 않는 것은?

① 스프링클러 시스템　② 미분무 시스템
③ 배연 시스템　④ 가스계 소화 시스템

03 스프링클러 시스템의 작동 방식 중에서 가장 일반적으로 사용되는 방식은?

① 건식 시스템　② 습식 시스템
③ 준비 작동식 시스템　④ 일제살수식 시스템

04 미분무 시스템의 주요 소화 원리가 아닌 것은?

① 냉각 효과　② 산소 차단 효과
③ 화학 반응 억제 효과　④ 물리적 격리 효과

05 폭발 억제 시스템의 주요 역할은?

① 화재 발생 시 인명 대피 경로 확보
② 폭발 발생을 신속히 감지하고 억제 약제를 분사
③ 연소 속도를 증가시켜 화염을 빠르게 소멸
④ 실내 공기의 흐름을 원활하게 조정

06 다음 중 폭발 완화 기술에 해당하지 않는 것은?

① 방폭 구조물 설치　② 폭발 방출 시스템 적용
③ 산소 농도 증가　④ 안전거리 확보

07 실내 및 밀폐 공간에서 화재 발생 시 가장 효과적인 보호장치는?

① 환기 시스템
② 자동화 소화 시스템
③ 연료 공급 시스템
④ 전기 설비 추가

08 가압 시스템의 주요 역할은?

① 연소 속도를 증가
② 화재 확산 속도를 높임
③ 실내 공기 압력을 조절하여 연기 확산 방지
④ 폭발 위험을 증가

09 방폭 전기기기의 설계 방식 중 틀린 것은?

① 내압 방폭 방식
② 본질 안전 방폭 방식
③ 화염 방폭 방식
④ 안전증 방폭 방식

10 다음 중 보호장치의 역할과 가장 거리가 먼 것은?

① 화재 확산 방지
② 폭발 피해 완화
③ 유독가스 차단
④ 점화원 제공

주관식 문제 (총 5문항)

01 소화 메커니즘의 주요 방식인 냉각, 질식, 제거, 억제 효과에 관해 설명하시오.

02 자동화 소화 시스템의 종류와 각각의 특징을 서술하시오.

03 폭발 억제 시스템과 폭발 완화 기술의 차이를 설명하고, 주요 적용 사례를 제시하시오.

04 실내 및 밀폐 공간에서의 안전거리 확보가 중요한 이유와 효과적인 보호장치를 서술하시오.

05 방폭 전기기기의 종류별 특성과 적용 사례를 설명하시오.

객관식 문제 정답 및 해설

01 정답: ④

해설 소화 메커니즘에는 냉각, 질식, 제거, 억제 효과가 포함되며, 점화 촉진 효과는 오히려 화재를 유발함

02 정답: ③

해설 배연 시스템은 화재 진압이 아닌 연기 배출을 위한 시스템으로 자동화 소화 시스템에 포함되지 않음

03 정답: ②

해설 습식 스프링클러 시스템은 가장 일반적으로 사용되며, 배관 내 항상 물이 채워져 있어 화재 시 즉시 방출됨

04 정답: ④

해설 미분무 시스템은 냉각, 산소 차단, 화학 반응 억제를 통해 화재를 진압하지만, 물리적 격리 효과는 포함되지 않음

05 정답: ②

해설 폭발 억제 시스템은 폭발을 감지하고 신속하게 억제 약제를 분사하여 피해를 최소화하는 역할을 함

06 정답: ③

해설 산소 농도를 증가시키면 폭발 위험이 커지므로, 폭발 완화 기술과는 반대되는 개념임

07 정답: ②

해설 자동화 소화 시스템은 밀폐 공간에서 초기 화재를 신속히 진압하여 피해를 최소화하는 역할을 함

08 정답: ③

해설 가압 시스템은 내부 공기 압력을 높여 연기의 확산을 차단하고 안전한 대피 공간을 확보하는 역할을 함

09 정답: ③

해설 방폭 전기기기의 설계 방식에는 내압 방폭, 본질 안전 방폭, 안전증 방폭이 있으며, 화염 방폭 방식은 존재하지 않음

10 정답: ④

해설 보호장치는 화재 확산 방지, 폭발 피해 완화, 유독가스 차단 등의 역할을 하지만, 점화원을 제공하는 기능은 없음

주관식 문제 정답 및 해설

01 소화 메커니즘의 주요 방식인 냉각, 질식, 제거, 억제 효과에 관해 설명하시오.

- 냉각 효과: 화염 온도를 낮춰 연소를 중단시키는 방식 (예: 물 소화)
- 질식 효과: 산소 공급을 차단하여 화재를 진압하는 방식 (예: 이산화탄소 소화)
- 제거 효과: 연료(가연물)를 제거하여 연소를 중단하는 방식 (예: 가연성 물질 이동)
- 억제 효과: 연소 반응을 방해하는 화학적 소화 방식 (예: 할론 소화제 사용)

02 자동화 소화 시스템의 종류와 각각의 특징을 서술하시오.

- 스프링클러 시스템: 배관 내 물을 저장하고 있다가 화재 감지 시 방출하여 화재를 진압하는 대표적인 자동화 시스템
- 미분무 시스템: 미세한 물 입자를 방출하여 화재를 진압하는 시스템으로, 냉각과 질식 효과를 동시에 제공

- 가스계 소화 시스템: 이산화탄소(CO_2), 할론, 질소(N_2) 등의 기체를 이용하여 산소를 차단하고 화재를 진압하는 시스템

03 폭발 억제 시스템과 폭발 완화 기술의 차이를 설명하고, 주요 적용 사례를 제시하시오.
- 폭발 억제 시스템: 폭발 발생 시 즉각 감지 후 억제 약제를 분사하여 폭발을 차단하는 기술 (예: 고속 소화 시스템)
- 폭발 완화 기술: 폭발이 발생한 후 피해를 최소화하는 기술 (예: 방폭 구조물, 폭발 방출 시스템, 안전거리 확보)

04 실내 및 밀폐 공간에서의 안전거리 확보가 중요한 이유와 효과적인 보호장치를 서술하시오.
- 실내 및 밀폐 공간에서는 연소 시 발생하는 유독가스와 연기가 빠르게 확산하므로, 충분한 안전거리를 확보해야 함
- 효과적인 보호장치로는 환기 시스템, 배연 시스템, 방화문, 가압 시스템 등이 있음

05 방폭 전기기기의 종류별 특성과 적용 사례를 설명하시오.
- 내압 방폭 방식: 전기기기 내부에서 폭발이 발생하더라도 외부로 확산하지 않도록 설계됨 (예: 석유화학 공장)
- 본질 안전 방폭 방식: 전기적 에너지를 제한하여 점화 가능성을 최소화하는 방식 (예: 가스 저장소)
- 안전증 방폭 방식: 전기기기의 절연성과 밀폐성을 강화하여 폭발 위험을 줄이는 방식 (예: 제약 공장)

관련 법규 요약

1. 「소방시설 설치 및 관리에 관한 법률 시행령」

- 제11조(소방시설의 설치 기준)
  특정소방대상물의 용도·규모·위험도에 따라 설치하여야 할 소화 설비의 종류를 정함

2. 「산업안전보건법」

- 제38조(폭발 및 화재 위험 장소의 안전 조치)
  산업 현장에서 폭발 및 화재 발생 위험이 있는 장소에 대해 안전거리를 확보하고, 보호장치(방폭 벽, 방폭 전기기기 등)를 설치해야 하며, 폭발 위험 구역을 명확히 구분하여 관리해야 함

3. 「위험물안전관리법」

- 제5조(위험물 저장소의 안전거리 기준)
  위험물 저장소는 인근 건물 및 주요 시설과의 최소 안전거리를 유지해야 하며, 저장소 주변에는 방폭 구조물을 설치하고 화재 및 폭발 발생 시 비상 대응 계획을 마련해야 함

4. 「건축법」

- 제56조(화재 예방을 위한 건축 설비 기준)
  건축물에는 방화구획, 방화문, 내화구조 등의 화재 예방 설비를 적용해야 하며, 대형 건축물에는 자동화 소화 시스템(스프링클러, 미분무 시스템 등)을 의무적으로 설치해야 함

5. 「소방시설 설치 및 관리에 관한 법률」

- 제11조(자동화 소화 설비의 설치 기준)
  특정 용도 및 규모 이상의 건축물에는 스프링클러, 가스계 소화 설비, 미분무 시스템 등 자동화 소화 설비를 설치해야 하며, 정기적으로 점검 및 유지보수를 수행해야 함

6. 「고압가스안전관리법」

- 제24조(고압가스 저장소의 폭발 예방 조치)
  고압가스를 저장하거나 취급하는 시설에서는 방폭 설비 및 차단 밸브를 설치해야 하며, 폭발 발생 가능성을 최소화하기 위한 안전 조치를 의무적으로 수행해야 함

7. 「소방시설법」

- 제29조(가압 및 배기 시스템의 설치 기준)
  화재 발생 시 연기 확산을 방지하고 안전한 대피 경로를 확보하기 위해 건축물 내부에 가압 시스템과 배기 시스템을 설치해야 하며, 해당 시스템의 성능을 주기적으로 점검해야 함

사고 사례 데이터베이스

표 6.14 주요 화재 및 폭발 사고 데이터베이스

사고 명	발생 연도	사고 개요	피해 규모	사고 원인	재발 방지 대책
인도 보팔 가스 누출 사고	1984년 (인도)	유독성 메틸아이소시아네이트(MIC) 가스 누출	사망 약 2만 명, 부상 수십만 명	안전밸브 고장, 관리 부실	유독가스 감지 시스템 개선, 긴급 배출 장치 설치
천안함 폭발 사고	2010년 (대한민국)	해군 초계함이 원인 미상의 폭발로 침몰	사망 46명, 선체 절반 침몰	외부 폭발 추정, 방호체계 미흡	군함 방호체계 강화, 감시 시스템 개선
치바 정유 공장 폭발 사고	2011년 (일본)	정유 공장 화학 물질 저장소에서 폭발	부상 6명, 시설 파괴	저장 탱크 과압, 밸브 고장	압력 감지 시스템 개선, 자동 차단 밸브 설치
톈진 항구 폭발 사고	2015년 (중국)	위험물 저장소에서 연쇄 폭발 발생	사망 173명, 부상 800여 명, 대규모 재산 피해	위험물 관리 미흡, 안전거리 확보 부족	위험물 저장소 규제 강화, 안전관리 시스템 개선
루이지애나 화학 공장 폭발 사고	2013년 (미국)	화학 공장 고온 공정 중 가스 폭발	사망 2명, 부상 114명	온도·압력 초과, 안전 점검 부족	온도·압력 감지 시스템 보강, 비상 차단 장치 설치

참고문헌

1. 서적 및 논문

- Babrauskas, V. (2003). Ignition Handbook. Fire Science Publishers.
- Drysdale, D. (2011). An Introduction to Fire Dynamics (3rd ed.). Wiley.
- Lees, F. P. (2012). Loss Prevention in the Process Industries: Hazard Identification, Assessment and Control (3rd ed.). Butterworth-Heinemann.
- Karlsson, B., & Quintiere, J. G. (2000). Enclosure Fire Dynamics. CRC Press.
- Eckhoff, R. K. (2016). Dust Explosions in the Process Industries (3rd ed.). Elsevier.

2. 법규 및 보고서

- 소방청. (2022). 자동화 소화 시스템 및 방폭 보호장치 기준.
- 산업안전보건공단 (KOSHA). (2021). 산업시설 화재 및 폭발 안전 평가 가이드라인.
- U.S. Chemical Safety Board (CSB). (2015). Investigation Report: West Fertilizer Explosion and Fire.
- National Institute of Standards and Technology (NIST). (2018). Fire Dynamics Simulator (FDS) Technical Reference Guide. NIST Special Publication 1018.
- European Committee for Standardization (CEN). (2021). ATEX 2014/34/EU: Equipment for Use in Explosive Atmospheres.

3. 온라인 자료

- 한국소방안전원. (2023). "방화 및 방폭 설비의 설계 및 적용 기준". Retrieved from www.kfsi.or.kr
- U.S. Occupational Safety and Health Administration (OSHA). (2022). "Process Safety Management of Highly Hazardous Chemicals". Retrieved from www.osha.gov
- Center for Chemical Process Safety (CCPS). (2022). "Explosion Protection and Prevention Measures in Chemical Plants". Retrieved from www.aiche.org/ccps

추가 참고 자료

1. 소방 및 방화방폭 기술 보고서
- 한국소방산업기술원 (KFI). (2023). 화재 및 폭발 방지 기술 가이드라인.
- 한국산업안전보건공단 (KOSHA). (2022). 위험물 저장 및 취급시설 화재·폭발 안전기준.
- 미국화재조사협회 (IAAI). (2021). Fire and Explosion Investigations: Best Practices.
- U.S. Chemical Safety Board (CSB). (2020). Case Studies in Fire and Explosion Incidents.
- Center for Chemical Process Safety (CCPS). (2022). Fire and Explosion Risk Analysis in Process Industries.

2. 국제 가이드라인 및 기술 문서
- NFPA 68 (2023). Standard on Explosion Protection by Deflagration Venting.
- NFPA 69 (2023). Standard on Explosion Prevention Systems.
- IEC 60079 (2022). Explosive Atmospheres – Electrical Equipment Classification and Protection.
- ATEX Directive 2014/34/EU (2023). Equipment for Use in Potentially Explosive Atmospheres.
- API RP 2216 (2021). Ignition Risk of Hydrocarbon Releases for Offshore Operations.

3. 온라인 강의 및 오픈 리소스
- NFPA 온라인 강좌: www.nfpa.org/training
- AIChE CCPS 온라인 교육: www.aiche.org/ccps/education
- 국제 화재 및 폭발 보호 협회 (IFE): www.ife.org.uk

CHAPTER 07 화재 및 폭발 사고 조사

학습목표

1 사고 조사 절차 및 감식 방법

화재 및 폭발 사고가 발생하면 신속한 대응과 체계적인 조사가 필수적이다. 사고 조사 과정은 초기 대응, 증거 확보, 감식, 원인 분석 등의 절차를 포함하며, 이를 통해 사고 원인을 규명하고 향후 유사 사고의 예방 방안을 마련할 수 있다. 특히, 사고 조사의 신뢰성을 확보하기 위해서는 증거물의 보존과 분석이 철저하게 이루어져야 한다. 본 절에서는 사고 발생 직후의 초기 대응부터 증거물 채취 및 분석, 감식 과정까지의 주요 절차를 상세히 기술한다.

1.1 사고 발생 직후의 초기 대응 및 현장 보존

화재 및 폭발 사고가 발생한 직후, 긴급 구조와 동시에 현장의 보존이 이루어져야 한다. 초기 대응이 적절히 이루어지지 않으면 사고 원인 규명이 어려워지고, 사고 재발 방지를 위한 대책 마련에도 한계가 발생한다.

1. 인명 구조 및 안전 확보

- 사고 현장에 출동한 소방대 및 구조대는 **최우선으로 인명 구조를 수행하고, 피해 상황을 신속히 평가함**
- 폭발 가능성이 남아 있는 경우, **2차 사고 예방을 위한 안전 조치**를 시행함
- 화재 및 유해 물질의 확산을 방지하기 위해 **방화벽 및 안전 장비를 이용한 통제**가 필요함

2. 현장 통제 및 보존

- **사고 발생 직후, 증거물이 훼손되지 않도록 현장을 보호하는 조치**가 필요함
- 조사팀 도착 전까지 **무단 접근을 차단하고, 주요 증거물의 위치를 기록**함
- 사고 현장의 상태를 보존하기 위해 **초기 대응 시점에서 촬영한 사진 및 영상이 중요한 역할**을 함

3. 현장 기록 및 초기 자료 수집

- 조사팀은 사고 발생 직후 **현장의 전반적인 상태를 문서화하고, 주요 증거물을 식별**함
- 현장 기록 방법
  - 사고 현장의 전체적인 모습을 **다양한 각도에서 촬영**
  - **피해 규모를 나타내는 다이어그램** 작성
  - **잔해물의 분포 및 특징을 스케치**하여 초기 분석에 활용

그림 7.1 사고 현장 기록을 위한 사진 예시

1.2 조사 절차 및 단계별 진행 방법

사고 조사는 체계적인 절차에 따라 진행되며, 각 단계에서 명확한 목표

가 설정되어야 한다. 조사 절차는 크게 현장 증거 수집, 인터뷰 및 관련 자료 확보, 사고 원인 분석의 세 단계로 구성된다.

표 7.1 사고 조사 단계별 주요 절차

조사 단계	주요 내용
1. 초기 대응	사고 발생 직후 인명 구조 및 현장 보존 조치
2. 증거 수집	물리적 증거 확보, 디지털 기록 분석 (CCTV, 센서 데이터 등)
3. 현장 분석	화재 및 폭발 패턴 분석, 감식 기법 활용
4. 데이터 분석	센서 및 영상 데이터를 기반으로 원인 분석
5. 보고서 작성	조사 결과 문서화 및 법적 대응 준비
6. 법적 대응	조사 결과를 기반으로 사고 책임 소재 규명

1. 현장 증거 채취

- 물리적 증거와 디지털 자료(사진, 동영상 등)를 확보함
- 증거물 변질을 방지하기 위해 **즉시 포장 및 라벨링을 실시**함

- 화재 잔해물, 금속 구조물 변형, 폭발 흔적 등을 포함하여 사고 전개 과정을 분석할 수 있는 **핵심 증거물을 우선하여 수집**함

2. 인터뷰 및 관련 자료 확보

- 사고 발생 전후의 정확한 경위를 파악하기 위해 **목격자의 진술을 확보**
- 감시 카메라(CCTV) 영상 분석을 통해 **사고 발생 시점과 전개 과정을 파악**함
- 시설 내 장비 유지보수 기록과 사고 발생 당시의 환경 데이터를 확인하여 **사고의 배경을 조사**함

3. 사고 원인 분석을 위한 기초 자료 정리

- 증거물 및 현장 기록을 종합하여 사고 원인을 분석할 수 있도록 **자료를 분류**함
- 다이어그램을 이용하여 사고 발생 지점과 피해 확산 경로를 **시각적으로 정리**함

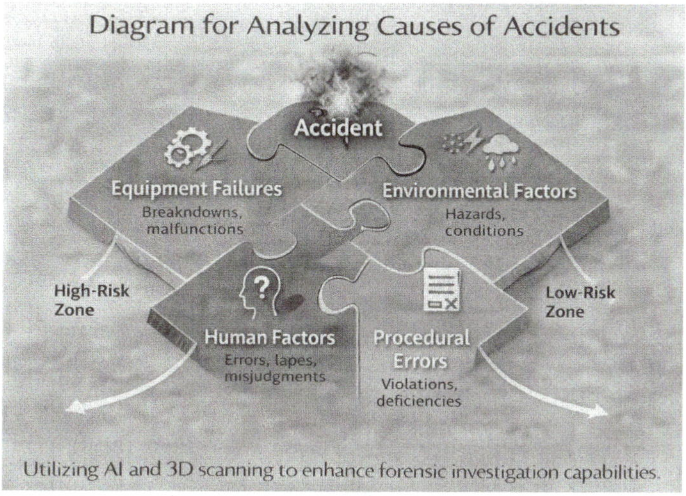

그림 7.2 사고 원인 분석을 위한 다이어그램

1.3 감식 방법 및 활용 도구

증거 분석과 감식은 사고 조사에서 핵심적인 역할을 하며, 이를 위해 다양한 감식 기법과 첨단 장비가 활용된다.

1. 감식 기법

감식 과정에서는 화재 및 폭발 잔해물, 연소 생성물, 금속 구조물 등의 물리적·화학적 특성을 분석한다. 감식 기법은 크게 다음과 같이 구분된다.

1) 화학 분석

- 연소 잔해물 내 가연성 물질의 존재 여부를 확인함
- 폭발 시 발생한 유해 가스 및 화학 반응 잔여물을 분석함

2) 물리적 분석

- 화재 및 폭발로 인한 변형된 구조물의 손상 정도를 측정함
- 폭발력에 의한 파편 분포 및 구조물의 균열 패턴을 분석함

3) 데이터 기반 분석

- 사고 당시의 센서 데이터, 온도·압력 변화 등을 분석하여 사고 원인을 규명함

2. 활용 도구

감식 과정에서는 최신 기술이 적용된 다양한 도구가 사용되며, 주요 감식 장비는 다음과 같다.

- **적외선 카메라**: 화재 발생 후의 온도 분포를 분석하여 발화 지점을 추정하는 데 사용됨
- **3D 스캐닝 장비**: 사고 현장을 정밀하게 스캔하여 구조물의 변형 및 피해 범위를 분석하는 데 활용됨
- **휴대용 화학 분석기**: 잔여 가연성 물질 및 폭발 잔류물의 조성을 분석하는 데 사용됨

그림 7.3 감식 장비 활용 사례

1.4 실제 사례 분석

과거의 화재 및 폭발 사고 사례를 분석하면 조사 절차와 감식 방법의 실효성을 검증할 수 있다. 아래 사례는 실제 사고 조사 과정에서 적용된 방법과 문제점을 보여준다.

1. 사례 연구: 산업시설 폭발 사고

1) 사고 개요

- A 산업시설에서 고압가스가 누출되어 폭발이 발생함
- 폭발 이후 2차 화재가 확산하였으며, 시설의 주요 구조물이 파손됨

2) 조사 과정

- 초기 대응팀이 현장 보존을 위해 폭발 지점을 통제함
- 적외선 카메라와 3D 스캐닝 장비를 활용하여 피해 범위를 분석함
- CCTV 영상과 센서 데이터를 확인하여 사고 발생 시점의 압력 변화를 추적함

3) 분석 결과

- 가스 누출이 감지된 시점과 실제 폭발이 발생한 시점 사이에 일정한 압력 변화가 있었음
- 화학 분석 결과, 특정 가연성 물질이 기준치 이상 누적된 것이 확인됨

4) 개선 방안

- 가스 누출 감지 시스템을 강화하고, 실시간 데이터 분석을 통한 조기 경보 체계를 구축함

이 사례를 통해 감식 기법과 데이터 분석이 사고 조사에서 어떤 역할을 수행하는지 확인할 수 있다.

표 7.2 산업시설 폭발 사고 분석 결과

분석 항목	결과
사고 원인	고압 가스 누출 후 점화원에 의해 폭발 발생
폭발력 분석	충격파 반경 50m, 파편 확산 범위 120m 확인
금속 구조물 손상	용융점 분석 결과, 폭발 온도 1,200°C 이상 도달
증거 분석	GC-MS 분석을 통해 유증기 농도 초과 확인
책임 소재	유지보수 미흡 및 가스 감지 시스템 고장

2 물리적 증거 분석

화재 및 폭발 사고 조사의 핵심은 현장에서 **수집된 물리적 증거를 체계적으로 분석**하는 것이다.

물리적 증거는 화재 및 폭발의 원인과 진행 과정을 규명하는 **중요한 단서**를 제공하며, **사고 재현 및 법적 판단에 결정적인 역할**을 한다.

본 절에서는 물리적 증거의 종류와 특성, 증거물 수집 및 보존 방법, 증거 분석 기법과 활용 도구, 그리고 실제 사례 분석을 다룬다.

2.1 증거물 수집 및 보존 방법

물리적 증거는 **사고 현장에서 직접 채취**되며, 이후 **실험실에서 정밀 분석**이 이루어진다. 증거물의 신뢰성을 확보하기 위해서는 **정확한 채취 및 보존 절차가 필요**하다.

1. 증거물 종류 및 특성

- 연소 잔해물: 불완전 연소한 물질, 탄화 흔적, 열 변형된 물질
- 금속 구조물 및 파편: 폭발로 인해 변형된 철골, 파손된 배관, 용융된 전선
- 잔류 화학 물질: 연소 생성물, 가연성 액체 잔류물, 폭발물 흔적
- 파괴된 장비 및 기기: 전기적 단락 흔적이 남은 배선, 손상된 가스탱크

2. 증거물 채취 및 분류

- 현장에서 채취된 증거물은 **종류별로 분류**하고, **위치 및 상태**를 기록
- 변질 방지를 위해 **밀폐 용기, 방화 봉투, 내화 용기** 등을 활용
- 연소 잔해물 및 가연성 액체는 화학적 반응 방지를 위해 **특수 용기에 보관**
- 폭발 잔해물은 폭발력과 파편의 비산 범위 분석을 위해 **채취 위치를 명확히 기록**

3. 증거물 보존 및 저장 관리

- 물리적·화학적 변화를 방지하기 위해 **적절한 환경**에서 보관
- 온도, 습도, 빛 노출을 조절하여 **부식 및 증발을 방지**
- 모든 증거물은 **디지털 데이터베이스에 기록**하여 체계적으로 관리

표 7.3 증거물 보존 방법

증거물 유형	보존 방법
연소 잔해물	밀폐 용기에 보관하여 변질 방지
금속 구조물 및 파편	방청 처리 후 온도·습도 조절 창고에 보관
잔류 화학 물질	화학적 반응 방지를 위해 특수 용기 사용
전자기기 및 배선	정전기 차단 포장 후 보관
폭발 파편	폭발력 분석을 위해 위치별 라벨링 후 밀폐

2.2 증거 분석 기법

수집된 증거물은 다양한 분석 기법을 활용하여 **사고의 원인과 진행 과정을 규명**하는 데 사용된다.

1. 화학 분석

화재 및 폭발 사고에서 검출되는 **화학적 성분을 분석**하여 **가연성 물질의 종류와 연소 특성**을 파악함

1) 잔류물 분석

- 연소 후 남은 재료의 성분 분석을 통해 **화재 원인** 특정
- GC-MS(기체 크로마토그래피-질량 분석기)를 활용하여 **가연성 액체의 흔적** 분석

2) 폭발 잔여물 분석

- FTIR(푸리에 변환 적외선 분광법)을 활용하여 폭발 후 **남은 화학 성분** 분석
- **폭발물 및 가연성 가스의 흔적** 검출

2. 물리적 및 기계적 분석

사고로 인해 손상된 구조물과 파편을 분석하여 **폭발력과 연소 특성**을 확인함

그림 7.4 금속 구조물 변형 분석 사례

1) 금속 구조물 변형 분석

- 용융점 분석을 통해 **화재 발생 당시 온도** 추정
- 금속 변형 정도 분석을 통해 **폭발력 및 충격 강도** 평가

2) 잔해 및 파편 분포 분석

- 파편 확산 범위 분석을 통해 **폭발 중심점** 파악
- 파편 질량과 속도를 고려하여 **폭발력** 계산

3) 전기적 원인 분석

- 손상된 전기 배선 및 전자 기기에서 **단락 흔적** 조사
- SEM(주사전자현미경) 분석을 활용하여 **단락 흔적** 정밀 분석

2.3 분석 결과의 해석 및 한계

분석 결과는 **화재 및 폭발 원인 규명을 위한 핵심 정보**로 활용되며, 이를 통해 **사고 재현 및 원인 분석**이 수행된다.

1. 분석 결과의 해석 방법

- 실험 결과와 현장 조사 자료 비교를 통해 **사고 원인 신뢰성** 확보
- 증거물 변형 패턴, 화학적 조성 분석을 통해 **사고 전개 과정** 분석
- 데이터 기반 분석을 병행하여 **주요 요인 정량적 평가**

표 7.4 증거 분석 결과 해석을 위한 기준

분석 기법	분석 내용	적용 대상
화학 분석	연소 및 폭발 후 생성물 분석	가연성 액체, 폭발물
물리적 분석	구조물 변형 및 파괴 패턴 분석	철골 구조물, 배관
전기적 분석	전기 단락 및 과부하 여부 분석	전선, 전기기기
데이터 분석	센서 및 영상 데이터 기반 사고 원인 분석	IoT 센서, CCTV

그림 7.5 증거 분석 결과 시각화 예시

2. 분석의 한계 및 고려 사항

- 일부 증거물은 고온, 습도 등의 **환경적 요인으로 변질**될 가능성이 있음
- 실험실 분석과 현장 결과 간의 **오차를 최소화하기 위해 교차 검증** 필수
- 화재 및 폭발 사고는 다중 원인이 복합적으로 작용할 수 있어 **단일 원인 분석에 의존하지 않도록** 주의

3 데이터 기반 화재 및 폭발 원인 분석

화재 및 폭발 사고의 원인을 규명하기 위해서는 **물리적 증거 분석뿐만 아니라 데이터 기반 분석**이 필수적이다.
센서 데이터, 영상 분석, 시뮬레이션 모델을 활용하여 사고 원인을 과학적으로 접근할 수 있으며, 이를 통해 보다 정밀한 **사고 재현과 예방 대책 수립**이 가능하다.
본 절에서는 데이터 수집 및 정리 과정, 분석 기법, 결과 해석 방법, 그리고 실제 사례를 다룬다.

3.1 데이터 수집 및 정리

데이터 기반 분석의 신뢰성을 확보하기 위해서는 **체계적인 데이터 수집**

과 정리가 선행되어야 한다.

현장 센서, 영상 자료, 환경 데이터 등 다양한 형태의 데이터를 확보하고, 이를 **표준화하여 분석**할 수 있도록 가공해야 한다.

1. 현장 및 센서 데이터 활용

- IoT 기반 센서 데이터: 온도, 습도, 가스 농도, 압력 변화 등의 데이터를 실시간으로 기록
- 환경 모니터링 시스템: 대기 중 연소 생성물, 유해 가스, 화재 확산 조건을 측정
- 건물 관리 시스템(BMS, Building Management System): 전력 사용량, HVAC(공조 시스템) 작동 이력을 분석하여 전기적 원인 추적

2. 영상 자료 및 기록 분석

- CCTV 및 열화상 카메라: 사고 발생 시점, 불꽃 또는 연기가 처음 감지된 위치를 확인
- 항공 드론 영상: 폭발 및 화재 확산 경로를 파악하는 데 활용
- 스마트폰 및 차량 블랙박스 영상: 목격자 확보가 어려운 사고에서 보완적 자료로 활용

그림 7.6 데이터 수집 및 정리 과정

3. 데이터 전처리 및 통합

- 수집된 데이터는 다양한 형식(영상, 텍스트, 수치 데이터)으로 존재하므로 **표준화 과정**이 필요함
- 이상치 제거, 중복 데이터 정리, 시간 동기화 등의 전처리 과정을 거쳐 정확한 분석을 위한 **데이터 세트 구축**

3.2 데이터 분석 기법 및 도구

수집된 데이터를 활용하여 사고 원인을 규명하는 과정에서 **다양한 분석 기법**이 적용된다.

데이터 분석 기법은 전통적인 **통계 분석**부터 최신 **머신러닝 기술**까지 폭넓게 활용된다.

1. 통계적 분석 기법

1) 상관관계 분석

- 센서 데이터 간 상관성을 분석하여 **주요 변수 식별**

예 온도와 압력 변화의 관계 분석을 통해 화재 또는 폭발 전조 현상 탐색

2) 이상치 탐지(Anomaly Detection)

- 정상적인 운영 데이터와 비교하여 **비정상적인 패턴 감지**

예 특정 시간대 전력 소비량 급증이 단락 화재와 연관될 가능성 확인

2. 빅데이터 및 AI 분석 기법

1) 머신러닝 기반 예측 모델

- 다중 변수 데이터를 학습하여 **화재 및 폭발 가능성**을 예측
- 랜덤 포레스트, 신경망 모델을 활용하여 **위험 요인 정량 평가**

2) 패턴 인식 및 분류 기법

- 딥러닝을 활용하여 **연소 패턴, 화재 확산 경로** 자동 분석
- CNN(Convolutional Neural Network)을 적용하여 영상 데이터 기반으로 **화재 원인 식별**

3. 시뮬레이션 및 모델링

- 컴퓨터 시뮬레이션을 활용하여 사고 발생 과정 재현
- CFD(Computational Fluid Dynamics) **모델링**을 통해 화염 확산 경로 분석
- **폭발 해석 소프트웨어**를 이용하여 폭발력과 피해 범위 예측

그림 7.7 화재 확산 시뮬레이션 예시

3.3 원인 분석 및 결과 해석

데이터 분석을 통해 도출된 결과를 종합하여 **사고 원인을 규명**한다. 다양한 분석 방법을 교차 검증하여 **신뢰성을 확보**하는 것이 중요하다.

1. 사고 원인 도출 과정

- 수집된 데이터와 분석 결과를 종합하여 **사고 발생 조건 및 주요 요인** 정리
- **화재 확산 경로, 폭발 중심점, 연소 속도** 등의 변수 고려하여 사고 메커니즘 도출

표 7.5 데이터 분석을 통한 사고 원인 도출 방법

데이터 유형	분석 기법	분석 내용
센서 데이터	이상치 탐지 (Anomaly Detection)	가스 농도, 온도 상승 이상 감지
CCTV 영상	영상 분석 (AI 기반)	최초 발화 지점 및 연소 확산 경로 확인
환경 데이터	기상 데이터 분석	바람 방향 및 습도가 화재 확산에 미친 영향 평가
전력 데이터	전류 변동 분석	전기적 단락 또는 과부하 여부 확인

그림 7.8 데이터 분석 결과 시각화 예시

2. 분석 결과의 신뢰성 및 한계

- **데이터 품질 문제**: 센서 오작동, 데이터 손실 발생 가능성
- **외부 변수 고려**: 날씨, 건물 구조, 통풍 조건 등 환경적 요인이 분석에 영향 미칠 가능성
- **교차 검증 필요**: 단일 분석 기법에 의존하지 않고, 복수의 방법을 활용하여 결론 신뢰도 확보

3.4 실제 사례 분석

실제 사례를 통해 데이터 기반 분석이 화재 및 폭발 사고 조사에서 어떻게 활용되는지 살펴본다.

1. 사례 연구: 산업시설 화재 데이터 분석

1) 사고 개요

C 공장에서 야간 근무 중 화재 발생

- 자동화 설비 작동 중이었으며, CCTV 영상과 센서 데이터가 기록됨

2) 데이터 수집 및 분석

- 사고 발생 당시 온도 및 전류 데이터 분석 → 특정 지점에서 비정상적인 전류 급증 감지
- CCTV 영상 분석 → 화재 발생 전 특정 기계에서 불꽃 발생 확인
- IoT 센서 데이터 분석 → 연기 감지기와 온도 센서의 이상 수치 확인

3) 분석 결과

- 기계 내부 전기적 단락이 원인 → 고온 상태 유지로 주변 가연성 물질 착화
- 초기 경보 시스템이 작동하지 않은 것으로 확인

4) 개선 방안

- 실시간 전류 모니터링 시스템 구축
- 연기 감지 센서 자동 점검 기능 추가

표 7.6 산업시설 화재 데이터 분석 결과

분석 항목	결과
사고 발생 시간	23:45 (CCTV 기록 기준)
발화 원인	전기 단락으로 인한 과열 착화
센서 데이터	연기 감지기 및 온도 센서 이상 수치 감지
화재 확산 경로	최초 발화 후 10분 내 주요 가연물 착화
피해 규모	생산라인 40% 손실, 기계 12대 파손
법적 대응	전기 설비 관리 소홀로 사업주 책임

4 법적 대응 및 보고서 작성 개요

화재 및 폭발 사고 조사는 단순히 원인을 분석하는 것에서 끝나는 것이 아니라, 조사 결과를 바탕으로 **법적 대응이 이루어지며 공식적인 보고서가 작성**된다.

사고의 원인과 책임을 규명하고, 법적 절차를 준수하기 위해 **정확한 문서화**가 필요하며, 이를 통해 **사고 예방 및 재발 방지 대책**을 마련할 수 있다. 본 절에서는 법적 대응 절차와 관련 법규, 보고서 작성의 기본 원칙과 실제 사례를 다룬다.

4.1 법적 대응 절차 및 관련 법규

화재 및 폭발 사고가 발생하면 법적 절차가 진행되며, **관련 기관과 법규를 준수**해야 한다. 사고의 원인과 책임 소재를 명확히 하기 위해 조사 결과를 바탕으로 **행정적·법적 대응**이 이루어진다.

1. 법적 절차 개요

- 사고 원인 분석 후 법적 절차 진행

- 관련 기관(소방청, 경찰, 환경청 등)과 협력하여 조사 결과 보고
- 사고 유형에 따라 **민사 및 형사 책임** 여부 결정

2. 주요 관련 법규

1) 소방기본법 및 화재 조사 규정

- 화재 사고 조사의 **법적 근거** 제공
- 조사 범위와 절차를 규정하여 **법적 대응** 가능하게 함

2) 산업안전보건법

- 산업 현장에서 발생한 화재·폭발 사고에 대한 **사업주의 책임** 명시
- 사고 예방을 위한 안전 규정 위반 시 **처벌 조항** 포함

3) 건축법 및 전기 설비 관련 법규

- 건축 구조 및 전기 시설물의 **안전기준 준수 여부** 확인
- 불법 개조 및 관리 소홀로 인한 사고 발생 시 **법적 책임** 발생

표 7.7 화재 및 폭발 사고 관련 주요 법규

법규	주요 내용
소방기본법	화재 조사 및 예방 조치 의무 규정
산업안전보건법	사업장의 화재 예방 및 안전 규정 강화
건축법	내화구조 및 화재 확산 방지 설계 기준
전기 설비 기준	전기 배선 및 설비 점검 기준 명시
위험물안전관리법	위험물 저장 및 취급 기준 및 안전 조치

4.2 보고서 작성의 기본 원칙

사고 조사 결과는 공식 보고서로 작성되며, 이는 법적 대응의 근거 자료가 된다.

보고서는 **객관성을 유지**하면서도 **사고 원인을 명확히 설명**해야 하며, 관련 증거와 분석 결과를 **논리적으로 제시**해야 한다.

1. 보고서의 주요 구성 요소

1) 서론

- 사고 개요 및 조사 목적 설명
- 조사 범위 및 적용된 분석 기법 명시

2) 본론

- 사고 현황 및 피해 규모 설명
- 조사 방법 및 증거 분석 결과 정리
- 사고 원인 및 책임 소재 분석

3) 결론 및 법적 대응 방안

- 사고의 주요 원인 요약 및 법적 대응 방향 제시
- 사고 예방을 위한 추가 조치 및 정책 제안

2. 보고서 작성 시 유의 사항

- **객관적 사실을 기반**으로 작성하며, 주관적인 해석 배제
- 법적 효력을 확보하기 위해 **모든 증거 자료**를 명확히 제시
- **시각 자료(도표, 사진 등)**를 활용하여 분석 내용을 명확히 전달

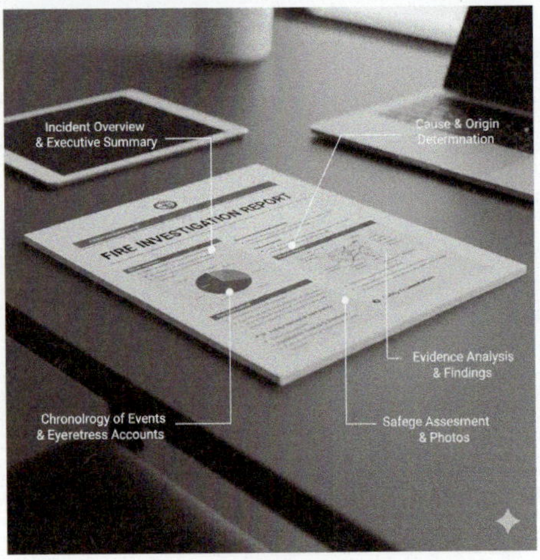

그림 7.9 보고서 구성 예시

4.3 실제 사례 및 보고서 예시

과거 화재 및 폭발 사고 보고서를 통해 효과적인 보고서 작성 방법과 법적 대응 방안을 분석한다.

1. 사례 연구: 화학 공장 폭발 사고 보고서 분석

1) 사고 개요

- D 화학 공장에서 유증기 폭발 사고 발생
- 폭발로 인해 대규모 화재가 발생하고 시설이 전소됨

2) 조사 및 분석 결과

- 사고 현장에서 채취한 증거물 분석을 통해 화학적 반응으로 인한 폭발이 확인됨
- 감시 카메라 영상을 통해 폭발 발생 직전 이상 반응이 감지됨

3) 보고서 작성 내용

- 사고 발생 원인: 저장된 화학 물질의 부적절한 취급으로 인한 폭발
- 법적 대응: 산업안전보건법 및 화학물질관리법 위반 사항 확인

4) 개선 조치 및 권고 사항

- 화학 물질 저장 및 관리 기준 강화
- 실시간 감지 센서 도입을 통한 폭발 위험 사전 감지 시스템 구축

표 7.8 화학 공장 폭발 사고 보고서 분석 결과

분석 항목	결과
사고 발생 원인	저장된 화학 물질의 부적절한 취급으로 폭발 발생
화학 분석 결과	위험물 농도 초과 및 유증기 폭발 가능성 확인
CCTV 분석	폭발 발생 직전 이상 반응 감지
법적 대응	산업안전보건법 및 화학물질관리법 위반 사항 확인
개선 조치	실시간 감지 센서 도입 및 위험물 저장 기준 강화

핵심 개념 요약 및 키워드 정리

- 사고 조사 절차 (Fire and Explosion Investigation Procedure): 화재 및 폭발 사고 발생 후 원인을 규명하고 책임 소재를 파악하기 위한 체계적인 조사 과정으로, 초기 대응, 증거 수집, 감식, 데이터 분석, 법적 대응 등의 단계로 구성됨

• **현장 보존 (Scene Preservation)**: 사고 현장의 증거물이 훼손되지 않도록 출입 통제, 물리적 보호, 초기 기록 등을 수행하는 과정으로, 사고 원인 분석의 신뢰성을 확보하기 위한 필수 절차
• **증거물 분석 (Evidence Analysis)**: 화재 및 폭발 사고 현장에서 수집된 연소 잔해물, 금속 구조물, 화학 물질, 전기 배선 등을 과학적으로 분석하여 사고 원인을 규명하는 과정
• **화학 분석 (Chemical Analysis)**: 사고 현장에서 수집된 물질의 성분을 분석하여 연소 또는 폭발에 관여한 가연성 물질, 폭발성 화학 물질, 연소 생성물 등을 확인하는 과정으로, GC-MS(기체 크로마토그래피-질량 분석기), FTIR(푸리에 변환 적외선 분광법) 등의 기법이 사용됨
• **물리적 분석 (Physical Analysis)**: 금속 구조물, 파편, 잔해물의 변형 정도와 열 손상을 평가하여 폭발력, 화재 강도, 연소 확산 경로 등을 파악하는 과정
• **전기적 분석 (Electrical Analysis)**: 전기 배선, 회로, 전자장비의 손상 패턴을 분석하여 단락, 과부하, 스파크 등 전기적 요인이 사고 원인으로 작용했는지 평가하는 과정
• **데이터 기반 분석 (Data-Driven Analysis)**: 센서 데이터, CCTV 영상, 환경 모니터링 기록 등을 활용하여 화재 및 폭발 사고의 진행 과정을 분석하는 기법으로, 빅데이터 및 AI 기술이 활용됨
• **이상치 탐지 (Anomaly Detection)**: 정상적인 데이터 패턴에서 벗어난 비정상적인 변화를 감지하는 기법으로, 온도 급상승, 전류 변동, 가스 누출 등의 이상 현상을 조기에 탐지하여 사고 원인을 분석하는 데 사용됨
• **화재 및 폭발 시뮬레이션 (Fire and Explosion Simulation)**: 컴퓨터 모델링을 통해 화염 확산 경로, 폭발 충격파 범위 등을 예측하는 기법으로, CFD(전산유체역학) 모델링이 대표적으로 사용됨
• **법적 대응 (Legal Response)**: 조사 결과를 기반으로 민·형사상 책임을 규명하고, 관련 법규(소방기본법, 산업안전보건법 등)에 따라 법적 조치를 취하는 과정
• **화재 조사 보고서 (Fire Investigation Report)**: 사고 조사 결과를 공식적으로 문서화한 자료로, 사고 개요, 피해 현황, 증거 분석, 원인 규명, 법적 대응 방안 등이 포함됨

연습문제

객관식 문제 (총 10문항)

01 다음 중 화재 및 폭발 사고 조사 과정에 포함되지 않는 단계는?

① 초기 대응 ② 증거 수집
③ 사고 은폐 ④ 데이터 분석

02 사고 현장에서 증거물을 수집할 때 가장 먼저 수행해야 할 조치는?

① 증거물의 위치를 변경하여 정리한다.
② 증거물이 훼손되지 않도록 보존 조치를 한다.
③ 모든 증거물을 하나의 용기에 넣어 운반한다.
④ 증거물의 일부만 수집하고 나머지는 폐기한다.

03 물리적 증거 분석에서 변형된 금속 구조물을 분석하는 주요 목적은?

① 사고 현장을 미적으로 정리하기 위해
② 구조물의 원래 형태를 복원하기 위해
③ 화재 또는 폭발의 온도와 충격 강도를 평가하기 위해
④ 증거물을 파괴하여 추가 조사를 방지하기 위해

04 화재 원인 분석을 위해 사용되는 대표적인 화학 분석 기법은?

① GC-MS ② CT 스캔
③ MRI ④ X-ray

05 다음 중 전기적 원인을 분석하는 방법으로 적절한 것은?

① 열화상 카메라를 사용하여 화재 원인을 분석
② 금속 용융점을 측정하여 화재 온도를 추정
③ 전기 배선의 단락 흔적과 과부하 흔적을 조사
④ 건물 구조의 손상 상태를 조사

06 데이터 기반 분석에서 이상치 탐지(Anomaly Detection)를 활용하는 주요 목적은?

① 정상적인 데이터를 필터링하기 위해
② 화재나 폭발 발생 전의 이상 징후를 조기에 발견하기 위해
③ 데이터베이스를 정리하기 위해
④ 화재 감식 절차를 단순화하기 위해

07 화재 확산 경로 및 폭발 충격파 분석을 위해 가장 널리 사용되는 시뮬레이션 기법은?

① AI 챗봇 분석
② CFD(전산유체역학) 모델링
③ DNA 분석
④ 음향 테스트

08 화재 조사 보고서 작성 시 포함되어야 할 핵심 요소가 아닌 것은?

① 사고 개요 및 피해 현황
② 사고 원인 분석
③ 사고 조사관의 개인 의견
④ 법적 대응 방안

09 사고 조사에서 감식 장비로 활용되는 도구가 아닌 것은?

① 열화상 카메라
② 3D 스캐너
③ 적외선 분광기
④ 금속 탐지기

10 다음 중 법적 대응 과정에서 고려해야 할 요소가 아닌 것은?

① 관련 법규 적용 여부
② 사고 조사 결과에 따른 책임 소재 판단
③ 사고 조사 기록의 증거 효력
④ 사고 은폐 방안 마련

주관식 문제 (총 5문항)

01 화재 및 폭발 사고 조사에서 초기 대응이 중요한 이유를 설명하시오.

02 물리적 증거 분석에서 금속 구조물 변형을 분석하는 주요 목적과 방법에 대해 설명하시오.

03 화학 분석 기법 중 GC-MS(기체 크로마토그래피-질량 분석기)가 화재 감식에서 어떻게 활용되는지 설명하시오.

04 데이터 기반 분석에서 화재 및 폭발 원인을 규명하는 데 사용되는 AI 및 머신러닝 기법을 설명하시오.

05 화재 조사 보고서를 작성할 때 포함해야 할 주요 항목과 그 중요성을 설명하시오.

객관식 문제 정답 및 해설

01 정답: ③

해설 사고 조사 과정에는 초기 대응, 증거 수집, 데이터 분석 등이 포함되며, 사고 은폐는 절대 금지됨

02 정답: ②

해설 증거물은 사고 원인 분석의 핵심 요소이므로 훼손되지 않도록 보존 조치를 우선적으로 수행해야 함

03 정답: ③

해설 변형된 금속 구조물의 분석을 통해 화재 또는 폭발 시 발생한 온도와 충격 강도를 평가할 수 있음

04 정답: ①

해설 GC-MS(기체 크로마토그래피-질량 분석기)는 연소 생성물 및 가연성 물질의 성분을 분석하는 대표적인 화학 분석 기법

05 정답: ③

해설 전기 배선의 단락 흔적과 과부하 흔적을 분석하여 전기적 원인이 화재의 원인인지 파악할 수 있음

06 정답: ②

해설 이상치 탐지는 센서 데이터에서 비정상적인 변화를 감지하여 화재나 폭발 발생 전의 이상 징후를 조기에 발견하는 데 활용됨

07 정답: ②

해설 CFD(전산유체역학) 모델링은 화재 확산 경로 및 폭발 충격파의 영향을 예측하는 데 널리 사용됨

08 정답: ③

해설 화재 조사 보고서는 객관적인 조사 결과를 포함해야 하며, 조사관의 개인적인 의견은 포함되지 않음

09 정답: ④

해설 금속 탐지기는 감식 장비로 널리 사용되지 않으며, 열화상 카메라, 3D 스캐너, 적외선 분광기 등이 주요 감식 도구임

10 정답: ④

해설 법적 대응 과정에서는 관련 법규, 책임 소재 판단, 증거 효력 등이 고려되며, 사고 은폐는 불법이므로 고려 대상이 아님

주관식 문제 정답 및 해설

01 화재 및 폭발 사고 조사에서 초기 대응이 중요한 이유를 설명하시오.

- 사고 현장이 훼손되지 않도록 보존하여 증거의 신뢰성을 유지
- 추가 피해를 방지하고 인명 구조를 신속히 진행
- 사고 원인 분석을 위한 정확한 데이터를 확보

02 물리적 증거 분석에서 금속 구조물 변형을 분석하는 주요 목적과 방법에 대해 설명하시오.

- 목적: 화재 또는 폭발 시 발생한 온도와 충격력을 평가
- 방법: 금속의 용융점 분석, 변형 패턴 비교, 고온 노출 시간 평가

03 화학 분석 기법 중 GC-MS(기체 크로마토그래피-질량 분석기)가 화재 감식에서 어떻게 활용되는지 설명하시오.

- 연소 생성물 내 가연성 물질의 흔적을 분석

- 폭발 후 남은 화학 물질을 분석하여 화학적 원인 규명
- 휘발성 유기화합물(VOCs) 분석을 통해 발화 원인 파악

04 데이터 기반 분석에서 화재 및 폭발 원인을 규명하는 데 사용되는 AI 및 머신러닝 기법을 설명하시오.
- 영상 데이터 분석(CNN)으로 최초 발화 지점 파악
- 이상치 탐지(Anomaly Detection)로 센서 데이터의 비정상 패턴 감지
- 랜덤 포레스트 및 신경망을 이용한 사고 예측 및 분석

05 화재 조사 보고서를 작성할 때 포함해야 할 주요 항목과 그 중요성을 설명하시오.
- 사고 개요: 사고 발생 시간, 장소, 기본 정보 제공
- 피해 현황: 인명 피해, 재산 피해 등 명시
- 증거 분석 결과: 물리적, 화학적, 전기적 분석 결과 포함
- 법적 대응 방안: 법적 책임 소재 및 대응 계획 수립

관련 법규 요약

1. 「소방기본법」

- 제9조(화재조사 및 감식 권한)
  소방청장 또는 소방본부장은 화재가 발생한 경우 그 원인 및 피해 규모를 조사할 권한을 가지며, 화재 감식을 위한 관련 자료 및 증거를 확보할 수 있음
- 제16조(출입·조사 및 강제 조치)
  화재 원인 조사를 위해 소방관서장은 필요할 경우 관계인의 동의 없이 현장에 출입하여 증거를 확보할 수 있으며, 위험물 보관 시설 등 특정 대상물에 대한 강제 조치를 취할 수 있음

2. 「산업안전보건법」

- 제23조(위험성 평가 및 안전조치 의무)
  사업주는 화재 및 폭발 위험이 있는 작업장에서 정기적인 위험성 평가를 실시하고, 적절한 안전 조치를 취해야 하며, 이를 이행하지 않을 경우 법적 책임을 질 수 있음
- 제29조(산업재해 조사 및 보고 의무)
  산업 현장에서 화재 또는 폭발로 인해 사망자가 발생하거나 중대한 사고가 발생한 경우, 해당 사업장은 즉시 관계 기관에 보고하고, 사고 조사를 위한 자료를 제출해야 함

3. 「위험물안전관리법」

- 제4조(위험물 저장 및 취급 기준)
  가연성 및 인화성 물질을 저장·취급하는 시설은 위험물 저장소 및 배관 시스템을 법적 기준에 맞게 설계·운영해야 하며, 누출 감지 및 차단 장치를 의무적으로 설치해야 함
- 제18조(위험물 사고 대응 및 보고 의무)
  위험물 저장소 및 취급 시설에서 폭발이나 화재가 발생할 경우, 즉시 소방관서 및 관계 기관에 신고하고, 화재 원인 조사에 협조해야 함

4. 「건축법」

- 제49조(내화·방화 구조의 기준)
  건축물의 용도 및 규모에 따라 내화·방화 성능을 갖춘 자재를 사용해야 하며, 특히 대형 산업시설 및 공공시설은 화재 확산을 방지하기 위한 방화구획을 설치해야 함
- 제52조(화재 안전성 평가 의무)
  일정 규모 이상의 공공건축물 및 다중이용시설은 준공 전 반드시 화재 안전성 평가를 받아야 하며, 평가 결과를 관계 기관에 제출해야 함

5. 「전기설비기술기준 및 판단기준」

- 제15조(전기화재 예방을 위한 설비 기준)
  전기 설비는 과부하 및 단락으로 인한 화재를 방지하기 위해 누전차단기, 과전류 보호장치 등을 설치해야 하며, 일정 주기마다 유지·보수 점검을 실시해야 함
- 제33조(전기 사고 조사 및 책임 규정)
  전기적 요인으로 인해 화재가 발생한 경우, 사고 원인을 규명하기 위해 관련 자료를 확보하고, 설비 관리자의 책임을 조사하여 법적 조치를 취할 수 있음

6. 「화학물질관리법」

- 제22조(유해화학물질 관리 기준)
  유해화학물질을 취급하는 사업장은 안전한 보관 및 사용을 위해 지정된 장소에서만 해당 물질을 관리해야 하며, 누출 방지 대책을 수립해야 함
- 제30조(사고 발생 시 보고 의무)
  화재나 폭발로 인해 유해화학물질이 누출된 경우, 즉시 관계 기관에 신고하고, 오염 확산을 방지하기 위한 긴급 대응 조치를 시행해야 함

사고 사례 데이터베이스

표 7.9 주요 화재 및 폭발 사고 데이터베이스

사고 명	발생 연도	사고 개요	피해 규모	사고 원인	재발 방지 대책
인도 보팔 가스 누출 사고	1984년 (인도)	유독성 메틸아이소시아네이트(MIC) 가스 누출	사망 약 2만 명, 부상 수십만 명	안전밸브 고장, 관리 부실	유독가스 감지 시스템 개선, 긴급 배출 장치 설치
천안함 폭발 사고	2010년 (대한민국)	해군 초계함이 원인 미상의 폭발로 침몰	사망 46명, 선체 절반 침몰	외부 폭발 추정, 방호체계 미흡	군함 방호체계 강화, 감시 시스템 개선
치바 정유 공장 폭발 사고	2011년 (일본)	정유 공장 화학물질 저장소에서 폭발	부상 6명, 시설 파괴	저장 탱크 과압, 밸브 고장	압력 감지 시스템 개선, 자동 차단 밸브 설치
톈진 항구 폭발 사고	2015년 (중국)	위험물 저장소에서 연쇄 폭발 발생	사망 173명, 부상 800여 명, 대규모 재산 피해	위험물 관리 미흡, 안전거리 확보 부족	위험물 저장소 규제 강화, 안전관리 시스템 개선
루이지애나 화학 공장 폭발 사고	2013년 (미국)	화학 공장 고온 공정 중 가스 폭발	사망 2명, 부상 114명	온도·압력 초과, 안전 점검 부족	온도·압력 감지 시스템 보강, 비상 차단 장치 설치
텍사스 정유 공장 폭발 사고	2005년 (미국)	정유 공장의 가연성 증기 폭발	사망 15명, 부상 170여 명	증기 압력 관리 미흡, 운영 절차 오류	정기 점검 강화, 증기 압력 감지 시스템 개선
멕시코시티 가스 폭발 사고	1984년 (멕시코)	LPG 저장소에서 연쇄 폭발 발생	사망 500여 명, 부상 7,000여 명	저장소 과적, 가연성 가스 누출	저장 용량 제한, 자동 차단 시스템 도입
콜로라도 탄광 폭발 사고	2001년 (미국)	탄광 내 메테인가스 폭발	사망 13명	환기 시스템 미비, 가스 감지기 오작동	환기 시스템 강화, 실시간 가스 감지 시스템 도입
광양제철소 화재 사고	2022년 (대한민국)	제철소 내 컨베이어벨트 화재 발생	부상 8명, 시설 일부 파손	전기적 단락, 유지보수 부족	설비 점검 주기 강화, 방화벽 보강
베이루트 항구 폭발 사고	2020년 (레바논)	질산암모늄 저장소 폭발	사망 218명, 부상 7,500여 명, 대규모 건물 파괴	폭발성 물질 부적절한 보관, 관리 소홀	위험물 저장 규정 강화, 실시간 모니터링 시스템 구축

참고문헌

1. 서적 및 논문

- Babrauskas, V. (2003). Ignition Handbook. Fire Science Publishers.
- Drysdale, D. (2011). An Introduction to Fire Dynamics (3rd ed.). Wiley.
- Lees, F. P. (2012). Loss Prevention in the Process Industries: Hazard Identification, Assessment and Control (3rd ed.). Butterworth-Heinemann.
- Karlsson, B., & Quintiere, J. G. (2000). Enclosure Fire Dynamics. CRC Press.
- Eckhoff, R. K. (2016). Dust Explosions in the Process Industries (3rd ed.). Elsevier.
- Gorbett, G. E., & Chapdelaine, P. (2020). Fire Investigation Methodology. Jones & Bartlett Learning.
- Vesey, J. (2019). Fire and Explosion Hazard Analysis. CRC Press.

2. 법규 및 보고서

- 소방청. (2022). 화재 및 폭발 사고 조사 지침.
- 산업안전보건공단 (KOSHA). (2021). 산업시설 화재 및 폭발 사고 예방 가이드라인.
- U.S. Chemical Safety Board (CSB). (2015). Investigation Report: West Fertilizer Explosion and Fire.
- National Institute of Standards and Technology (NIST). (2018). Fire Dynamics Simulator (FDS) Technical Reference Guide. NIST Special Publication 1018.
- European Committee for Standardization (CEN). (2021). ATEX 2014/34/EU: Equipment for Use in Explosive Atmospheres.
- 한국전기안전공사. (2022). 전기 화재 및 폭발 예방 기준 및 조사 방법.

3. 온라인 자료

- 한국소방안전원. (2023). "화재 조사 및 감식 기술 기준". Retrieved from www.kfsi.or.kr
- U.S. Occupational Safety and Health Administration (OSHA). (2022). "Process Safety Management of Highly Hazardous Chemicals". Retrieved from www.osha.gov
- Center for Chemical Process Safety (CCPS). (2022). "Explosion Protection and Prevention Measures in Chemical Plants". Retrieved from www.aiche.org/ccps
- 미국화재조사협회 (IAAI). (2022). "Fire and Explosion Investigations Best Practices". Retrieved from www.firearson.com
- National Fire Protection Association (NFPA). (2023). "Fire Investigation Training and Guidelines". Retrieved from www.nfpa.org

추가 참고 자료

1. 소방 및 방화방폭 기술 보고서

- 한국소방산업기술원 (KFI). (2023). 화재 및 폭발 방지 기술 가이드라인.
- 한국산업안전보건공단 (KOSHA). (2022). 위험물 저장 및 취급시설 화재·폭발 안전기준.
- 미국화재조사협회 (IAAI). (2021). Fire and Explosion Investigations: Best Practices.
- U.S. Chemical Safety Board (CSB). (2020). Case Studies in Fire and Explosion Incidents.
- Center for Chemical Process Safety (CCPS). (2022). Fire and Explosion Risk Analysis in Process Industries.
- National Institute for Occupational Safety and Health (NIOSH). (2022). Chemical Safety and Fire Investigation Reports.

2. 국제 가이드라인 및 기술 문서

- NFPA 921 (2023). Guide for Fire and Explosion Investigations.
- NFPA 68 (2023). Standard on Explosion Protection by Deflagration Venting.
- NFPA 69 (2023). Standard on Explosion Prevention Systems.
- IEC 60079 (2022). Explosive Atmospheres – Electrical Equipment Classification and Protection.
- ATEX Directive 2014/34/EU (2023). Equipment for Use in Potentially Explosive Atmospheres.
- API RP 2216 (2021). Ignition Risk of Hydrocarbon Releases for Offshore Operations.
- ISO 13577 (2023). Industrial Furnaces and Associated Processing Equipment – Fire Prevention and Protection Standards.

3. 온라인 강의 및 오픈 리소스

- NFPA 온라인 강좌: www.nfpa.org/training
- AIChE CCPS 온라인 교육: www.aiche.org/ccps/education
- 국제 화재 및 폭발 보호 협회 (IFE): www.ife.org.uk
- National Fire Academy (NFA) 화재 조사 과정: www.usfa.fema.gov/training/nfa
- OSHA Hazardous Materials Safety Course: www.osha.gov/hazmat

CHAPTER

08 법규 및 최신 기술 개요

학습목표

- 국내외 화재 및 폭발 관련 법규 및 기준을 비교 분석할 수 있다.
- 산업별로 적용되는 방화 및 방폭 규정을 이해할 수 있다.
- 최신 기술 동향을 파악하고 연구 방향을 예측할 수 있다.
- 방화 및 방폭 분야에서의 기술 발전과 법규 변화의 상관관계를 설명할 수 있다.
- 실무에서의 법규 적용과 최신 기술 활용 사례를 분석할 수 있다.

1 국내외 화재 및 폭발 관련 법규 및 기준 비교

화재 및 폭발 사고는 산업 전반에 걸쳐 큰 피해를 유발하는 주요 위험 요소이며, 이에 대한 **법적 규제와 기술적 기준**이 각국에서 마련되어 있다. 이러한 법규와 기준은 화재 예방, 폭발 방지, 사고 대응, 피해 복구 등 다양한 측면에서 작동하며, 특히 **산업시설, 건축물, 전기 설비, 위험물 취급 분야**에서 중요하게 다루어진다.

국내외 법규를 비교해 보면 각국의 **산업 환경, 사고 발생 빈도, 안전 문화** 등에 따라 **규제 방식과 기술적 요구사항**이 다소 다르게 적용됨을 알 수 있다. 본 절에서는 **국내 법규와 주요 국제 기준**을 비교하여 화재 및 폭발 방지를 위한 **제도적 차이를 분석하고, 향후 발전 방향**을 논의하고자 한다.

1.1 국내 화재 및 폭발 관련 법규 및 기준

우리나라의 **화재 및 폭발 관련 법규**는 **소방청, 산업통상자원부, 국토교통부, 환경부** 등 다양한 기관에서 제정하고 관리한다. 이러한 법규는 **화재 예방, 방폭 설비 기준, 위험물 저장 및 운송, 전기 설비의 안전관리** 등을 다루며, 산업별 특성에 맞춘 규제를 포함하고 있다.

1. 소방 관련 법규

1) 「화재의 예방 및 안전관리에 관한 법률」

- 화재 발생 가능성을 사전에 통제하고, 화재로 인한 인명·재산 피해를 예방하기 위한 국가 차원의 예방·관리 체계를 확립
- 건축물과 시설의 소유자·관리자·점유자에게 책임을 부과하여 자율적이고 지속적인 화재 안전관리 문화를 정착

2) 「소방시설 설치 및 관리에 관한 법률」

- 건축물 및 특정소방대상물에 필요한 소방시설을 합리적으로 설치·유지하도록 하여 화재 발생 시 피해를 최소화
- 소방시설의 성능 확보와 점검·유지관리를 통해 기술적 방화체계의 신뢰성과 실효성을 확보

3) 「소방기본법」

- **소방관서의 설치 및 운영**에 대한 기본 사항 규정
- 화재 발생 시 **대응, 인명 구조, 재난 대응** 등에 대한 법적 근거 마련
- 화재 발생 시 **강제 대피 및 긴급 조치 권한** 부여

4) 「위험물안전관리법」

- 위험물의 제조, 저장, 취급 및 운반에 대한 **안전기준**을 제시
- 위험물 저장소 및 이동 탱크의 **안전관리 기준**을 규정
- 위험물 취급자 및 관리자의 **자격 요건과 교육 의무** 명시

2. 건축 및 산업 안전 관련 법규

1) 「건축법」 및 「건축물 화재안전기준」

- 건축물의 **내화 구조 및 방화구획 기준**을 명시
- 건축물의 **화재 위험도 평가 및 설계 기준** 포함
- 고층 건축물, 대형 시설물 등에 대한 **특별 안전기준** 적용

2) 「산업안전보건법」

- 산업 현장에서의 **화재 및 폭발 방지 대책** 마련

- 위험물 취급 작업장의 **안전기준 및 방폭 시설** 요구
- 작업장 내 **인화성 물질 관리 및 전기 설비 안전기준** 제시

표 8.1 국내 화재 및 폭발 관련 주요 법규 및 적용 분야

구분	관련 법규	적용 대상	주요 내용
소방시설 및 화재 예방	화재의 예방 및 안전관리에 관한 법률, 소방시설 설치 및 관리에 관한 법률	건축물, 공공시설, 산업시설	소방시설 설치 기준, 유지·관리 의무, 점검 규정
화재 대응 및 구조 활동	소방기본법	전국 소방관서, 긴급 대응 시스템	소방관서 운영, 화재 대응 절차, 강제 대피 조치
위험물 안전관리	위험물안전관리법	위험물 저장소, 운송업체, 화학공장	위험물 저장·운송 기준, 취급자 자격 요건
산업 현장 안전	산업안전보건법	제조업, 건설업, 물류 시설	산업시설 내 화재 예방 조치, 방폭 설비 기준
건축물 화재 안전	건축법, 건축물 화재 안전기준	일반 건축물, 고층 건물	내화 구조, 방화구획, 화재 위험 평가

3) 「전기설비기술기준」 및 「전기 설비 안전관리법」

- 전기 설비의 **방폭 안전기준**을 포함한 규제 적용
- 위험 지역의 **전기 배선 및 기기 선정 기준** 명확화
- 정전기 방지 및 전기 화재 예방을 위한 **유지보수 규정** 포함

1.2 국제 화재 및 폭발 관련 법규 및 기준

국제적으로 화재 및 폭발 안전 규정은 **다양한 기관에서 제정**하며, 국가별 법규와 비교하여 보다 엄격한 기준을 적용하는 경우가 많다. 주요 국제 기준을 살펴보면 다음과 같다.

1. 미국의 화재 및 폭발 안전기준

1) NFPA (National Fire Protection Association, 미국 화재예방협회)

- NFPA 1: 화재 코드(Fire Code): 화재 예방 및 대응을 위한 종합적 기준

- NFPA 30: 인화성 및 가연성 액체의 안전기준
- NFPA 70: 전기 설비 방폭 기준(NEC, National Electrical Code)

2) OSHA (Occupational Safety and Health Administration, 미국 산업안전보건청)

산업 현장의 방폭 규정(29 CFR 1910.307) 적용

- 위험 장소 분류(Class I, II, III) 및 방폭 설비 요구사항 명시
- 작업장 내 인화성 물질의 저장 및 취급 기준 제시

표 8.2 미국 화재 및 폭발 관련 법규 및 기준 개요

기준	적용 기관	주요 내용	특징
NFPA 1 (화재 코드)	NFPA	화재 예방 및 대응을 위한 종합 기준	건축물, 산업시설에 적용
NFPA 30 (인화성 액체 안전기준)	NFPA	가연성 및 인화성 액체의 저장·취급 기준	위험물 저장소, 화학공장에 적용
NFPA 70 (NEC, 전기 설비 코드)	NFPA	방폭 전기 설비 설치 및 관리 기준	전기 화재 예방, 방폭 지역 설정
OSHA 1910.307 (방폭 기준)	OSHA	산업시설 내 위험 지역 분류 및 방폭 장비 요구	Class I, II, III 구역 설정
OSHA 일반 산업 안전 규정	OSHA	작업장 내 화재 위험 요소 관리	사업장 내 근로자 보호 조치

2. 유럽의 화재 및 폭발 안전기준

1) ATEX (Atmosphères Explosibles, 유럽 방폭 규정)

- ATEX 2014/34/EU – 방폭 장비 및 보호 시스템의 인증 기준
- ATEX 1999/92/EC – 위험 장소에서의 근로자 보호 규정
- 산업 시설 내 방폭 지역 분류(Zone 0, 1, 2) 적용

2) IEC (International Electrotechnical Commission, 국제전기기술위원회)

- IEC 60079 시리즈 – 방폭 전기 설비 표준
- IEC 61508 – 기능 안전(Functional Safety) 요구사항 규정
- 국제적으로 통용되는 전기 및 기계 설비의 방폭 기준 제시

표 8.3 유럽 ATEX 및 IEC 방폭 기준 비교

기준	적용 기관	주요 내용	방폭 지역 구분
ATEX 2014/34/EU	유럽연합 (EU)	방폭 장비 및 보호 시스템 인증	Zone 0, 1, 2 적용
ATEX 1999/92/EC	유럽연합 (EU)	근로자의 방폭 환경 보호 규정	산업시설, 위험 구역 관리
IEC 60079 시리즈	국제전기기술위원회 (IEC)	방폭 전기 설비 설치 및 시험 기준	전기 방폭 장비 표준
IEC 61508 (기능 안전 규정)	국제전기기술위원회 (IEC)	산업 공정에서의 안전 무결성 기준	화학·석유·가스 산업 적용

1.3 국내외 법규 비교 및 시사점

1. 국내외 법규 비교

국내외 화재 및 폭발 방지 법규는 **적용 범위, 규제 방식, 최신 기술 반영 정도**에서 차이가 있다. 한국은 여러 기관이 관련 법령을 분산 관리하는 반면, 미국은 NFPA(미국 화재예방협회) 및 OSHA(산업안전보건청) 중심으로 체계화되어 있다. 유럽은 ATEX 및 IEC 표준을 기반으로 방폭 규정을 통합 운영한다.

1) 법적 체계 차이

- 한국: 소방청, 산업통상자원부 등 **여러 기관이 개별 법령을 운영**하며, 일부 중복 규제가 존재
- 미국: NFPA 및 OSHA 중심으로 **산업별 기준을 통합 관리**, 위험 장소(Class I, II, III) 세분화
- 유럽: ATEX 및 IEC 표준을 적용하여 **방폭 지역(Zone 0, 1, 2) 분류 및 장비 인증**을 규정

2) 적용 범위 및 규제 방식

- 한국: 특정 산업(화학, 석유, 건축 등)에 대한 개별 규제 운영
- 미국: 방폭 설비 기준이 명확하며, 산업시설별 규정이 세분됨
- 유럽: 산업 전반에 걸쳐 방폭 구역 및 장비 인증(ATEX)이 필수적

3) 최신 기술 반영 수준

- 한국: **신기술 적용 속도가 다소 느리며, 국제 기준과 차이**가 발생할 가능성이 있음
- 미국: NFPA 및 OSHA에서 **정기적으로 기술 기준을 업데이트**
- 유럽: ATEX 및 IEC 표준을 통해 **국제 기준을 지속 반영**

표 8.4 국내외 화재 및 폭발 관련 법규 비교표

구분	한국	미국	유럽
법령 체계	소방청, 산업부, 국토부 등 여러 기관 관리	NFPA(민간 기준), OSHA(산업 안전 기준)	ATEX 및 IEC 표준 적용
방폭 기준	일부 산업군에만 적용	Class I, II, III 구분	Zone 0, 1, 2 구분
소방시설 관리	건축법 및 소방시설법 규정	NFPA 1 및 지역별 소방 규정	EU 건축 기준과 조화
위험물 취급	위험물안전관리법	NFPA 30, OSHA 규정 적용	ATEX 위험물 규정 적용
기술 반영 속도	법 개정 속도가 다소 느림	최신 기술 반영 속도 빠름	국제 표준과 긴밀히 연계

2. 국내 법규 개선 방향 및 시사점

1) 국제 기준과의 조화 필요

국내 법규는 NFPA, ATEX, IEC 기준과 일부 차이가 존재하며, 방폭 설비 기준을 **국제 표준에 맞추는 방향으로 개선**이 필요하다.

- NFPA 및 ATEX **최신 기술 반영** 검토
- 국내 방폭 인증과 국제 인증(ATEX, IECEx) 간 **상호 인정** 추진

2) 법령 중복 해소 및 통합 관리 필요

화재의 예방 및 안전관리에 관한 법률, 소방시설 설치 및 관리에 관한 법률, 산업안전보건법, 건축법 등이 개별 운영되며 중복 규제가 존재하므로 **통합 관리 체계 구축**이 요구된다.

- 방폭 설비 기준을 포함하는 **산업 안전 종합 규정** 마련
- 화재 및 폭발 **대응 절차 표준화**

3) 최신 기술 적용을 위한 법 개정 필요

4차 산업혁명과 함께 스마트 화재 감지, AI 기반 위험 예측, 친환경 소화

시스템 등이 등장하고 있으나, **관련 법적 근거가 미흡**하다.

- IoT 및 AI 기반 화재 감지 시스템의 **법적 기준 마련**
- 신소재 방화재 및 친환경 소화제의 **인증 절차 개선**

4) 방폭 및 위험물 안전 규정 강화

산업 현장에서의 방폭 기준이 국제 표준과 일부 차이가 있어 개선이 필요하다.

- 방폭 구역 분류(Zone 0, 1, 2) 기준 강화
- 위험물 저장 및 운송 기준을 국제 규격에 맞춰 조정

이와 같은 개선이 이루어진다면 국내 화재 및 폭발 안전관리 수준을 높이고, 국제적인 경쟁력을 확보할 수 있을 것이다.

2 산업별 방화 및 방폭 규정

산업 현장은 각기 다른 특성과 위험 요소를 갖고 있기 때문에, 화재 및 폭발 위험을 최소화하기 위한 **산업별 방화 및 방폭 규정이 마련**되어 있다. 이러한 규정은 **건설, 석유화학, 전기·반도체, 물류·운송 등 다양한 산업군에 맞춰 차별적으로 적용**되며, 산업별 사고 사례를 기반으로 점차 개정되고 있다. 본 절에서는 산업별로 적용되는 방화 및 방폭 규정을 분석하고, 주요 법령과 기준을 정리하여 산업별 안전관리를 위한 시사점을 도출하고자 한다.

2.1 석유화학 및 정유 산업

1. 개요

석유화학 및 정유 산업은 **고인화성 물질을 대량으로 저장, 운송 및 처리하는 산업**으로, 작은 사고라도 대형 화재 및 폭발로 이어질 가능성이 크다. 특히 정유 공장, 석유 저장 시설, 가스 처리 시설은 **고온·고압 환경에서 가연성 물질을 취급**하기 때문에 엄격한 방화 및 방폭 규정이 적용된다. 이러한 산업에서는 **위험물 저장소의 설계 기준, 방폭 구역 설정, 소방 시스템 배치 및 유지보수 절차**가 법적으로 규정되어 있으며, 국제적인 안전 기준(NFPA, API, IEC, ATEX 등)도 적용된다.

2. 주요 화재 및 폭발 위험 요소

석유화학 및 정유 시설에서는 다음과 같은 요인으로 인해 화재 및 폭발 위험이 발생할 수 있다.

1) 가연성 물질의 존재

- 원유, 휘발유, 경유, 등유 등 **고인화성 액체**
- 프로페인, 뷰테인, 수소 등 **가연성 가스**

2) 점화원(발화원)의 존재

- 전기 스파크 및 정전기 방전
- 고온 배관 및 설비 표면 온도 상승
- 용접·절단 작업 중 발생하는 불꽃

3) 산소 공급원

- 대기 중 산소와의 혼합
- 탱크 및 배관 내 산소 잔류

위 요소들이 **폭발 사각형(연료+산소+점화원+밀폐 공간)** 조건을 충족하면 폭발 위험이 증가하며, 시설 내 **방폭 설계 및 예방 조치**가 필수적으로 요구된다.

3. 주요 방화 및 방폭 법규 및 기준

석유화학 및 정유 산업에서의 화재 및 폭발 방지를 위해 다양한 국내외 법규 및 기준이 적용된다.

1) 국내 법규

(1) 「위험물안전관리법」

- 위험물 저장소 및 탱크 시설의 설계 및 안전기준 명시
- 위험물 취급자의 자격 요건 및 정기적인 안전 점검 요구

(2) 「산업안전보건법」

- 정유 시설 내 **방폭 전기 설비 및 배선 기준** 적용
- **고온, 고압 공정에서의 안전관리 조치** 필수

(3) 「소방시설법」

- 석유 저장소 및 가스 저장 시설에 **자동 화재 감지 및 소화 시스템** 의무 설치
- 방화벽, 방화 댐 설치를 통한 화재 확산 방지 요구

2) 국제 기준

(1) NFPA 30 (미국 인화성 액체 저장 및 취급 기준)

- 인화성 액체 저장 탱크의 방폭 기준 적용
- 저장소 내 이격 거리 및 방화 구조 설계 기준 포함

(2) API 500/505 (미국석유협회 방폭 기준)

- 석유 및 가스 처리 시설 내 방폭 지역(Class I, Division 1 및 2) 설정 기준 제공

(3) IEC 60079 (국제 방폭 전기 설비 기준)

- 위험 지역(Zone 0, 1, 2) 내 방폭 전기 설비 설치 요구

(4) ATEX 2014/34/EU (유럽 방폭 장비 인증 기준)

- 방폭 장비 및 보호 시스템 인증 필수

표 8.5 석유화학 및 정유 산업 방화 및 방폭 규정 비교

구분	국내 법규	국제 기준	주요 내용
방폭 설비 기준	산업안전보건법, 전기설비기술기준	IEC 60079, ATEX 2014/34/EU	방폭 전기 설비 사용, 위험 구역 내 전기 배선 관리
위험물 저장소 관리	위험물안전관리법	NFPA 30, API 500	인화성 액체 저장소 설계 기준, 이격 거리 규정
화재 예방 및 대응	소방시설법	NFPA 10, NFPA 11	자동 화재 감지 시스템, 가스 소화 설비 설치 의무

4. 방폭 구역 설정 및 관리 기준

석유화학 및 정유 시설에서는 가연성 가스 및 증기가 존재하는 공간을 구역화하여 방폭 설비 기준을 적용한다.

1) 국내 방폭 구역 기준 (위험물안전관리법, 산업안전보건법)

(1) 제1종 장소(Class I, Division 1): 가연성 가스가 상시 존재하는 공간

- 정유 공장의 원유 처리 장치
- 가스 저장소 및 배관 연결부

(2) 제2종 장소(Class I, Division 2): 가연성 가스가 비정기적으로 발생하는 공간

- 유류 저장 탱크 인근
- 가연성 액체 펌프실

2) 국제 방폭 구역 기준 (IEC 60079, ATEX)

(1) Zone 0: 가연성 가스가 항상 존재하는 공간
(2) Zone 1: 정상 작동 시 가연성 가스가 존재할 가능성이 있는 공간
(3) Zone 2: 비정상적 상황에서만 가연성 가스가 존재하는 공간

표 8.6 석유화학 및 정유 산업 방폭 구역 설정 기준 비교

방폭 구역	국내 기준 (산업안전보건법)	국제 기준 (IEC 60079, ATEX)	적용 사례
Zone 0	제1종 장소 (Class I, Division 1)	Zone 0 (항상 가연성 가스 존재)	원유 탱크 내부, 가스 분사 시설
Zone 1	제1종 장소 (Class I, Division 1)	Zone 1 (정상 작동 시 가연성 가스 발생 가능)	유증기 배출구, 배관 연결부
Zone 2	제2종 장소 (Class I, Division 2)	Zone 2 (비정상적 상황에서 가연성 가스 존재 가능)	저장 탱크 주변, 환기구 인근

5. 방화 및 소방 안전 대책

1) 화재 예방을 위한 설비 기준

(1) 소화 시스템 설치

- 고정식 스프링클러 및 방폭 소화 시스템
- 가스 소화 설비(이산화탄소, 할론 대체제)

(2) 배관 및 탱크 안전관리

- 방폭 밸브 및 긴급 차단 장치 적용
- 유류 탱크 내 질소 퍼징(Nitrogen Purging) 기술 적용

2) 긴급 대응 절차

(1) 화재 감지 시스템 운영

- 적외선 및 불꽃 감지기 활용
- 실시간 가연성 가스 농도 모니터링

(2) 비상 대피 계획 및 훈련

- 위험물 취급자의 정기적인 화재 대응 교육
- 방폭 구역 내 작업자의 비상 대피 통로 확보

6. 시사점 및 개선 방향

1) 국내 방폭 기준의 국제 표준과의 조화 필요

- NFPA, IEC, ATEX 등의 국제 기준과 국내법 간의 차이를 줄이는 방안 검토
- 방폭 전기 설비의 인증 절차 간소화 및 국제적 상호 인정 추진

2) 스마트 화재 감지 및 소화 시스템 도입 확대

- AI 기반 위험 감지 및 자동 소화 시스템 적용 확대
- 실시간 데이터 기반 가연성 가스 누출 감지 및 위험 예측 시스템 개발

3) 정기적인 안전 점검 및 비상 대응 훈련 강화

- 사고 예방을 위한 위험물 저장소 정기 안전 검사 의무화

• 정유 시설 및 석유화학 공장에서의 방폭 훈련 주기 강화

2.2 건설 및 건축 산업

1. 개요

건설 및 건축 산업에서는 **화재 발생을 억제하고 피해를 최소화하기 위한 방화 설계 및 내화 구조 기준**이 필수적으로 적용된다. 특히 **고층 건축물, 초고층 건물, 지하 시설, 공공건축물** 등은 화재 시 대피가 어려운 구조적 특성을 가지므로, **방화구획, 피난 설비, 내화성능, 소방시설 설치** 기준이 엄격하게 규정되어 있다.

또한 건설 산업은 공사 현장에서 **용접, 전기 작업, 가연성 자재 사용, 정전기 발생** 등 다양한 화재 위험 요소를 내포하고 있어, **시공 단계에서의 방화 대책과 안전관리 기준**이 중요하다.

2. 주요 화재 및 폭발 위험 요소

건설 및 건축 산업에서의 화재 위험 요소는 다음과 같다.

1) 건축물 화재 위험 요소

- **가연성 건축 자재** 사용 (목재, 플라스틱, 단열재 등)
- 전**기 화재** 위험 (배선 과부하, 단락, 접촉 불량)
- **난방 및 공조 설비**에서의 발화 위험

2) 건설 현장 화재 위험 요소

용접 및 절단 작업에서 발생하는 불꽃
- 전기 공사 중 **전기 스파크 및 감전** 사고
- **정전기 및 가연성 가스 누출**에 의한 폭발 위험

위 요소들이 **연료+산소+점화원**의 조건을 충족하면 화재 또는 폭발 사고가 발생할 가능성이 높아지므로, **방화 및 방폭 기준 적용**이 필수적이다.

3. 주요 방화 및 방폭 법규 및 기준

건설 및 건축 산업에서의 화재 및 폭발 방지를 위해 다양한 국내외 법규 및 기준이 적용된다.

1) 국내 법규

(1) 「건축법」 및 「건축물 화재안전기준」

- 건축물의 내화 구조 및 방화구획 기준 명시
- 특정 용도 건축물(병원, 학교, 공공시설 등)의 화재 안전 설계 요구

(2) 「소방시설법」

- 특정 소방대상물의 소방시설 설치 기준 규정

비상 조명, 피난 유도 시스템 설치 요구

(3) 「산업안전보건법」

- 건설 현장 내 화재 예방 및 안전 조치 규정

용접 및 전기 작업 시 방화 대책 적용 의무

2) 국제 기준

(1) NFPA 101 (미국 생명 안전 코드)

- 건축물의 피난 설계 및 대피 경로 기준 적용
- 고층 건축물 및 지하 시설의 화재 안전 대책 규정

(2) NFPA 5000 (미국 건축 방화 기준)

- 건축물의 구조적 방화 성능 기준 적용
- 내화재 및 방화문 설치 요구

(3) ISO 13501 (국제 건축물 화재 안전 평가 기준)

- 건축 자재의 난연성 및 내화성능 평가 기준 제공

표 8.7 건설 및 건축 산업 방화 및 방폭 규정 비교

구분	국내 법규	국제 기준	주요 내용
건축물 내 방화 대책	건축법, 건축물 화재안전기준	NFPA 5000, ISO 13501	내화성능 기준, 방화구획 설치
공사 중 화재 예방	산업안전보건법	OSHA 1926	용접 작업 시 방화포 사용, 소화기 배치
소방시설 설치	소방시설법	NFPA 101	자동 스프링클러 및 비상 조명 시스템

4. 주요 방화 설계 및 소방 시스템 기준

건설 및 건축 산업에서는 화재 예방과 피해 최소화를 위해 **방화 설계 및 소방 시스템**이 필수적으로 적용된다.

1) 방화구획 및 내화 구조

(1) 방화벽 및 방화구획 설치

- 건축물 내부를 일정한 면적으로 분할하여 화재 확산 방지
- 대형 건축물에는 방화셔터 및 자동 폐쇄문 적용

(2) 내화성능 강화

- 주요 구조부(기둥, 보, 벽체)에 내화재 사용
- 철근 콘크리트 및 내화 피복 적용

2) 소방 시스템 설치 기준

(1) 소화 설비

- 스프링클러, 가압 송수관, 자동 소화 시스템 필수 설치
- 고층 건축물의 경우 대용량 소화 펌프 시스템 적용

(2) 화재 감지 및 경보 시스템

- 연기 감지기, 온도 감지기, 자동 화재경보기 설치
- 대형 건축물에는 중앙 감시 시스템 연동

(3) 비상 조명 및 피난 유도 시스템

- 정전 시 비상 조명 작동 필수
- 피난 유도등 및 대피 경로 안내 표시

표 8.8 건축물 내 방화 설계 및 소방 시스템 기준

구분	국내 기준	국제 기준	주요 내용
방화구획 및 내화 구조	건축법, 건축물 화재안전기준	NFPA 5000, ISO 13501	방화벽 설치, 내화성능 기준 적용
소방시설 설치 기준	소방시설법	NFPA 101	스프링클러, 자동 화재 감지기 의무 설치
피난 및 대피 시스템	건축법, 소방시설법	NFPA 101, ISO 23601	비상 조명, 피난 유도등 설치
공조 시스템 화재 방지	건축물 화재안전 기준	NFPA 90A	덕트(duct) 내 난연 필터 및 자동 차단 시스템

5. 건설 현장의 방폭 대책

건설 현장에서는 **가연성 물질 사용, 용접·절단 작업, 전기 설비 설치** 등의 과정에서 화재 및 폭발 위험이 발생할 수 있다. 이를 방지하기 위해 **방폭 구역 설정 및 안전 대책**이 적용된다.

1) 방폭 구역 설정

(1) Zone 0: 가연성 가스가 상시 존재하는 구역 (예 유류 저장소 내부)

(2) Zone 1: 가연성 가스가 주기적으로 발생할 가능성이 있는 구역 (예 연료 탱크 인근)

(3) Zone 2: 비정상적인 상황에서만 가연성 가스가 존재할 가능성이 있는 구역 (예 배관 연결부)

2) 방폭 설비 및 안전 조치

(1) 방폭 전기 설비 적용

- 방폭형 조명, 전선, 배전반 사용
- 전기 스파크 발생 가능성이 있는 구역에는 방폭 전선관 사용

(2) 정전기 방지 대책

- 금속 구조물의 접지 및 접합 실시
- 작업자 정전기 방지 장비 착용 의무화

(3) 용접 및 절단 작업 시 방화 대책

- 화재 발생 가능성이 높은 구역에서는 방염포 및 소화기 배치
- 작업 후 화재 위험물 제거 및 감시 인력 배치

표 8.9 건설 현장 방폭 대책 및 안전기준 비교

구분	국내 기준	국제 기준	적용 사례
방폭 전기 설비	전기설비기술기준	IEC 60079, ATEX	방폭 조명, 절연 배선
정전기 방지 대책	산업안전보건법	NFPA 77	접지 및 접합, 정전기 방지 복장
화재 예방 조치	산업안전보건법	NFPA 51B	용접 및 절단 작업 시 화재 감시

6. 시사점 및 개선 방향

1) 국내 건축 방화 기준의 국제 표준과의 조화 필요

- NFPA, ISO 등의 국제 기준과 국내법 간의 차이를 줄이는 방향으로 법 개정 필요
- 초고층 및 지하 건축물의 화재 안전기준 강화

2) 건설 현장의 방폭 설비 적용 확대

- 정전기 방지 및 방폭 전기 설비 적용 대상 확대
- 용접·전기 공사 시 방폭 안전기준 적용 강화

3) 스마트 화재 감지 및 소방 시스템 도입

- AI 기반 화재 감지 시스템 및 자동 소화 시스템 적용 확대
- 건설 현장에서의 IoT 기반 화재 감시 시스템 도입

2.3 전기 및 반도체 산업

1. 개요

전기 및 반도체 산업은 **전기 화재 및 정전기 폭발** 위험이 큰 산업군으로, **방폭 전기 설비, 정전기 방지 대책, 청정실 화재 안전기준**이 필수적으로 적용된다. 특히 반도체 생산 공정에서는 **고순도 가연성 가스 사용, 미세 전류 사용, 정전기 발생** 위험 등으로 인해 엄격한 화재 및 폭발 방지 대책이 요구된다.

이러한 산업에서는 **전기 설비의 방폭 기준, 위험 구역 내 전기 배선 관리, 청정실 내 가연성 물질 사용 기준**이 국내외 법규 및 국제 표준을 통해 규제되고 있다.

2. 주요 화재 및 폭발 위험 요소

전기 및 반도체 산업에서의 주요 화재 및 폭발 위험 요소는 다음과 같다.

1) 전기 화재 위험 요소

- 전기 배선 **단락 및 과부하**로 인한 화재
- 전기 설비 내 **절연 불량으로 인한 아크** 발생
- 고압 설비에서의 **전기 스파크** 발생 가능성

2) 정전기 및 가연성 가스 위험 요소

- 반도체 공정에서 사용되는 **고순도 가연성 가스(수소, 실레인, 암모니아 등)**의 폭발 가능성
- 정전기 발생에 의한 **불꽃 방전 및 점화원** 생성
- 공기 중 미세한 **가연성 입자(분진)**로 인한 폭발 가능성

3) 청정실 환경 내 방화 위험 요소

- 반도체 및 전자 부품 제조 공정에서 발생하는 **미세먼지 및 인화성 화학 물질**
- **공조 시스템(HEPA 필터, 배기 시스템)**에서의 화재 위험
- **무정전 전원 공급 장치(UPS) 및 배터리실**의 발열 위험

3. 주요 방화 및 방폭 법규 및 기준

전기 및 반도체 산업에서의 화재 및 폭발 방지를 위해 다양한 국내외 법규 및 기준이 적용된다.

1) 국내 법규

(1) 「전기설비기술기준」 및 「전기설비 안전관리법」

- 전기 설비의 **방폭 안전기준**을 명확히 규정
- 위험 지역 내 **전기 배선 및 기기 선정 기준** 적용

(2) 「산업안전보건법」

- 반도체 제조 시설 내 **정전기 방지 대책** 의무화
- 전기 설비 유지·보수 작업 중 **화재 예방 및 안전 조치** 요구

(3) 「소방시설법」

- 청정실 내 **자동 화재 감지 및 소화 시스템** 의무 설치
- 전기 설비 인근 **방화벽 설치 및 화재 확산 방지 대책** 적용

2) 국제 기준

(1) IEC 60079 (국제 방폭 전기 설비 표준)

- 방폭 전기 설비의 **설치 및 유지 관리 기준** 적용
- Zone 0, Zone 1, Zone 2 **방폭 구역 설정 기준** 포함

(2) NFPA 77 (정전기 방지 기준)

- 정전기 발생 위험을 최소화하기 위한 **안전 대책** 명시
- 반도체 제조 공정에서의 **정전기 방지 작업 절차** 규정

(3) NFPA 318 (반도체 제조시설 방화 기준)

- 반도체 공장 내 **화재 예방 및 안전기준** 적용
- 청정실 내 **소화 설비 및 배기 시스템 규정** 포함

표 8.10 전기 및 반도체 산업 방화 및 방폭 규정 비교

구분	국내 법규	국제 기준	주요 내용
전기 설비 방폭 기준	전기설비기술 기준	IEC 60079, NFPA 70	방폭 배전반, 절연 케이블
정전기 방지 대책	산업안전보건법	NFPA 77	접지 및 접합, 정전기 제어 장치
청정실 화재 안전	소방시설법	NFPA 318	불활성 가스 소화 시스템, 초고속 화재 감지기

4. 방폭 구역 설정 및 관리 기준

전기 및 반도체 산업에서는 전기 화재 및 정전기 폭발 위험을 줄이기 위해 **방폭 구역을 설정하고 방폭 설비를 적용**한다.

1) 방폭 구역 설정

(1) Zone 0: 가연성 가스가 항상 존재하는 구역
(예 반도체 가스 공급 시스템 내부)

(2) Zone 1: 정상 작동 시 가연성 가스가 존재할 가능성이 있는 구역
(예 반도체 제조 장비 인근)

(3) Zone 2: 비정상적 상황에서만 가연성 가스가 존재하는 구역
(예 배관 연결부 및 환기 시스템)

2) 방폭 설비 및 전기 안전 대책

(1) 방폭형 전기 설비 적용

- 방폭 조명, 배선, 배전반 사용
- 고온·고압 장비 주변의 방폭 절연 케이블 적용

(2) 정전기 방지 대책

- 접지 및 접합 시스템 구축
- 작업자의 정전기 방지 복장 및 장비 착용 의무화

표 8.11 전기 및 반도체 산업 방폭 구역 설정 기준 비교

방폭 구역	국내 기준	국제 기준	적용 사례
Zone 0	제1종 장소 (Class I, Division 1)	Zone 0	반도체 공장 가스 저장소
Zone 1	제1종 장소 (Class I, Division 1)	Zone 1	반도체 제조 장비 주변
Zone 2	제2종 장소 (Class I, Division 2)	Zone 2	배기 시스템 내부

5. 청정실 내 화재 예방 및 소화 시스템

반도체 제조 공정에서 사용되는 청정실은 화재 발생 시 **연기 및 유독가스 확산 속도**가 빠르기 때문에 **화재 예방 및 소화 시스템**이 필수적이다.

1) 청정실 화재 감지 및 예방

(1) 자동 화재 감지 시스템 설치

- 연기 감지기 및 초고속 불꽃 감지기 적용
- 실시간 가연성 가스 농도 모니터링

(2) 공조 시스템 내 방화 대책

- 청정실 배기 덕트 내 화염 차단 시스템 적용
- 난연성 필터(HEPA 필터) 사용 의무화

2) 청정실 내 소화 시스템 적용 기준

(1) 불활성 가스 소화 시스템 적용

- CO_2, 할로겐 대체 소화제 사용 (반도체 장비 보호 목적)
- 청정실 내 고온 장비 근처에 자동 분사 시스템 설치

(2) 비상 전원 및 UPS 시스템 화재 예방

- UPS 및 배터리 저장 공간 내 온도 감지 시스템 적용
- 배터리실 내 자동 소화 시스템 및 환기 시스템 연동

표 8.12 청정실 내 화재 예방 및 소화 시스템 기준 비교

구분	국내 기준	국제 기준	주요 내용
화재 감지 시스템	소방시설법	NFPA 318	초고속 불꽃 감지기, 연기 센서
소화 시스템	소방시설법	NFPA 2001	이산화탄소 및 불활성 가스 소화
배기 시스템 방화 대책	소방시설법	NFPA 91	난연성 필터, 자동 차단 시스템

6. 시사점 및 개선 방향

1) 국내 방폭 기준의 국제 표준과의 조화 필요

- IEC 60079 및 ATEX 방폭 전기 설비 기준 적용 범위 확대
- 정전기 방지 대책의 법적 의무화 및 세부 규정 마련

2) AI 기반 화재 감지 및 방폭 시스템 적용 확대

- 청정실 내 AI 및 IoT 기반의 실시간 화재 감지 시스템 도입
- 빅데이터를 활용한 전기 설비 화재 예측 시스템 구축

3) 정전기 방지 및 청정실 방화 대책 강화

- 반도체 제조 공정에서 정전기 방지 장비 및 작업 프로토콜 강화
- 공조 시스템 및 배기 시스템의 방화 성능 기준 강화

2.4 물류 및 운송 산업

1. 개요

물류 및 운송 산업은 위험물 운송 및 보관 과정에서 **화재 및 폭발 사고 발생** 가능성이 높은 산업군이다. 특히, **대형 창고, 항만, 공항, 철도 및 도로 운송 시설**에서는 **위험물 취급 기준, 방화 대책 및 긴급 대응 시스템**이 필수적으로 적용된다.

운송 중 화재 또는 폭발 사고가 발생할 경우 대형 재난으로 확산할 가능성이 크므로, 국내외 법규에서는 **화재 예방, 차량 및 선박 내 방폭 설비, 위험물 적재 기준** 등을 엄격하게 규제하고 있다.

2. 주요 화재 및 폭발 위험 요소

물류 및 운송 산업에서의 주요 화재 및 폭발 위험 요소는 다음과 같다.

1) 위험물 보관 및 취급 위험 요소

- 인화성 액체 및 가연성 가스 저장 중 **누출 위험**
- 온도 상승으로 인한 **자연 발화** (예 화학 물질, 리튬이온 배터리)
- 물류 창고 내 **화재 하중 증가** (대형 창고의 고밀도 적재)

2) 운송 중 화재 및 폭발 위험 요소

- 도로 및 철도 운송 중 **사고에 따른 화재** 발생
- 항공기 및 선박 화물칸 내 **가연성 물질 적재** 위험
- 운송 차량 및 선박 내 **전기 설비 단락으로 인한 화재** 발생 가능성

위 요소들은 **운송 환경(진동, 충격, 기온 변화 등)**에 따라 사고 발생 확률이 증가할 수 있으므로, 이에 대한 엄격한 **화재 예방 및 폭발 방지 조치**가 필요하다.

3. 주요 방화 및 방폭 법규 및 기준

물류 및 운송 산업에서의 화재 및 폭발 방지를 위해 다양한 국내외 법규 및 기준이 적용된다.

1) 국내 법규

(1) 「위험물안전관리법」

- 위험물 보관 및 운송 시 **취급 기준 및 방화 대책** 명시
- 위험물 적재 시 **용기 표기 및 적재 순서** 규정

(2) 「항공법」 및 「선박안전법」

- 항공기 및 선박 내 **위험물 운송 기준** 설정
- 국제 항공 및 해상 운송 기준(IMDG Code, ICAO 규정) 준수 요구

(3) 「소방시설법」

- 대형 물류 창고 내 **자동 화재 감지 및 소화 시스템** 의무 설치
- **스프링클러 및 방화벽 설치 기준** 강화

2) 국제 기준

(1) IMDG Code (**국제해사기구 위험물 운송 규정**)

- 해상 운송 중 폭발 위험을 최소화하기 위한 **방폭 규**정 적용
- 선박 내 **위험물 적재 구획 및 화재 대응 절차** 포함

(2) NFPA 502 (**터널 및 지하 물류 시설 방화 기준**)

- 물류 터널 및 저장 시설에서의 **화재 예방 조치** 규정
- 화물 적재 구역의 **방화 시스템 요구사항** 명시

(3) ICAO Technical Instructions (**국제민간항공기구 위험물 운송 지침**)

- 항공기 내 위험물 운송 **제한 기준 및 포장 요건** 규정
- 화재 발생 시 항공기 내 비상 대응 절차 설정

표 8.13 물류 및 운송 산업 방화 및 방폭 규정 비교

구분	국내 법규	국제 기준	주요 내용
위험물 운송 기준	위험물안전관리법	IMDG Code, ICAO TI	적재 제한, 운송 중 방폭 조치
물류 창고 방화 기준	소방시설법	NFPA 13	자동 스프링클러, 화재 감지기
운송 차량 방폭 대책	도로교통법	ADR (유럽 위험물 운송 기준)	환기 시스템, 정전기 방지

4. 위험물 운송 및 적재 기준

운송 중 화재 및 폭발 사고를 방지하기 위해, 위험물 운송 및 적재 기준이 엄격하게 적용된다.

1) 위험물 분류 및 운송 제한

(1) 위험물 등급 분류 (UN 번호 기준)

- 1급: 폭발물 (예 다이너마이트, 화약)
- 2급: 가연성 가스 (예 LPG, 수소)
- 3급: 인화성 액체 (예 휘발유, 알코올)
- 4급: 자연 발화성 물질 (예 금속 분말)
- 5급: 산화제 (예 질산염)

(2) 운송 제한 조건

- **특정 위험물**은 항공 운송 금지
- 서로 **반응할 수 있는 물질**을 같은 컨테이너에 적재 금지
- **온도 및 습도 관리**가 필요한 화학 물질은 냉장 컨테이너 사용

2) 운송 차량 및 선박 내 방폭 기준

(1) 방폭형 환기 시스템 적용

위험물 운송 차량 및 선박 화물칸 내 **환기 및 배기 시스템** 설치 의무화

(2) 화재 감지 및 소화 시스템 강화

- 선박 및 항공기 화물칸 내 **불활성 가스 소화 시스템** 적용
- 대형 화물 운송 차량 내 **자동 화재 감지 시스템** 설치

표 8.14 위험물 운송 및 적재 기준 비교

구분	국내 기준	국제 기준	적용 사례
위험물 분류	위험물안전관리법	UN 위험물 분류체계	폭발물, 가연성 액체
운송 제한 조건	도로교통법	ICAO TI	항공기 및 선박 운송 제한
적재 기준	위험물안전관리법	IMDG Code	용기 표기 및 적재 순서

5. 물류 창고 및 운송 허브 방화 대책

1) 대형 물류 창고 화재 예방 대책

(1) 화재 감지 및 소화 시스템 설치 의무화

- 물류 창고 내 **스프링클러 시스템 및 자동 화재 감지기** 설치
- **소방차 진입 경로 확보 및 방화벽** 설치

(2) 위험물 적재 및 보관 규정 준수

- 가연성 물질은 **별도의 방화구획** 내 저장
- 리튬이온 배터리 등 자체 발화 위험 물질은 **온도 조절 저장소** 사용

2) 터널 및 지하 운송 시설 방화 대책

(1) NFPA 502 터널 방화 기준 적용

- 터널 내부 **소화전 및 방화벽** 설치 의무화
- 터널 내 차량 통행 시 위험물 적재 차량의 **제한 속도 및 안전거리** 유지

(2) 철도 및 항공 화물 운송 시 방화 대책

- 철도 화물칸 내 위험물 적재 시 **이격 거리 유지**
- 항공기 내 화물칸은 **불활성 가스 시스템**을 통한 화재 예방 조치 적용

표 8.15 물류 창고 및 운송 허브 방화 대책 비교

구분	국내 기준	국제 기준	주요 내용
창고 방화 대책	소방시설법	NFPA 13	방화벽, 스프링클러
터널 화재 예방	도로교통법	NFPA 502	소화전, 피난 경로 확보
항공·철도 운송 방화	항공법, 철도안전법	ICAO TI	화물칸 내 불활성 가스 소화 시스템

6. 시사점 및 개선 방향

1) 국내 위험물 운송 기준의 국제 기준과의 조화 필요

- IMDG Code 및 ICAO 기준과 국내법의 차이 해소 필요
- 선박 및 항공 운송 시 방폭 설비 기준 강화

2) 스마트 물류 및 자동화 화재 감지 시스템 도입 확대

- AI 기반 화재 감지 및 자동 소화 시스템 도입
- 실시간 화물 위험 감지 및 가연성 물질 경보 시스템 개발

3) 위험물 저장 및 운송 허브의 방화 대책 강화

- 리튬이온 배터리 등 신종 위험물 관리 규정 개선
- 터널 및 지하 화물 운송 시설의 화재 대응 시스템 보완

2.5 산업별 방화 및 방폭 규정의 시사점

1. 개요

산업별 화재 및 폭발 위험 요소는 산업 특성에 따라 다르게 나타나며, 이에 따라 방화 및 방폭 규정도 차별적으로 적용된다. **석유화학 및 정유, 건설 및 건축, 전기 및 반도체, 물류 및 운송 산업**은 각각 **위험물 취급, 구조적 방화 대책, 전기·정전기 위험, 운송 중 폭발 위험** 등의 주요 화재 요인을 포함하고 있다.

산업별 규정을 비교해 보면 국내 법규는 산업 특성에 따라 개별적으로 운영되고 있으며, 일부 법령 간 중복이 존재하는 반면, 국제 기준(NFPA, IEC, ATEX, IMDG Code 등)은 특정 산업을 초월하는 통합적인 방폭·방화 기준을 제공하는 경향이 있다. 이에 따라 **국내 산업별 방화 및 방폭 규정의 통합적 접근과 국제 기준과의 정합성을 높이는 것**이 필요하다.

2. 산업별 방화 및 방폭 규정 비교 분석

각 산업에서 적용되는 방화 및 방폭 규정의 주요 차이점을 비교하면 다음과 같다.

표 8.16 산업별 주요 화재 및 폭발 위험 요소 비교

산업군	주요 화재 및 폭발 원인	주요 방화·방폭 규정
석유화학 및 정유 산업	인화성 액체·가연성 가스 취급	방폭 전기 설비, 위험물 저장소 관리
건설 및 건축 산업	건축물 내 내화성능, 공사 중 발화 위험	방화구획, 피난·소화 시스템
전기 및 반도체 산업	전기 단락, 정전기 방전	정전기 방지 대책, 청정실 화재 안전
물류 및 운송 산업	위험물 적재·운송 중 충격, 진동	위험물 운송 규정, 컨테이너 방폭 관리

3. 국내 방화 및 방폭 규정의 한계 및 문제점

국내 방화 및 방폭 법규는 **개별 산업군별로 규정**되어 있으며, 일부 산업에서는 **국제 기준과 차이**가 존재한다. 주요 한계를 분석하면 다음과 같다.

1) 법령 간 중복 및 비효율성

(1) 산업별 개별 법령 운영으로 인한 중복 규제 발생

예 방폭 전기 설비 기준이 「산업안전보건법」, 「전기설비기술기준」, 「위험물안전관리법」에서 각각 다르게 적용됨

- 석유화학 산업과 반도체 산업에서 방폭 구역 설정 기준이 다름

(2) 법령 해석 및 적용 범위의 차이로 인해 현장 혼란 발생

- 건설 및 전기·반도체 산업에서 적용되는 **방화구획 기준 차이** 존재
- 반도체 청정실 내 화재 안전기준이 **일반 제조시설과 상이**

2) 국제 기준과의 정합성 부족

(1) NFPA, IEC, ATEX, IMDG Code 등 국제 기준과 국내 기준 간 일부 차이 존재

예 한국의 위험물 운송 규정과 국제 해상 위험물 운송 규정(IMDG Code) 간 운송 등급 차이

- 방폭 전기 설비 인증 체계가 ATEX 및 IECEx와 완전히 일치하지 않음

(2) 신기술(스마트 방화 시스템, AI 기반 화재 감지 등)의 법적 반영이 느림

- 해외에서는 IoT 기반 실시간 화재 감지 시스템 도입이 확산하고 있으나, 국내 법규에서는 법적 기준이 미비

3) 산업별 방화 및 방폭 규정의 통합적 접근 필요

- 산업별 특성은 유지하되, **공통적인 방화·방폭 원칙**을 정립해야 함
- 국내외 **방폭 구역 설정 기준의 조화** 필요 (Class/Zone 기준 통합 적용 검토)
- 전기·반도체, 석유화학 산업 간 **정전기 방지 기준 일관화** 필요

4. 개선 방향 및 시사점

1) 산업별 방화 및 방폭 규정 통합 및 표준화

(1) 산업별 법령 간 중복 규제 해소 및 일관된 방폭 기준 마련

- 방폭 전기 설비 기준을 IEC 60079 또는 ATEX 표준과 통합
- 건설, 반도체 산업의 방화구획 및 내화 기준을 일관되게 정비

(2) 방폭 구역 설정 기준의 국제 표준화 추진

- Class I, II, III(미국 기준)과 Zone 0, 1, 2(유럽 기준)의 국내 적용 통합 검토

2) 국제 기준과 국내 법규 정합성 강화

(1) NFPA, IEC, IMDG Code 등의 국제 기준을 국내 법규에 반영하여 안전 수준 향상

예 반도체 청정실 방화 대책을 NFPA 318 기준과 통합 검토

- 위험물 운송 규정을 IMDG Code에 맞춰 재정비

(2) 국제 인증(ATEX, IECEx)과 국내 인증 간 상호 인정 확대 추진

- 방폭 설비의 국제 인증 절차 간소화 및 상호 승인 제도 도입 필요

3) 신기술을 활용한 화재 및 폭발 예방 시스템 도입

(1) AI 및 IoT 기반 실시간 화재 감지 및 대응 시스템 확대

- 산업별 화재 감지 및 소화 시스템을 스마트 시스템으로 통합
- 실시간 가연성 가스 감지 및 화재 위험 경보 시스템 적용

(2) 디지털 트윈(Digital Twin)을 활용한 화재 및 폭발 위험 예측 시스템 개발

- 화재 위험 데이터를 실시간으로 분석하고 예측하는 기술 도입

표 8.17 국내 방화 및 방폭 규정 개선 방향 비교

개선 방향	주요 내용
국제 기준과의 정합성 강화	NFPA, IEC, ATEX 표준 반영
산업별 규정 통합 및 표준화	중복 규제 해소, 통합 관리
AI 기반 화재 감지 시스템 도입	실시간 위험 감지 및 대응

5. 결론 및 향후 전망

산업별 화재 및 폭발 사고를 방지하기 위해서는 **산업별 특성을 반영한 맞춤형 규정 적용**과 함께, **공통적인 방화 및 방폭 원칙을 수립**하는 것이 중요하다. 이를 위해 다음과 같은 방향으로 개선이 필요하다.

- 국내 방화 및 방폭 **법규의 표준화** 및 **국제 기준과의 조화** 강화
- 산업별 방화·방폭 규정의 **중복 해소 및 통합적 법령** 운영
- AI 및 IoT 기반 **스마트 화재 감지 및 방폭 관리 시스템** 도입 확대

향후 이러한 개선이 이루어진다면 국내 화재 및 폭발 안전관리 수준을 한층 높이고, 국제적 경쟁력을 확보할 수 있을 것이다.

3 최신 기술 동향 및 연구 방향

3.1 최신 방화 및 방폭 기술 동향

방화 및 방폭 기술은 최근 **AI(인공지능), IoT(사물인터넷), 빅데이터, 스마트 센서, 친환경 소화 기술** 등 첨단 기술과 융합되면서 빠르게 발전하고 있다. 기존의 화재 예방 및 대응 시스템은 정기적인 점검과 수동 감지 방식에 의존했으나, 스마트 기술을 적용하여 **실시간 화재 감지, 자동 대응, 위험 예측 시스템**이 도입되고 있다.

1. AI 기반 화재 감지 및 예측 시스템

AI 기술을 활용한 화재 감지는 **영상 분석 및 센서 데이터를 기반으로 실시간 화재 위험을 평가**하는 시스템이다.

1) 딥러닝 기반 화재 이미지 분석 시스템

- CCTV **및 열화상 카메라**를 활용하여 이상 징후를 실시간 분석
- 연기, 불꽃, 온도 변화를 자동으로 감지하여 **경보 시스템과 연동**

2) AI 기반 화재 예측 모델

- **빅데이터 및 기상 정보**를 활용한 화재 발생 가능성 분석
- **실시간 온습도 센서, 가연성 가스 농도**를 평가하여 사전 경보 시스템 운영

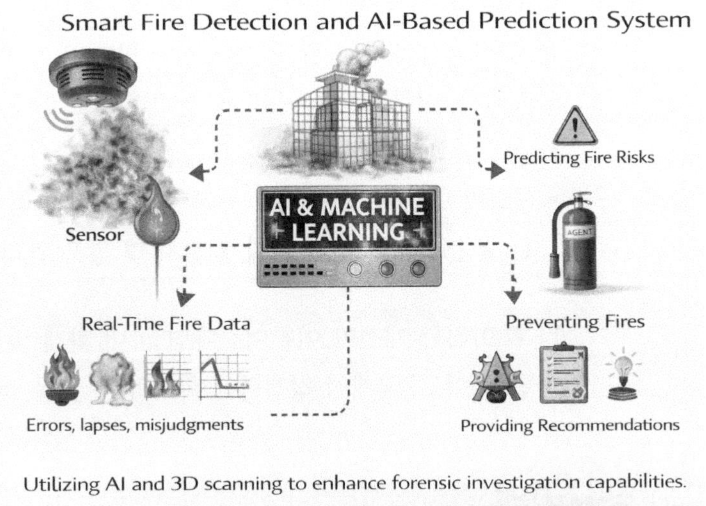

그림 8.1 스마트 화재 감지 및 AI 기반 예측 시스템 개념도

2. IoT 기반 스마트 방화 시스템

IoT 기술이 결합한 방화 시스템은 센서를 활용한 실시간 데이터 수집 및 자동 대응 기능을 제공한다.

1) 스마트 센서를 통한 실시간 화재 감지

- **온도, 습도, 연기, 가연성 가스 농도**를 자동으로 측정하여 위험 감지
- **실시간 모니터링**을 통해 위험 요소가 증가하면 즉각 경보 발령

2) 자동 소방 시스템 연동

- IoT 센서가 위험을 감지하면 **스프링클러 및 가스 소화 시스템** 자동 작동
- 스마트폰 및 클라우드 기반 알림 시스템을 통해 **원격 대응** 가능

3. 스마트 소화 및 방폭 시스템

AI 및 IoT 기술을 접목한 방폭 및 소화 시스템이 발전하고 있으며, **자동 방폭 설비 및 위험 감지 기술**이 적용되고 있다.

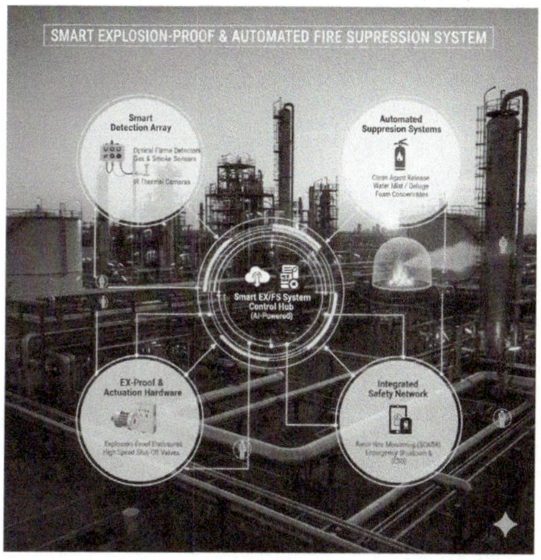

그림 8.2 스마트 방폭 및 자동 소화 시스템 개념도

1) 자동화 소화 시스템

- AI가 발화 지점을 감지하여 적절한 **소화약제를 자동 분사**
- **고층 건물, 물류 창고, 공장** 등 대규모 시설에서 활용

2) 실시간 방폭 안전관리 시스템

- 가연성 가스 농도를 감지하여 위험도를 평가하고 **자동 밸브 차단 시스템** 작동
- 실시간 데이터 분석을 통한 **방폭 구역의 안전관리**

4. 친환경 방화 및 소화 기술

기존 화재 진압 시스템은 환경오염과 인체 유해성을 고려하여 **친환경 소화제 및 방화 기술**로 대체되는 방향으로 발전하고 있다.

1) 친환경 소화제 개발

- 기존의 할로젠계 소화약제를 대체할 **친환경 소화제(Novec 1230, FK-5-1-12 등)** 연구
- CO_2 배출 감소 및 인체·환경 무해한 소화제 개발

2) 리튬이온 배터리 및 수소 저장소 화재 대응 기술

- 전기차 및 수소 저장 시설의 폭발 위험을 줄이기 위한 **신소재 개발**
- 고온에서 폭발하지 않는 **난연성 배터리** 연구 진행

표 8.18 최신 방화 및 방폭 기술 연구 방향 비교

연구 분야	주요 연구 내용	적용 가능 산업
AI 기반 화재 감지	딥러닝을 활용한 화재 예측, 스마트 센서를 통한 조기 감지	공장, 물류 창고, 대형 건축물
IoT 기반 스마트 소방 시스템	실시간 데이터 수집, 자동 대응 시스템 구축	고층 건물, 데이터센터, 제조업
친환경 소화제 개발	환경친화적 소화제 연구, 리튬이온 배터리 화재 대응	전기차, 반도체, 수소 저장 시설
스마트 방폭 시스템	실시간 가연성 가스 감지, 자동 차단 밸브 제어	석유화학, 반도체, 위험물 저장소

3.2 최신 연구 및 개발 방향

최근 연구는 **AI, IoT, 빅데이터, 친환경 기술**과 결합하여 방화 및 방폭 기술을 고도화하는 방향으로 진행되고 있다.

1. AI 및 빅데이터 기반 화재 예측 기술 개발

- 실시간 데이터 분석을 통한 **화재 위험 예측 및 조기 대응 시스템** 연구
- 빅데이터 기반 산업 현장의 **화재 위험도 평가 모델** 개발

2. 자율 로봇 및 드론을 활용한 화재 대응 연구

- 화재 발생 시 신속하게 현장에 투입되는 **자율 소방 로봇** 개발
- 건물 내부 및 위험 지역의 **화재 감시용 드론** 연구

3. 친환경 방폭 및 소화 기술 연구

- 할로젠 프리(Halogen-Free) **친환경 소화약제** 연구
- 고효율 방폭 전기 설비 및 절연 기술 개발

4. 스마트 화재 안전관리 시스템 연구

- IoT 및 클라우드를 활용한 **스마트 빌딩 및 공장 내 화재 안전관리 시스템** 구축 연구
- AI 및 5G 기술을 접목한 **실시간 원격 화재 대응** 연구

표 8.19 최신 방화 및 방폭 기술 시사점 및 전망 비교

주요 기술	향후 발전 방향	기대 효과
AI 및 IoT 기반 화재 감지	실시간 모니터링 시스템 확대, 5G 통신 연계 강화	조기 경보로 피해 최소화
스마트 자동 소화 시스템	무인 소화 로봇, 클라우드 연동 소방 시스템 개발	화재 발생 시 자동 대응 향상
친환경 소화 기술	무독성, 무잔류 소화제 연구 개발	환경 보호 및 인체 안전성 강화
방폭 기술 고도화	국제 인증 기준과의 통합, 실시간 방폭 안전관리 도입	폭발 사고 예방 및 산업 안정성 증대

3.3 시사점 및 향후 전망

1. AI 및 IoT 기술과 연계한 화재 및 폭발 방지 기술의 고도화 필요

- 기존 감지 시스템의 한계를 극복하기 위해 딥러닝 및 실시간 데이터 분석 기술을 도입
- AI 기반 조기 경보 시스템을 통해 화재 및 폭발 사고를 사전에 방지

2. 친환경 소화 및 방폭 기술 개발 확대

- 환경친화적인 차세대 소화제 및 방폭 안전 기술 개발 필요
- 리튬이온 배터리 및 수소 충전소에 최적화된 방화 대책 연구 필요

3. 스마트 소방 시스템 및 자동 대응 기술 도입 확대

- 화재 발생 시 무인 소방 로봇 및 드론을 활용한 대응 체계 구축
- 산업 현장에서 IoT 센서를 활용한 실시간 화재 감지 시스템 구축

4. 국제 기준과 연계한 방화 및 방폭 기술의 표준화 필요

- NFPA, IEC, ATEX 등의 국제 기준과 국내 방화·방폭 기술 표준화를 위한 연구 강화
- 글로벌 화재 안전 기술 트렌드에 맞춘 국내 연구 개발 투자 확대

표 8.20 최신 방화 및 방폭 기술의 법적·제도적 과제 비교

과제 구분	주요 내용	개선 방향
국제 기준과의 조화	국내 방화·방폭 규정과 NFPA, IEC, ATEX 등의 국제 기준 차이 존재	국제 표준과 정합성을 고려한 국내 법 개정 필요
스마트 소방 시스템 법적 근거 부족	AI, IoT 기반 화재 감지 및 자동 소화 시스템의 법적 정의 미비	스마트 소방 기술을 반영한 법·제도 마련 필요
친환경 소화제 인증 절차 미비	기존 화재 대응 시스템과 새로운 친환경 소화제의 적합성 검토 부족	친환경 소화제 적용 기준 수립 및 인증 절차 정립 필요
방폭 설비 인증 절차 개선 필요	국내 방폭 인증(KOSHA, KFI 등)과 국제 인증(ATEX, IECEx) 간 상호 인정 부족	글로벌 인증과의 호환성 강화를 통한 산업 경쟁력 확보

핵심 개념 요약 및 키워드 정리

- **화재 안전 법규 (Fire Safety Regulations)**: 화재 예방 및 대응을 위한 법적 기준과 규정을 총칭하며, 건축물, 산업시설, 위험물 취급 시설 등에서 적용됨. 주요 법령으로는 「소방시설법」, 「건축법」, 「산업안전보건법」 등이 있으며, 국제 기준으로는 NFPA, ISO, IEC 등이 포함됨
- **방폭 안전기준 (Explosion Protection Standards)**: 가연성 가스 및 분진으로 인한 폭발 위험을 방지하기 위한 설비 및 운영 기준으로, 국내 기준으로는 「산업안전보건법」, 「위험물안전관리법」 등이 있으며, 국제 기준으로는 ATEX, IEC 60079, NFPA 70 등이 있음
- **위험물 안전관리 (Hazardous Materials Safety Management)**: 인화성·폭발성 물질의 저장, 운송 및 취급 시 화재 및 폭발 위험을 최소화하기 위한 법적·기술적 관리 체계 주요 법규로는 「위험물안전관리법」과 국제 해상 위험물 운송 규정(IMDG Code)이 있음
- **NFPA (National Fire Protection Association)**: 미국의 화재 예방 및 안전기준을 제정하는 비영리 기관으로, 주요 기준으로는 NFPA 1(화재 코드), NFPA 30(인화성 액체 저장), NFPA 70(전기 코드) 등이 있음
- **ATEX (Atmosphères Explosibles)**: 유럽연합(EU)에서 제정한 방폭 인증 기준으로, 방폭 장비(ATEX 2014/34/EU) 및 방폭 환경(ATEX 1999/92/EC) 규정을 포함하며, 위험 구역을 Zone 0, Zone 1, Zone 2로 분류함

- IEC 60079: 국제전기기술위원회(IEC)에서 제정한 방폭 전기 설비 표준으로, 위험 지역 내 전기 설비의 안전성을 보장하기 위해 설계, 설치, 유지보수 기준을 제공함
- 스마트 화재 감지 시스템 (Smart Fire Detection System): AI 및 IoT 기술을 활용하여 화재 발생 가능성을 실시간으로 감지하고 자동으로 대응하는 시스템으로, 열화상 카메라, 연기 감지 센서, 빅데이터 분석을 통해 조기 경보 기능을 제공함
- 자동 방폭 설비 (Automatic Explosion Protection Equipment): 실시간 가연성 가스 감지 및 자동 차단 시스템을 포함하여, 위험물 저장소 및 산업시설에서 폭발 사고를 방지하는 방폭 설비 주요 기술로는 자동 밸브 차단, 인화성 가스 희석 시스템, 방폭 전기 설비 등이 있음
- 친환경 소화제 (Eco-Friendly Fire Extinguishing Agent): 기존의 할로젠계 소화제 대신 환경오염과 인체 유해성을 줄이기 위해 개발된 소화제로, Novec 1230, FK-5-1-12 등이 대표적인 예시이며, CO_2 배출량 감소 및 오존층 파괴 방지 효과가 있음
- 위험물 운송 규정 (Hazardous Material Transportation Regulations): 육상, 해상, 항공에서 위험물을 안전하게 운송하기 위한 법적 규정으로, 국내 기준으로는 「위험물안전관리법」, 「항공법」이 있으며, 국제 기준으로는 IMDG Code(국제해사기구 위험물 운송 규정), ICAO TI(국제민간항공기구 위험물 운송 지침) 등이 있음
- 스마트 방폭 기술 (Smart Explosion Protection Technology): IoT 센서와 AI 기반 데이터를 활용하여 실시간 가연성 가스 농도를 감지하고 폭발 위험이 발생하기 전에 자동으로 차단하는 방폭 기술로, 석유화학 플랜트, 반도체 공장 등에서 사용됨
- 디지털 트윈 기반 화재 및 폭발 예측 (Digital Twin-Based Fire and Explosion Prediction): 실제 산업시설과 동일한 가상 공간을 구축하여 화재 및 폭발 시뮬레이션을 수행하고 위험 요소를 사전에 분석하는 기술로, 스마트 공장 및 대형 플랜트의 방재 시스템 설계에 활용됨

연습문제

객관식 문제 (총 10문항)

01 다음 중 화재 안전 법규에 해당하지 않는 것은?

① 소방시설법 ② 건축법
③ 위험물안전관리법 ④ 도로교통법

02 방폭 구역 설정 기준에 따라 가장 위험성이 높은 구역은?

① Zone 0 ② Zone 1
③ Zone 2 ④ Zone 3

03 다음 중 방폭 전기 설비의 국제 표준이 아닌 것은?

① IEC 60079 ② ATEX
③ NFPA 70 ④ ISO 9001

04 위험물 운송 시 국제적으로 적용되는 기준은?

① NFPA 101 ② IMDG Code
③ OSHA 1910 ④ NFPA 30

05 IoT 기반 스마트 화재 감지 시스템이 제공하는 기능이 아닌 것은?

① 실시간 온도 및 가스 농도 감지 ② 자동 화재 진압 시스템 연동
③ 위험 감지 시 AI 기반 예측 분석 ④ 방화벽 설치

06 다음 중 AI 기반 화재 감지 시스템의 장점으로 적절하지 않은 것은?

① 화재 발생 가능성을 사전에 예측할 수 있음
② 실시간 데이터 분석을 통해 위험 요소를 조기에 탐지할 수 있음
③ 화재 발생 시 즉각적인 현장 진입이 가능함
④ 기존의 수동 감지 시스템보다 신속하고 정확한 판단이 가능함

07 방폭 설비가 반드시 필요한 산업군이 아닌 것은?

① 석유화학 플랜트
② 전기 및 반도체 제조시설
③ 농업용 온실 시설
④ 가스 저장소

08 다음 중 친환경 소화제에 해당하는 것은?

① 할론 1301
② Novec 1230
③ CO_2
④ NFPA 10

09 스마트 방폭 시스템의 주요 기능이 아닌 것은?

① 가연성 가스 농도 실시간 감지
② 폭발 위험 감지 시 자동 차단 밸브 작동
③ 불꽃 감지기와 연계한 자동 경보 시스템
④ 화재 발생 후 폭발 피해 분석

10 방화 및 방폭 기술 연구 방향과 관련이 없는 것은?

① AI 및 IoT 기반 실시간 감지 기술
② 친환경 소화제 및 소방 시스템 연구
③ 스마트 소화 및 자동 방폭 대응 시스템 개발
④ 화재 발생 후 수동적인 대응 체계 구축

주관식 문제 (총 5문항)

01 방폭 구역 설정 기준(Zone 0, Zone 1, Zone 2)에 대해 설명하시오.

02 NFPA와 ATEX의 주요 차이점을 비교하여 설명하시오.

03 AI 기반 화재 감지 시스템의 도입이 기존 시스템 대비 가지는 장점을 3가지 이상 서술하시오.

04 친환경 소화제의 필요성이 증가하는 이유와 대표적인 친환경 소화제를 설명하시오.

05 IoT 기반 화재 감지 시스템이 화재 예방에 기여할 수 있는 방법을 설명하시오.

객관식 문제 정답 및 해설

01 정답: ④

해설 도로교통법은 화재 안전과 관련된 법규가 아님

02 정답: ①

해설 Zone 0은 가연성 가스가 상시 존재하는 위험성이 가장 높은 구역

03 정답: ④

해설 ISO 9001은 품질 경영 시스템 관련 표준으로, 방폭 전기 설비와 관련 없음

04 정답: ②

해설 IMDG Code는 국제 해상 위험물 운송 규정으로, 위험물 운송 시 적용됨

05 정답: ④

해설 IoT 기반 화재 감지 시스템은 방화벽 설치가 아닌 실시간 감지 및 자동 대응 기능을 제공

06 정답: ③

해설 AI 기반 시스템은 실시간 감지 및 경보를 수행하지만, 직접적인 현장 진입은 불가능함

07 정답: ③

해설 농업용 온실 시설은 방폭 설비가 필수적으로 요구되지 않음

08 정답: ②

해설 Novec 1230은 친환경 소화제로, 기존 할론 소화제의 대체제로 사용됨

09 정답: ④

해설 스마트 방폭 시스템은 폭발 예방 및 대응에 초점을 맞추며, 화재 발생 후 피해 분석 기능은 포함되지 않음

10 정답: ④

해설 화재 발생 후 수동적인 대응 체계 구축보다는 실시간 감지 및 자동 대응 시스템이 연구되고 있음

주관식 문제 정답 및 해설

01 방폭 구역 설정 기준(Zone 0, Zone 1, Zone 2)에 대해 설명하시오.

- Zone 0: 가연성 가스가 항상 존재하는 구역
- Zone 1: 정상 작동 시 가연성 가스가 존재할 가능성이 높은 구역
- Zone 2: 비정상적인 상황에서만 가연성 가스가 존재할 가능성이 있는 구역

02 NFPA와 ATEX의 주요 차이점을 비교하여 설명하시오.

- NFPA(미국): 방폭 지역을 Class I, II, III로 분류하며, Division 1과 2로 세분화
- ATEX(유럽): 방폭 지역을 Zone 0, Zone 1, Zone 2로 분류하며, 방폭 장비 인증까지 포함

03 AI 기반 화재 감지 시스템의 도입이 기존 시스템 대비 가지는 장점을 3가지 이상 서술하시오.

- 실시간 데이터 분석을 통한 화재 위험 예측 가능
- 딥러닝 기반 화재 패턴 학습을 통해 오탐 방지
- IoT 및 클라우드 연계로 원격 감지 및 제어 가능

04 친환경 소화제의 필요성이 증가하는 이유와 대표적인 친환경 소화제를 설명하시오.
- 기존 할론 소화제가 환경오염 및 오존층 파괴 문제를 일으킴
- Novec 1230, FK-5-1-12 등 친환경 소화제는 환경 영향을 최소화하면서 소화 성능 유지

05 IoT 기반 화재 감지 시스템이 화재 예방에 기여할 수 있는 방법을 설명하시오.
- 실시간 온도, 연기, 가스 농도를 감지하여 조기 경보 제공
- 자동화 소화 시스템과 연동하여 화재 발생 시 즉각 대응 가능
- 스마트폰 및 원격 모니터링 시스템을 통해 신속한 대응 조치 가능

관련 법규 요약

1. 「소방시설 설치 및 관리에 관한 법률」

- 제9조(소방시설의 설치)
  자동화재탐지설비는 특정소방대상물에 설치해야 하는 경보설비의 한 종류로 규정됨
- 제25조(특정소방대상물의 관계인의 의무)
  관계인은 소방시설을 적정하게 유지·관리하고 항상 정상적으로 작동하도록 관리할 의무를 부담함

2. 「건축법」

- 제52조(방화구획 설치 기준)
  화재 확산 방지를 위해 일정 규모 이상의 건축물에는 방화벽, 방화문 등을 설치하여 화재 발생 시 피해를 최소화해야 함
- 제53조(내화 구조 및 불연재료 사용 기준)
  고층 건축물 및 다중이용시설은 내화 구조로 설계해야 하며, 주요 구조부(기둥·보·벽체 등)에는 불연재료를 사용해야 함

3. 「산업안전보건법」

- 제39조(위험물 취급 작업장의 방폭 안전관리)
  가연성 가스를 취급하는 사업장은 방폭 구역을 설정하고, 방폭 전기 설비를 사용해야 하며, 위험물 취급 시설의 정기적인 점검을 실시해야 함

- 제44조(작업장 내 정전기 방지 대책)
  폭발성 가스나 분진이 발생할 가능성이 있는 작업장은 접지 및 접합을 통한 정전기 방지 조치를 시행해야 함

4. 「위험물안전관리법」

- 제5조(위험물 저장 및 취급 기준)
  위험물은 지정된 장소에서 저장해야 하며, 누출·화재·폭발을 방지하기 위한 시설을 갖추어야 함
- 제14조(위험물 운반 시 안전조치 의무)
  위험물 운반 시 적재 방법, 용기 기준, 화재 예방 조치를 준수해야 하며, 사고 발생 시 즉시 신고해야 함

5. 「NFPA 70(미국 전기 안전 코드)」

- 제500조(방폭 전기 설비의 구역 분류 기준)
  위험 구역을 Class I(가연성 가스), Class II(가연성 분진), Class III(섬유류)로 구분하고, 각 구역에 적합한 방폭 전기 설비를 사용해야 함
- 제505조(국제 방폭 구역 기준 연계)
  ATEX 및 IEC 60079 기준과 연계하여 Zone 0, Zone 1, Zone 2로 구분하며, 방폭 인증 장비를 사용해야 함

6. 「IMDG Code(국제 해상 위험물 운송 규정)」

- 제3장(위험물 분류 및 포장 기준)
  위험물을 인화성 액체, 가연성 가스, 산화제 등으로 분류하며, 각 등급에 따른 적절한 포장 및 표시 기준을 준수해야 함
- 제7장(위험물 운송 절차 및 안전 규정)
  위험물 운송 시 적재 순서, 통풍 및 화재 예방 조치를 준수해야 하며, 사고 발생 시 비상 대응 절차를 따라야 함

사고 사례 데이터베이스

표 8.21 주요 화재 및 폭발 사고 데이터베이스

사고 명	발생 연도	사고 개요	피해 규모	사고 원인	재발 방지 대책
천안문 광장 화재 사고	2013년 (중국)	차량이 폭발하여 화재 발생	사망 5명, 부상 40여 명	차량 내 가연성 물질 적재 및 폭발	공공장소 내 차량 화재 감지 시스템 강화, 위험물 반입 규제
상하이 아파트 대형 화재	2010년 (중국)	건물 외장재에서 화재 발생 후 급속 확산	사망 58명, 부상 70여 명	가연성 외장재 사용, 소방시설 미비	내화성 외장재 사용 의무화, 건축물 소방설비 강화
영국 킹스크로스 지하철 화재	1987년 (영국)	지하철역 에스컬레이터 하부에서 화재 발생	사망 31명, 부상 100여 명	담배꽁초에 의한 발화, 가연성 재질 사용	지하철 내 금연 규정 강화, 화재 감지 시스템 개선
카타르 빌라지오 몰 화재	2012년 (카타르)	쇼핑몰 내 화재 발생 후 연기로 인한 질식사 다수 발생	사망 19명 (어린이 13명 포함)	소방 시스템 작동 불량, 피난 경로 부족	대형 쇼핑몰 내 화재 경보 시스템 강화, 피난 경로 확보
브라질 나이트클럽 화재 사고	2013년 (브라질)	공연 중 조명 효과로 인한 화재 발생	사망 242명, 부상 680여 명	화재 경보 미작동, 비상 출입구 부족	공연장 내 소방설비 강화, 비상구 확보 및 관리

참고문헌

1. 서적 및 논문

- Babrauskas, V. (2003). Ignition Handbook. Fire Science Publishers
- Drysdale, D. (2011). An Introduction to Fire Dynamics (3rd ed.). Wiley
- Lees, F. P. (2012). Loss Prevention in the Process Industries: Hazard Identification, Assessment and Control (3rd ed.). Butterworth-Heinemann
- Karlsson, B., & Quintiere, J. G. (2000). Enclosure Fire Dynamics. CRC Press
- Eckhoff, R. K. (2016). Dust Explosions in the Process Industries (3rd ed.). Elsevier
- Gorbett, G. E., & Chapdelaine, P. (2020). Fire Investigation Methodology. Jones & Bartlett Learning
- Vesey, J. (2019). Fire and Explosion Hazard Analysis. CRC Press

2. 법규 및 보고서

- 소방청. (2023). 방폭 및 화재 안전 기준 및 관리 지침
- 산업안전보건공단 (KOSHA). (2023). 산업시설 내 방폭 및 화재 예방 가이드라인
- 한국소방산업기술원 (KFI). (2022). 방폭 설비 안전 기준 및 인증 요건
- U.S. Chemical Safety Board (CSB). (2016). West Fertilizer Explosion and Fire Investigation Report
- National Institute of Standards and Technology (NIST). (2019). Fire Dynamics Simulator (FDS) Technical Reference Guide
- European Committee for Standardization (CEN). (2023). ATEX 2014/34/EU: Equipment for Use in Explosive Atmospheres
- 한국전기안전공사. (2023). 전기설비 방폭 기준 및 안전 관리 지침

3. 온라인 자료

- 한국소방안전원. (2023). “방폭 설비 및 화재 예방 기술 기준”. Retrieved from www.kfsi.or.kr
- U.S. Occupational Safety and Health Administration (OSHA). (2022). “Process Safety Management of Highly Hazardous Chemicals”. Retrieved from www.osha.gov
- Center for Chemical Process Safety (CCPS). (2023). “Explosion Protection and Prevention Measures in Chemical Plants”. Retrieved from www.aiche.org/ccps
- 미국화재조사협회 (IAAI). (2022). “Fire and Explosion Investigations Best Practices”. Retrieved from www.firearson.com
- National Fire Protection Association (NFPA). (2023). “Fire Investigation Training and Guidelines”. Retrieved from www.nfpa.org

추가 참고 자료

1. 소방 및 방화·방폭 기술 보고서

- 한국소방산업기술원 (KFI). (2023). 방폭 환경에서의 화재 예방 및 대응 전략
- 한국산업안전보건공단 (KOSHA). (2022). 위험물 저장 및 취급시설의 방폭 기준 및 안전 지침
- 미국화재조사협회 (IAAI). (2021). Fire and Explosion Investigations: Best Practices
- U.S. Chemical Safety Board (CSB). (2020). Case Studies in Fire and Explosion Incidents
- Center for Chemical Process Safety (CCPS). (2022). Fire and Explosion Risk Analysis in Process Industries
- National Institute for Occupational Safety and Health (NIOSH). (2022). Chemical Safety and Fire Investigation Reports

2. 국제 가이드라인 및 기술 문서

- NFPA 921 (2023). Guide for Fire and Explosion Investigations
- NFPA 68 (2023). Standard on Explosion Protection by Deflagration Venting
- NFPA 69 (2023). Standard on Explosion Prevention Systems
- IEC 60079 (2023). Explosive Atmospheres – Electrical Equipment Classification and Protection
- ATEX Directive 2014/34/EU (2023). Equipment for Use in Potentially Explosive Atmospheres
- API RP 2216 (2021). Ignition Risk of Hydrocarbon Releases for Offshore Operations
- ISO 13577 (2023). Industrial Furnaces and Associated Processing Equipment – Fire Prevention and Protection Standards

3. 온라인 강의 및 오픈 리소스

- NFPA 온라인 강좌: www.nfpa.org/training
- AIChE CCPS 온라인 교육: www.aiche.org/ccps/education

방화방폭공학 정가 25,000원

저자 : 이해평

발행인 : 임정대
발행처 : 도서출판 구미서관

발행 : 2026년 2월 1일

등록 : 제2014-000166호

주소 : 서울시 마포구 신촌로2길 5-15
전화 : 02-338-9119
팩스 : 02-335-2201

ISBN 979-11-89933-73-9 (93530)

저자와의 협의 하에 인지를 생략합니다.
파본이나 잘못된 책은 교환하여 드립니다.